花簪阁

热缩片古风饰品制作技法大全

——Yuki酱 著

人民邮电出版社
北京

图书在版编目（CIP）数据

花簪阁 : 热缩片古风饰品制作技法大全 / Yuki酱著
. -- 北京 : 人民邮电出版社, 2021.5
ISBN 978-7-115-55543-4

Ⅰ. ①花… Ⅱ. ①Y… Ⅲ. ①手工艺品－制作 Ⅳ.
①TS973.5

中国版本图书馆CIP数据核字(2020)第249786号

内 容 提 要

“盘丝系腕，巧篆垂簪”，古风饰品独具韵味，受到越来越多的人喜爱。本书将古风元素与热缩片手工完美地结合在一起，向大家展示了精美独特的古风手工饰品的制作过程。

本书共5章。第1章讲解了热缩片的基本知识及制作热缩片首饰需要准备的工具与材料；第2章重点讲解了三片花型、四片花型、五片花型等不同花型的制作与应用，以及如何通过修改基础花型得到新花型等基础技法方面的内容；第3章讲解基础配饰的制作方法，掌握这些方法可以极大地提高首饰的美观度，使热缩片首饰制品呈现更佳的视觉效果；第4章讲解了制作不同类型首饰时花卉的选择方法；第5章讲解了不同系列的饰品制作方式，带领读者使用同一种花型去制作出不同类型的饰品，从而形成不同系列的饰品。

本书中的案例由简到繁，均配有详细图文解说制作过程，非常适合手工爱好者阅读、使用。

◆ 著　　　Yuki酱
责任编辑　宋　倩
责任印制　周昇亮

◆ 人民邮电出版社出版发行　　北京市丰台区成寿寺路11号
邮编　100164　　电子邮件　315@ptpress.com.cn
网址　https://www.ptpress.com.cn
雅迪云印（天津）科技有限公司印刷

◆ 开本：787×1092　1/16
印张：11.5　　2021年5月第1版
字数：294千字　　2021年5月天津第1次印刷

定价：88.00元

读者服务热线：(010)81055296　印装质量热线：(010)81055316
反盗版热线：(010)81055315
广告经营许可证：京东市监广登字20170147号

前言

大家好，我是 Yuki 酱，距我的第一本热缩片古风饰品制作教程《簪花录》诞生，已经有一年了。现在我们又见面啦！感谢你再一次的信任和支持。

《簪花录》是我写的第一本热缩片古风饰品制作教程，里面大多是一些比较基础的教程，可能稍微有点基础或动手能力强的小伙伴，跟着做一些就能够举一反三，觉得完全不够看。所以经过一年的酝酿，我又写了第二本热缩片古风饰品制作教程。

这本书的重点在于制作饰品的花型运用，在这本书里，我加入了一些不常见但很好看的小众花朵，给饰品增添了许多新鲜的设计元素。当然，也有经典且百看不厌的花型，我对它们进行了一些不同的搭配组合。虽然本书教大家做的是古风饰品，但是搭配日常的穿着也完全不会有违和感，还可以让日常生活多了许多生机。

希望大家不要拘泥于书中案例呈现的造型搭配组合，可以多多探索其他更特别的玩法，从而在制作的过程中找到更多乐趣！

Yuki 酱

2021 年 1 月

◆第3章◆ 提升饰品『颜值』的基础配饰制作

目录

第1章 制作热缩片饰品所需的工具与材料

第2章 基础花型和叶型的制作与应用

◆第4章◆ 制作不同饰品时的花卉选择

第1章

制作热缩片饰品所需的工具与材料

关于热缩片

热缩片的造型与上色

UV 胶的使用

固定的工具、材料和方法

其他工具与材料

关于热缩片

热缩片的质地类似塑料，是一种十分神奇的胶片，它的用途很多，最常见的就是用来制作各种手工艺品，比如饰品以及各种挂饰等。大家可以多多尝试，开发热缩片的多种用途。

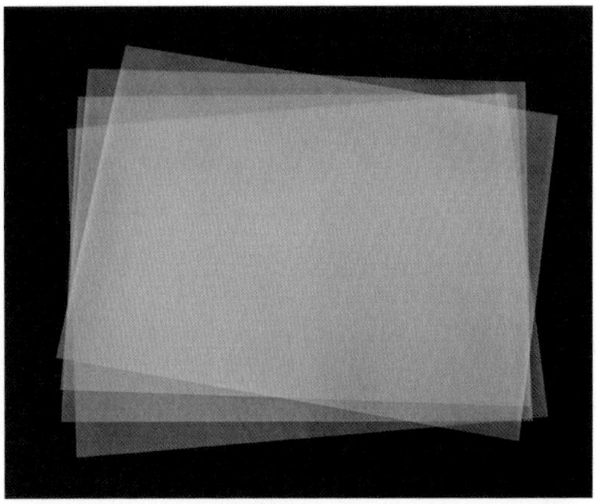

半透明热缩片

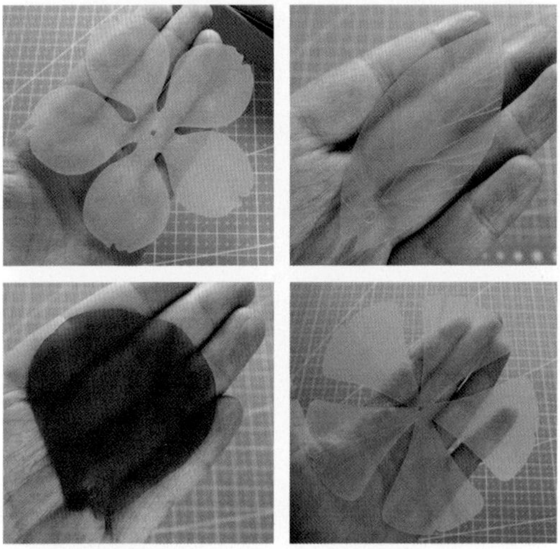

热缩片上色效果展示

◆ 热缩片的颜色

热缩片有多种颜色，最常用的是白色的半透明热缩片（即本书中的饰品案例所使用的热缩片）。半透明热缩片的上色空间大，可在其表面涂各种颜色，不像彩色热缩片在上色时会有较强的局限性。

热缩前

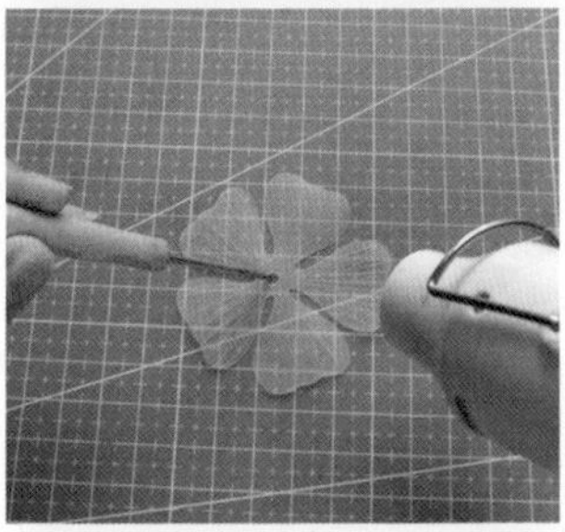

热缩中

热缩后

◆ 热缩片加热后的缩小比例

热缩片受热后会缩小并且会变厚，热缩后的尺寸大致为热缩前尺寸的 1/5。另外，不同厂家生产的或不同批次的热缩片在热缩后的尺寸也会有差异，因此大家可以在拿到新的热缩片后先进行热缩试验，以此确认热缩比例，然后再将其用于正式作品的制作。

热缩片的造型与上色

利用热缩片，我们可以定制任何想要的造型或喜爱的图案，但这离不开对热缩片造型与上色技巧的掌握。热缩前我们可在热缩片上叠加多层颜色，热缩时其外形亦可自由变化，以塑造出需要的造型。

加热前的剪裁

加热热缩片之前，需要用剪刀在热缩片上剪出花型图样，为其打孔后即可进行热缩。

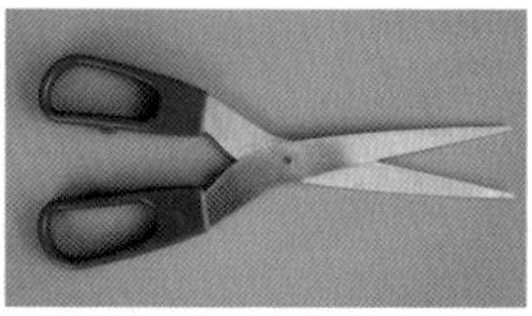

剪刀

主要用于剪出热缩片上绘制好的花型图样。

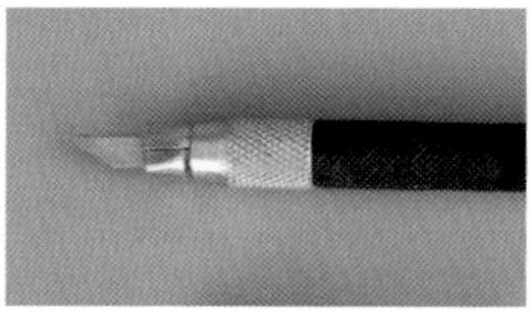

刻刀

可用来切出热缩片上的孔洞或在花型图样上划出植物纹理。

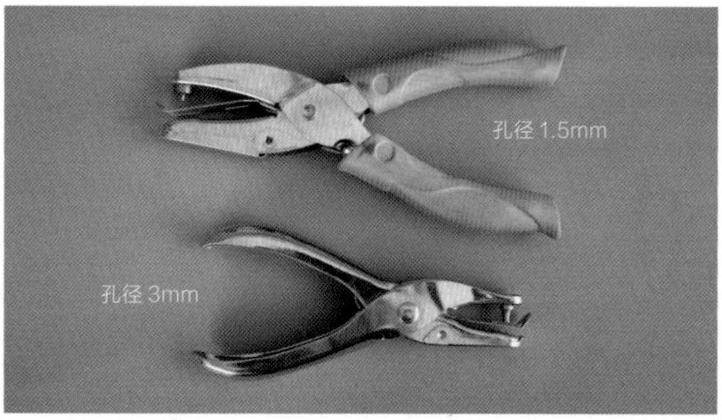

打孔器

可用来在花型图样上打孔，便于给花瓣穿入花蕊配件或给片叶添加枝叶。本书使用的是 3mm 打孔器。

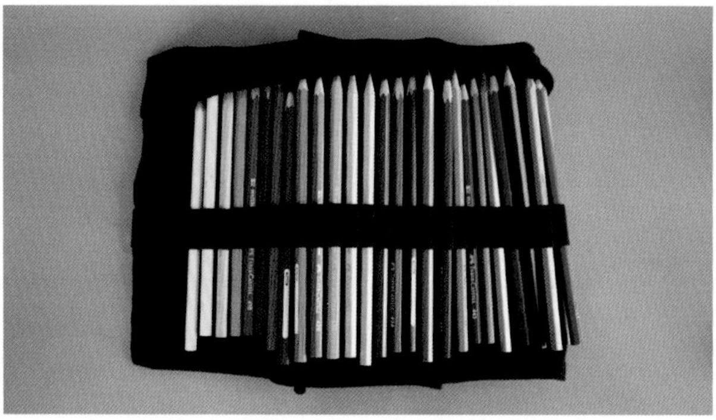

彩铅

可用于在热缩片上绘制花型图样，也可用于绘制花片上的纹理效果。

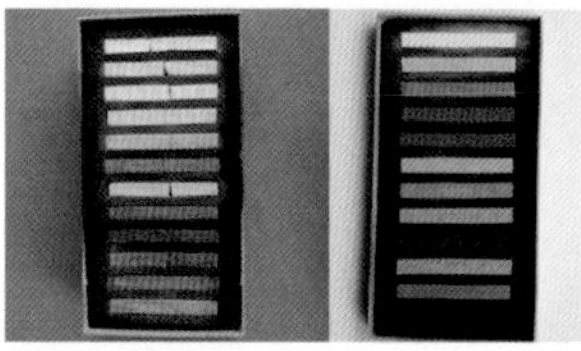

色粉、马克笔

两者均用于给热缩片上色。通常，色粉上色后的效果比较“实”，马克笔上色后的效果偏透明一些。

上色工具及其区别

上色是制作热缩片手工艺品中重要的一环，通过上色操作，热缩后的色彩效果会更接近实物。

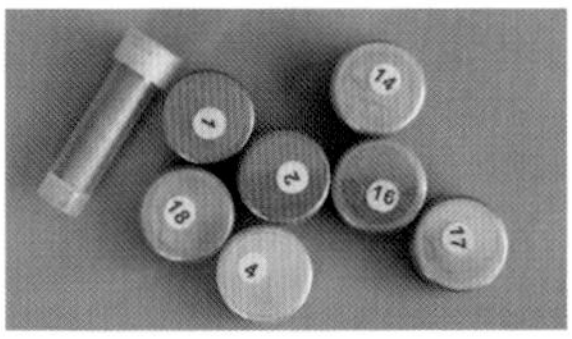

珠光粉

用于给花片上色，从而营造出闪亮的光泽效果。

偏光粉

在热缩片成品表面上一层胶后，涂少量偏光粉便能折射出彩色的光，随后需再上一层胶进行封存。

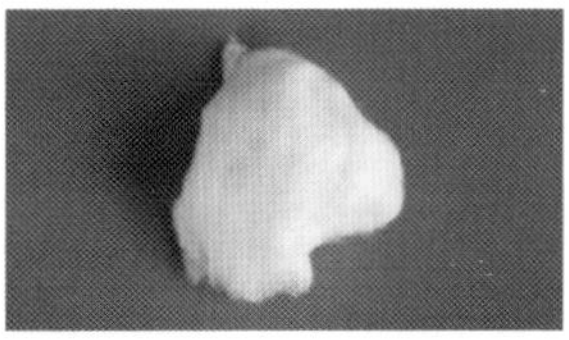

棉团

上色工具，主要用于蘸取色粉给热缩片上色。

纸巾

如果仅需要用马克笔上一层浅浅的颜色，便可在涂色后用纸巾进行擦拭。

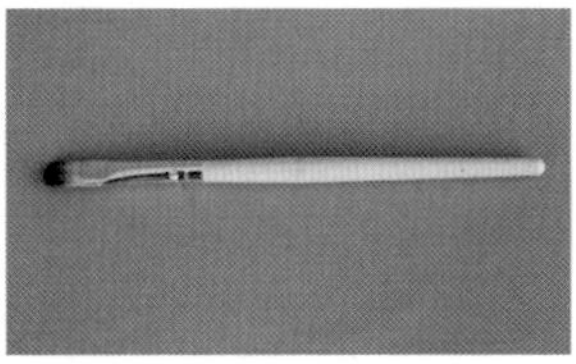

刷子

可与偏光粉搭配使用，给热缩后的花瓣上色。

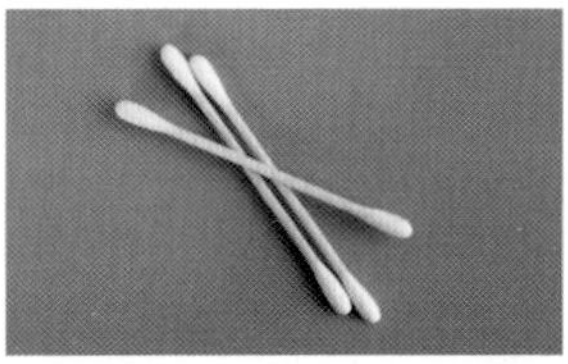

棉签

可在热缩片花型图样上进行小范围上色，也可把棉团捏小以代替棉签。

◆ 加热塑形（包括加热时与加热后）

热缩片受热后会变软，这时就可借助一些塑形工具或直接用手进行塑形操作。

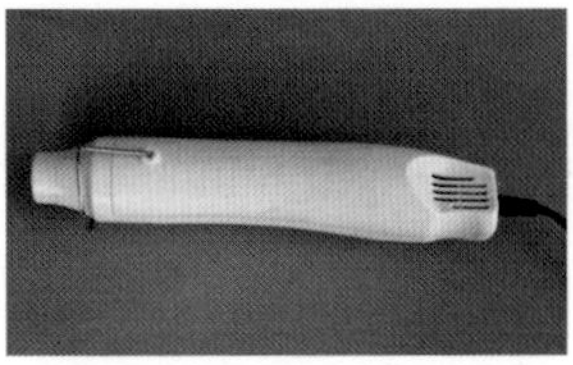

热风枪

加热工具，可使热缩片快速热缩并定型。使用时注意热风枪要与手保持距离。

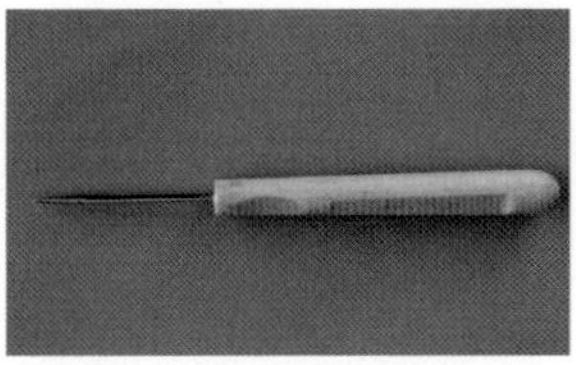

锥子

加热热缩片时的辅助工具。可用锥子把热缩片固定住，在用热风枪加热时锥子能保护手指不被烫伤。

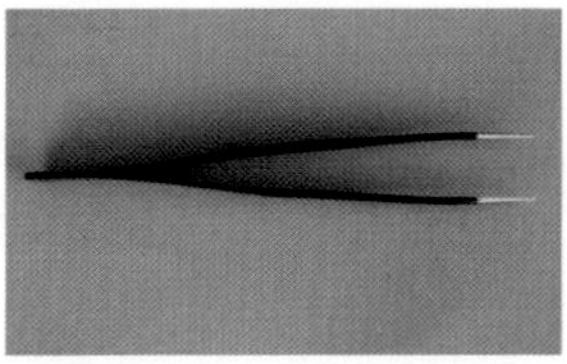

镊子

可用镊子夹住热缩后的热缩片，然后用手进行塑形造型操作，如制作牵牛花花苞。

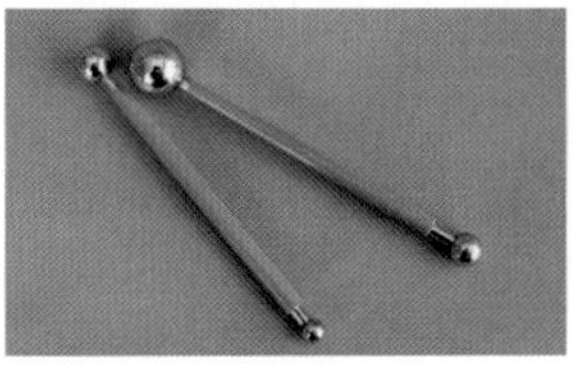

丸棒

塑形工具，能压出花苞样式的花片造型。

海绵垫

可与丸棒搭配使用，给热缩片塑形。

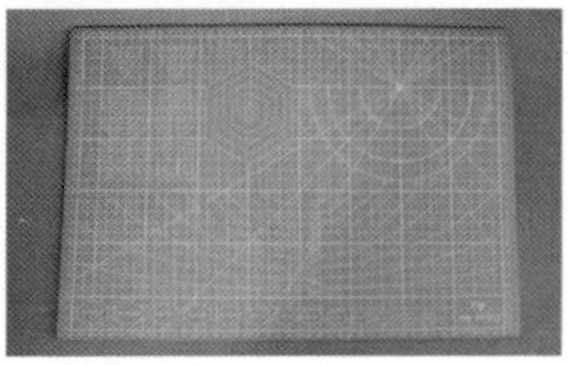

手工垫板

热缩片手工艺品制作操作垫板，属于必备工具之一。

UV 胶的使用

UV 胶是制作热缩片手工艺品时常用的一种黏合剂，可以将塑料、金属、串珠等多种材料黏合、固定起来，还可用来在热缩片上添加一些特殊效果。

UV 胶的作用

UV 胶也叫紫外光固化胶，是一种必须在紫外线灯的照射下才会固化的黏合剂，主要用于塑料手工艺品的自黏和互黏。

涂UV胶

放在紫外线灯下烘烤固化

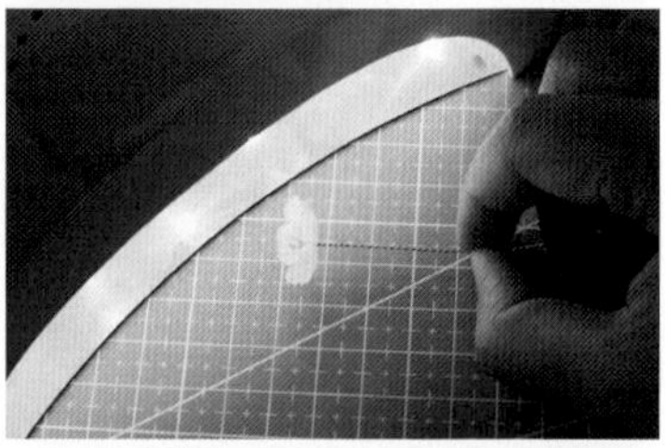

固定

UV 胶的配套工具与材料

下面展示的是 UV 胶和使用 UV 胶时的一些配套工具与材料。

UV 胶

必须在紫外线灯的照射下才能固化的一种黏合剂。

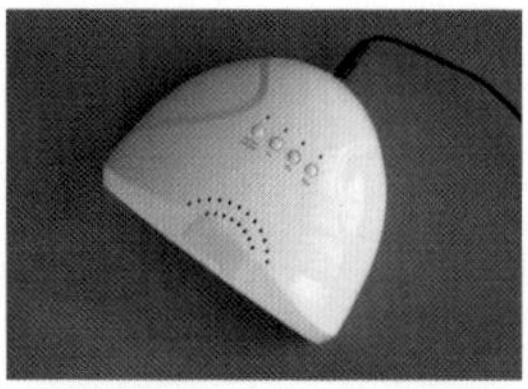

紫外线灯

让 UV 胶固化的工具。

色精

一种能与 UV 胶溶剂混合的染料，混合不同颜色的色精能让透明的 UV 胶变成各种颜色。

固定的工具、材料和方法

做出热缩片花型部件后需要进行相应的组合固定，把各部件组合成一件完整的作品。接下来就为大家介绍固定热缩片部件的工具、材料及相关方法。

固定的工具与材料

在热缩片饰品制作中，各类钳子、不同型号的金属线是主要的工具与材料。

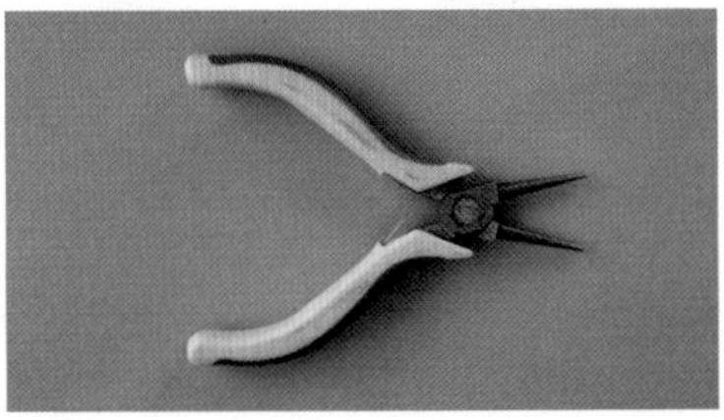

圆嘴钳

可使金属线弯成各种角度，或将金属线花枝固定在饰品主体配件上，还能夹住热缩片用热风枪继续加热使其热缩。

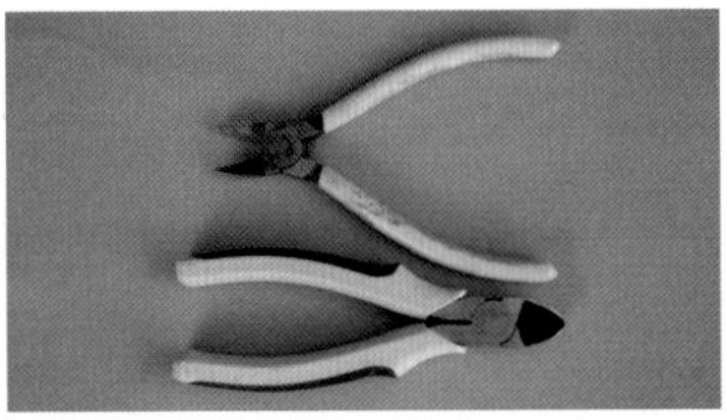

剪线钳

用于修剪饰品上多余的金属线或绒线。

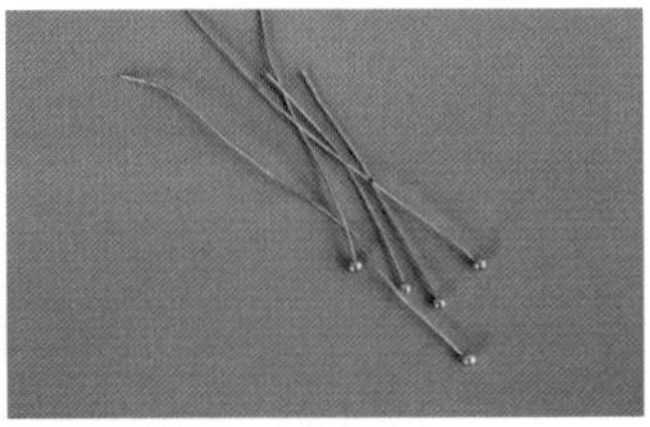

球针

单独或与串珠搭配，用来制作花蕊配件。

金属线

既可用作枝、叶枝，又能将花型部件捆绑在饰品主体上。书中使用的金属线有0.3mm、0.6mm和0.8mm这三种型号。注：案例中未指明型号的金属线均为0.3mm，该型号的金属线最为常用。

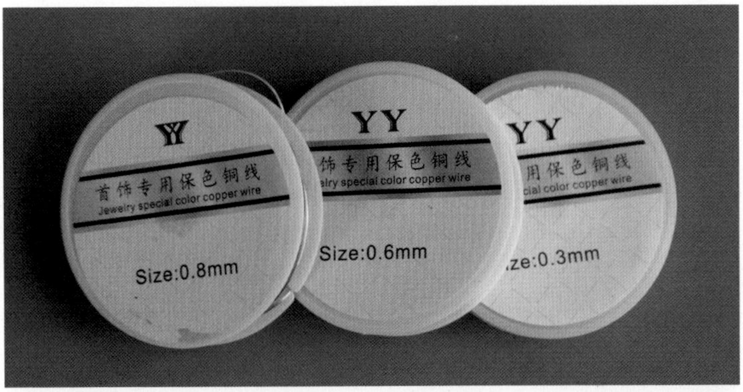

绒线

将制作的花枝、叶枝等部件缠绕固定在饰品的主体上。书中使用的绒线有棕色、金色、浅绿色、深绿色 4 种。

固定方法

热缩片的固定方法要结合需要进行固定的对象来讲。根据书中的案例可将固定的对象归纳为单片花型或叶型，多片花型以及各部件的组合。

单片花型或叶型的固定

选用金属线，采用拧“麻花”的方式固定。如下图所示。

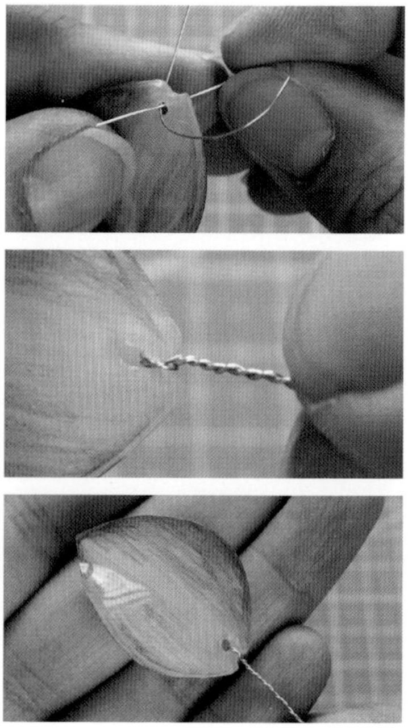

多片花型

固定有3片、4片、5片的花型时，一般选用球针或用金属线以拧“麻花”的方式制作出配件，然后再用UV胶进行固定。如下图所示。

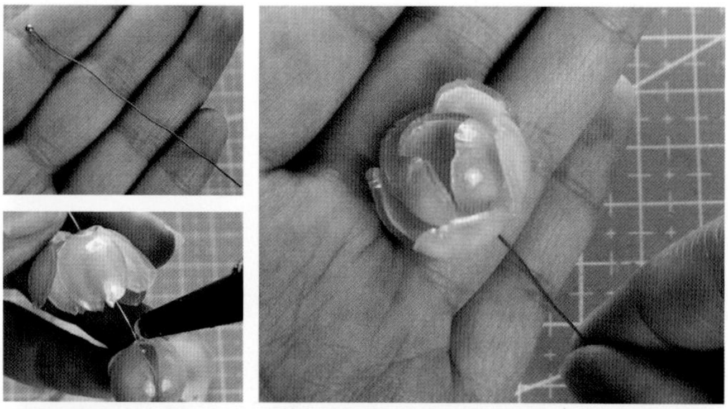

固定材料：球针

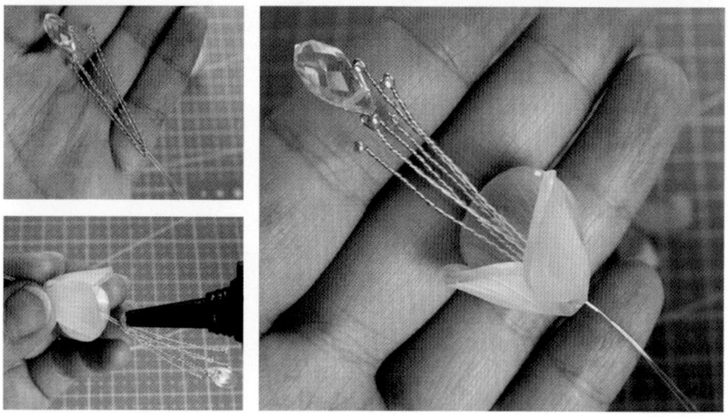

固定材料：用金属线制作的配件

各部件的组合固定

一般选用绒线或金属线，采用缠绕捆绑加 UV 胶黏合收尾处的方法固定。如下图所示。

用绒线缠绕捆绑加UV胶黏合收尾处的方法固定

用金属线缠绕捆绑加UV胶黏合收尾处的方法固定

其他工具与材料

制作热缩片饰品，当然少不了各种饰品主体配件，同时我们可以搭配使用一些金属配件、串珠材料及其他一些配件材料，以此来提升饰品的美观度，增强饰品的层次感。

◆ 饰品主体配件

饰品主体配件是饰品的必备配件，主要包括耳钉、发钗、胸针、簪棍、发梳、戒指圈、发夹等。

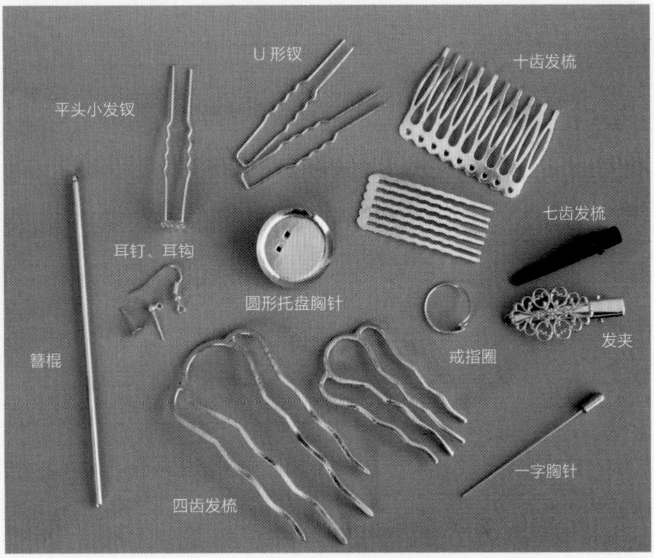

各种饰品主体配件

◆ 金属配件

金属配件是制作古风饰品必备的材料，可用来对饰品进行多样化装饰，提高饰品的观赏性。

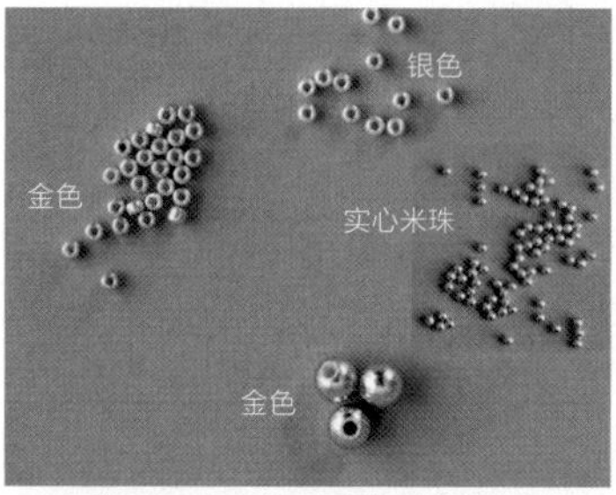

金属米珠

本书使用的金属米珠有带孔和实心两种类型，其中带孔的金属米珠较为常用。

金属材质的花蕊与花片

花片样式是购买的花片包中随机搭配的，因此大家实际购买到的可能与书中使用的样式不同。

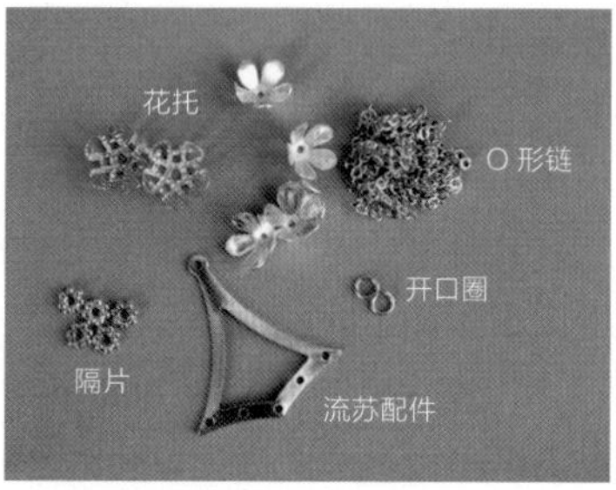

其他各种金属配件

用于装饰、丰富饰品的造型。

◆ 串珠材料

串珠材料可与金属配件搭配使用或者单独使用，用于装饰饰品，能让饰品变得更加好看、精致。

各种米珠

书中使用的米珠有大、小两种尺寸，上图中左上方的黑色米珠为大尺寸。

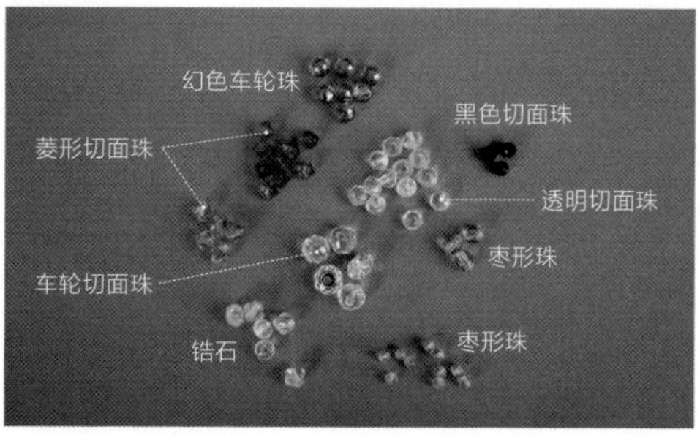

各种切面珠

切面珠包含各种样式的珠子，具体制作时大家可自行选用，不必与案例一样。

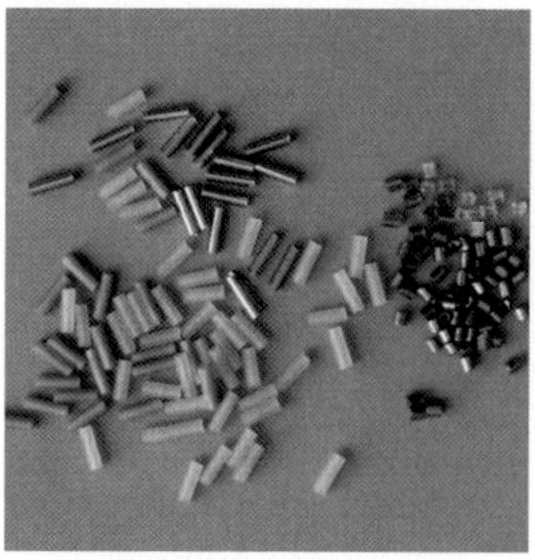

各种管珠

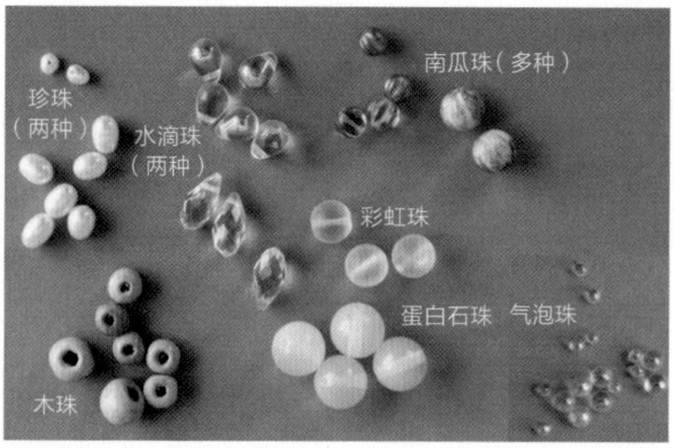

其他各种珠子

上图中展示的各类珠子不是必需的，大家可用自己已有的串珠材料替换。

其他配件与工具

本节介绍了除金属配件和串珠材料以外的其他配件与工具，大家可结合自身情况选择使用。

花型亮片

黑色金属钻

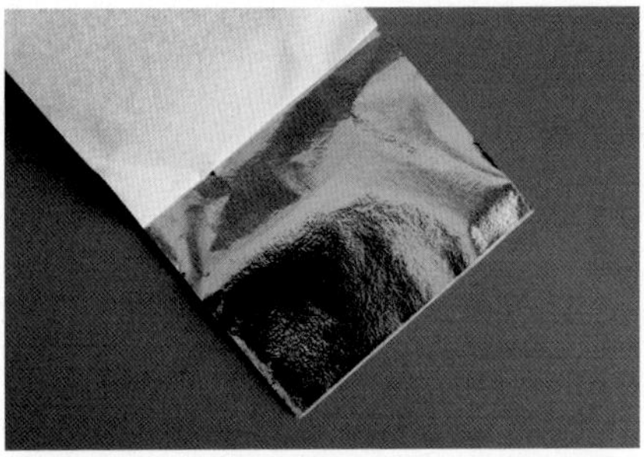

仿金箔

根据真金箔呈现出的效果使用非纯黄金的材料仿制出来的金箔。

紫水晶原石

呈半透明状，部分原石上会有白色纹路，可用来制作非常漂亮的紫水晶手工艺品。

塑料片

用于调色的垫板，可在上面调和色粉，或 UV 胶、色精、珠光粉等材料。

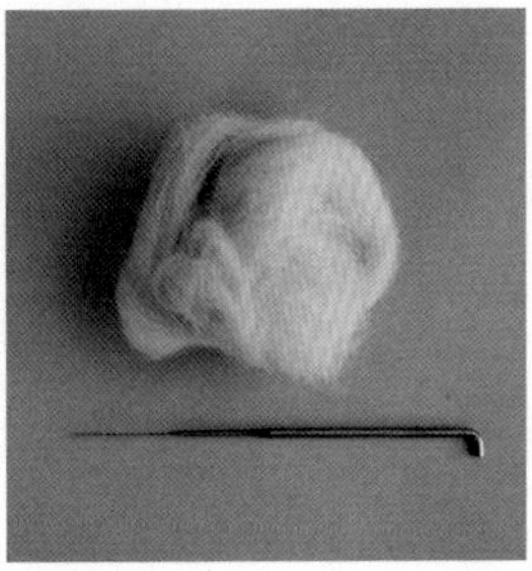

戳针与羊毛

在案例“铁筷子胸针”中会用到。

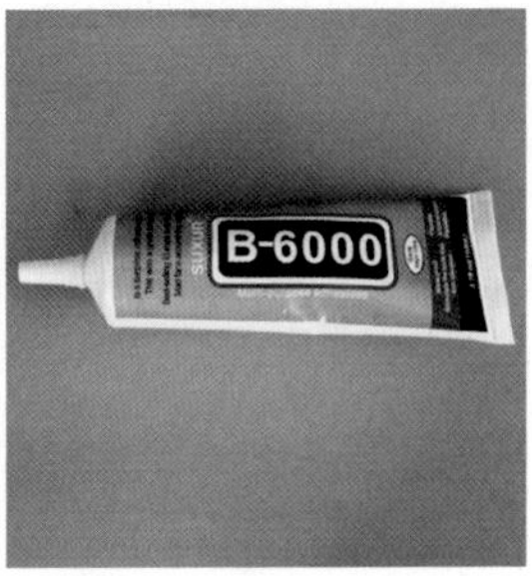

手工胶

在案例“铁筷子胸针”中会用到，主要用来将羊毛粘在胸针托盘上。

第2章

基础花型和叶型的制作与应用

三片花型的制作与应用

四片花型的制作与应用

五片花型的制作与应用

单片花型的制作与应用

饰品制作常用叶型

三片花型的制作与应用

三片花型可以用来制作有 3 片花瓣或 6 片花瓣的花朵，在此花型上可以制作出多种花卉。我们先来学习一下怎样绘制三片花型吧。

三片花型的绘制方法

关于三片花型的绘制，此处以三叶梅为例进行讲解。

采用先绘制花型的骨架，再在骨架上添加花型的方法，就能确保画出的三片花型是规整一致且分布均匀的。

首先，确定一个中心点用 3 条直线划分出花片在 3 个方向上的区域，类似于时钟指针。

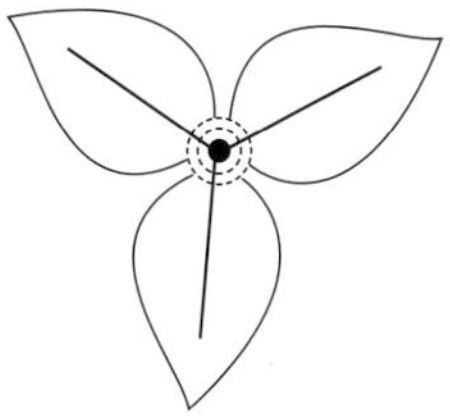

其次，根据三叶梅苞片底部的形状特征画出两个同心圆，再在同心圆外分别以直线为中心线勾画出三叶梅苞片的形状。

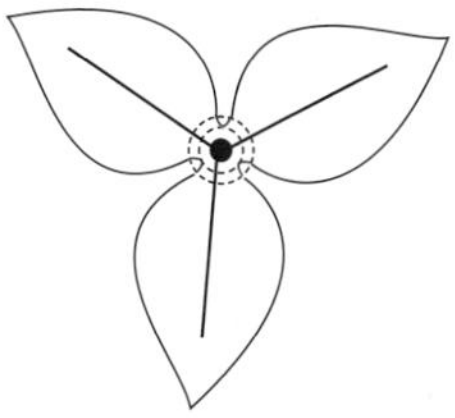

接着，在同心圆内、苞片之间各添加一个弧形将苞片连接起来。

最后，擦去辅助线，三叶梅的花型图就画好了。

可制作花卉——三叶梅（基础花型）

三叶梅也叫三角梅，其花朵外围有大且美丽的苞片，苞片呈椭圆状，常见颜色有淡紫红色、暗红色和乳白色等，因此常被误认为是花瓣。在冬春交替之际，姹紫嫣红的三叶梅竞相开放，深受大家喜爱。

所用工具与材料

- 半透明热缩片
- 彩铅
- 剪刀
- 3mm 打孔器
- 热风枪
- 锥子
- 色粉
- 棉团
- 球针
- UV 胶
- 紫外线灯
- 手工垫板

制作

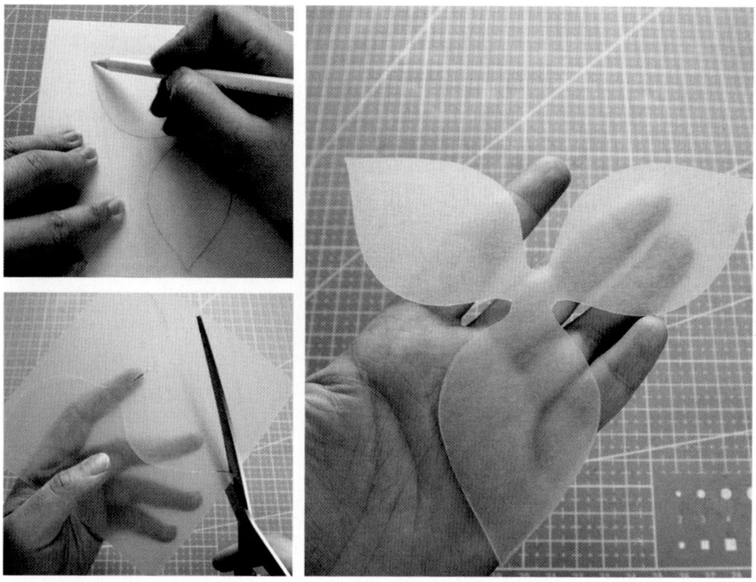

1 把绘制好的花型图案放在热缩片的下面，以便在热缩片上绘制花型时参考。用白色彩铅在透明热缩片上描出三叶梅的花型图样，再用剪刀剪出花型图样。

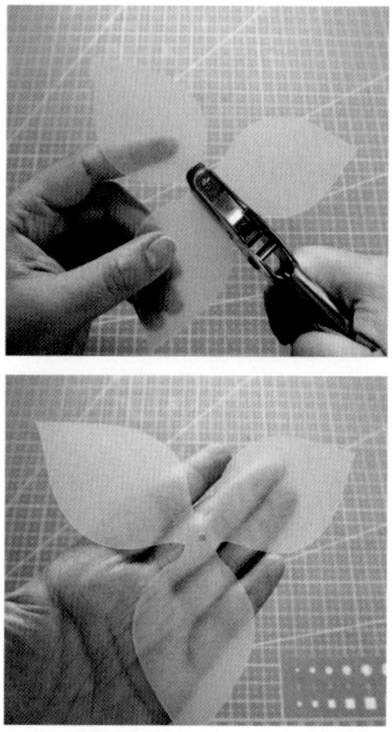

2 用 3mm 打孔器在花片中心打孔。

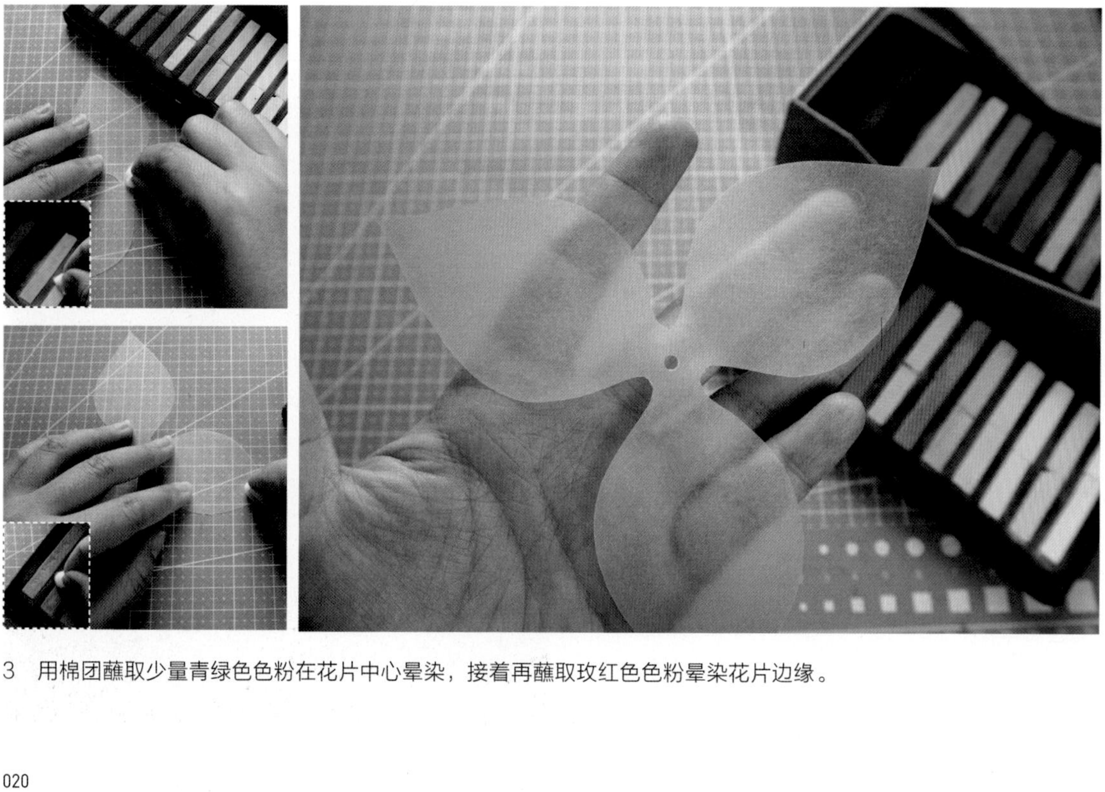

3 用棉团蘸取少量青绿色色粉在花片中心晕染，接着再蘸取玫红色色粉晕染花片边缘。

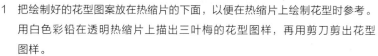

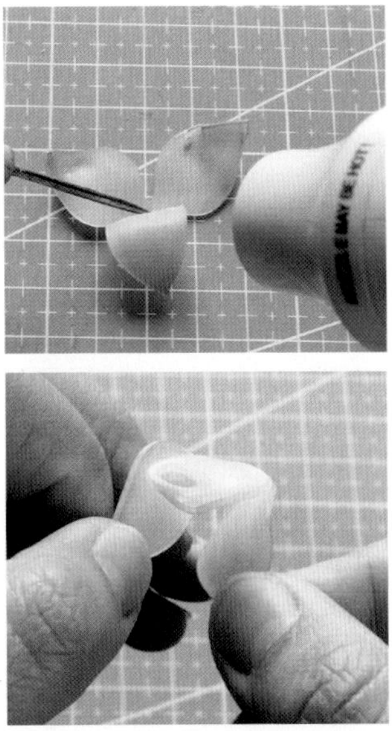

4 用锥子把花片固定在手工垫板上，然后用热风枪加热，使花片大致热缩成三叶梅苞片的造型。

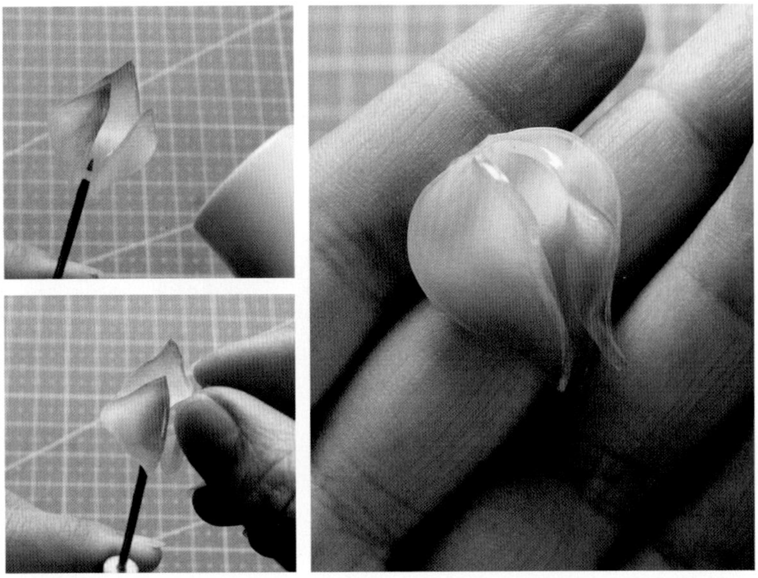

5 用锥子固定热缩后的花片并用热风枪再次加热，接着用手给花片顶部塑形，做出三叶梅的苞片。

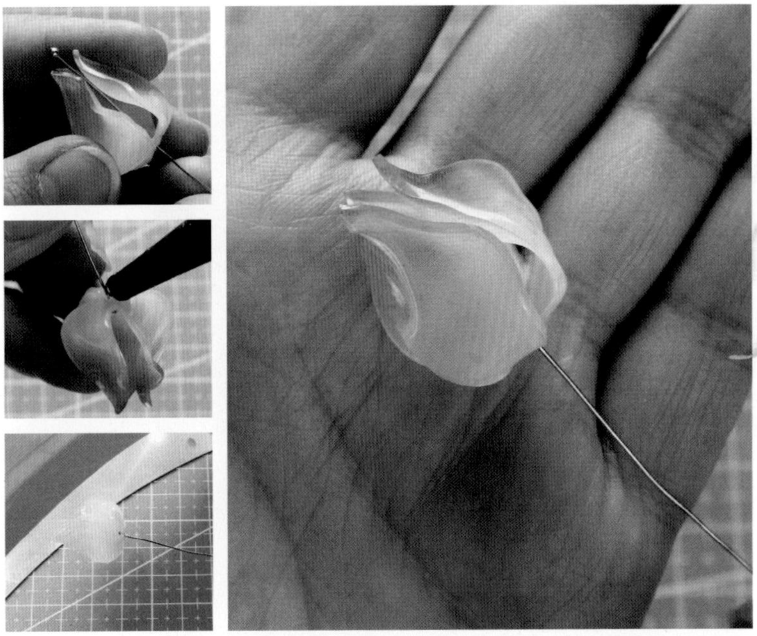

6 把准备好的球针通过之前打好的孔穿入三叶梅苞片内，在苞片底部涂上 UV 胶后将其放在紫外线灯下烤至 UV 胶固化，做出三叶梅的花枝。

花型修改与应用

三片花型除了用于制作三叶梅，还可以在三叶梅花型的基础上进行修改，得到其他图样。下面就以三叶梅的花型为基础花型，学习一下如何修改花型使之成为另一种植物。

花型修改方法 1 | 风雨兰

风雨兰的花型与三叶梅类似，三叶梅的苞片尖为尖形，而风雨兰的花瓣尖则是圆弧形。另外，风雨兰多数为 6 片花瓣，可在两片三叶梅花片上修改、制作，要点就是把尖形花瓣修剪成符合风雨兰花瓣特征的圆弧形。

花型修改图示说明

花型修改部分的标记只为展示新花型与基础花型的区别，不是最终图样，修改后的花型图样请翻阅图书附录给出的花型线稿图。以下内容中的花型修改部分皆同此意。

基础花型——三叶梅

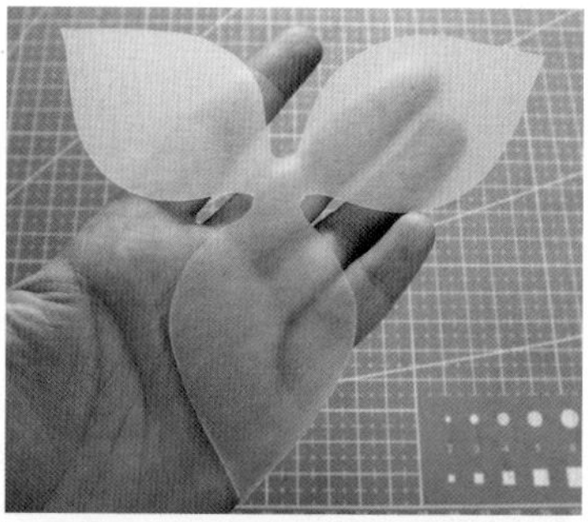

花型修改

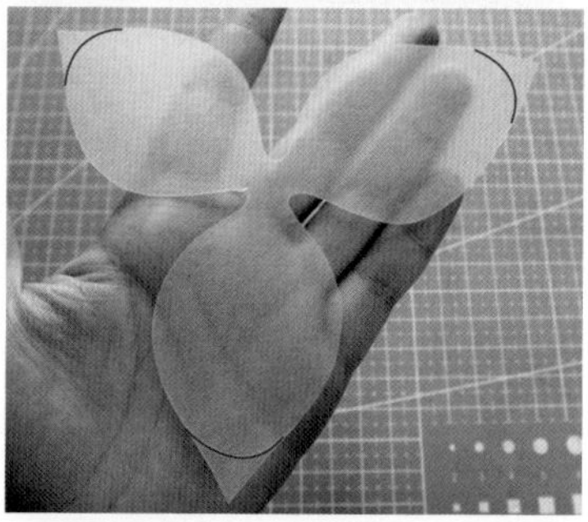

新花型——风雨兰

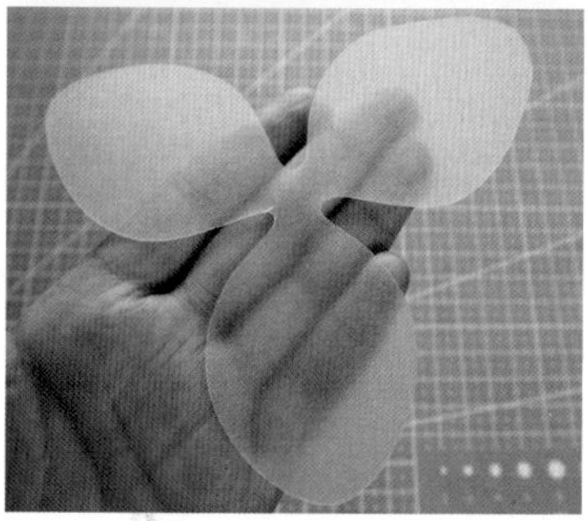

新花型的应用 | 风雨兰

风雨兰大多数有 6 片花瓣，花色多样，有粉红色、深桃红色、黄色及白色等，刚盛开的风雨兰花型与百合相似。

所用工具与材料

半透明热缩片
彩铅
剪刀
色粉
棉团
3mm 打孔器
热风枪
锥子
球针
UV 胶
紫外线灯
手工垫板

制作

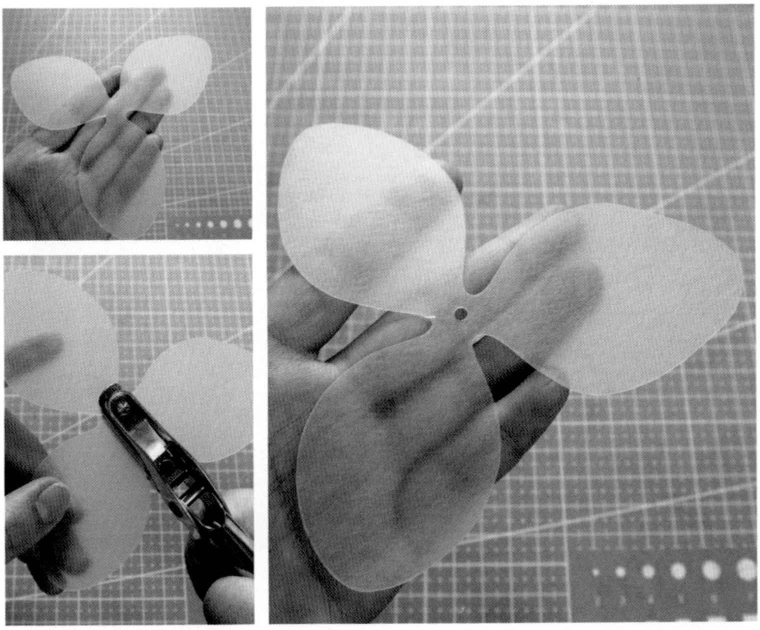

1 在三叶梅花的基础花型上剪出风雨兰的花型图样，然后用 3mm 打孔器在花片中心打孔。

2 用棉团蘸取少量绿色色粉涂在花片中间。

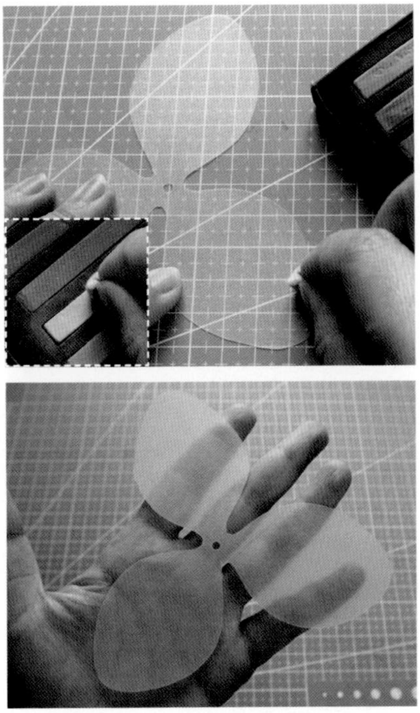

3 用棉团蘸取浅粉色色粉晕染花瓣。

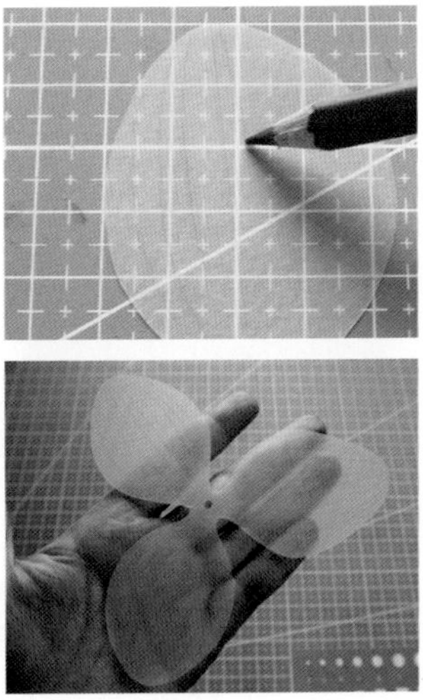

4 用粉红色彩铅画出风雨兰花瓣上的纹理。

5　用锥子把花片固定在手工垫板上，然后用热风枪加热，使花片大致热缩成风雨兰的造型，并趁花片冷却变硬前用手调整花瓣形状。使用相同的方法再做出一个花片。

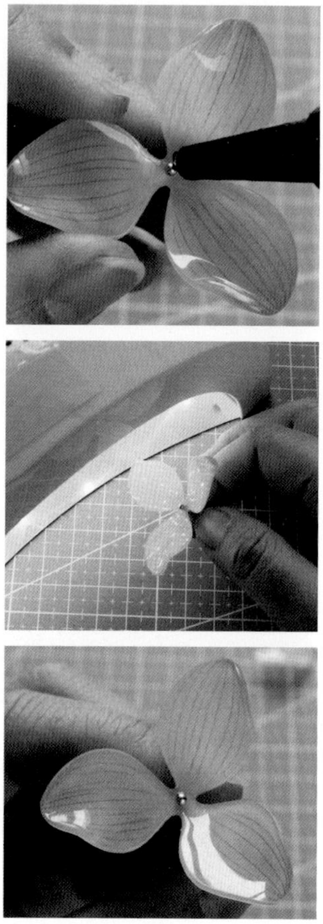

6　将准备好的球针通过之前打好的孔穿入花片中并在结合处涂上 UV 胶，接着将其放在紫外线灯下烤干。

7　采用错位粘贴的方式粘上风雨兰的第二个花片，做出一朵有 6 片花瓣的风雨兰。

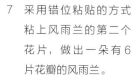

花型修改方法 2 ｜ 紫露草

三叶梅的花型还可以用来制作紫露草。紫露草的花瓣偏短、偏瘦，花瓣尖与风雨兰相似，是不锐利的圆弧形，所以修剪的时候要贴合它的特点——在三叶梅花型的基础上将花瓣修剪得稍微小巧一些。

基础花型——三叶梅

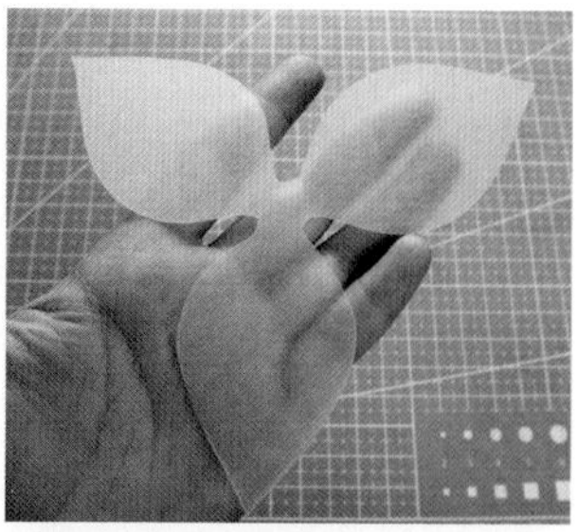

花型修改

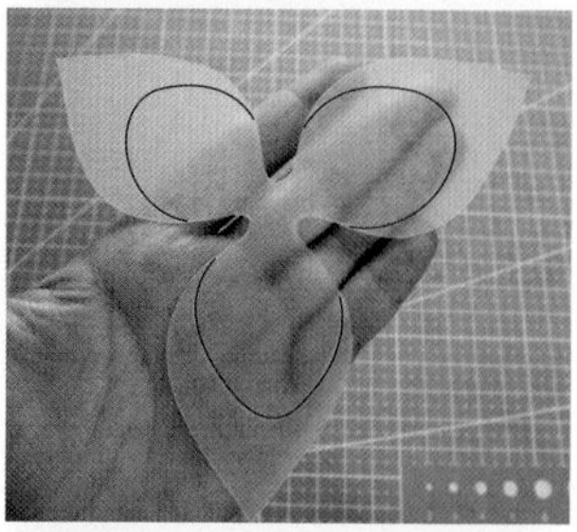

新花型——紫露草

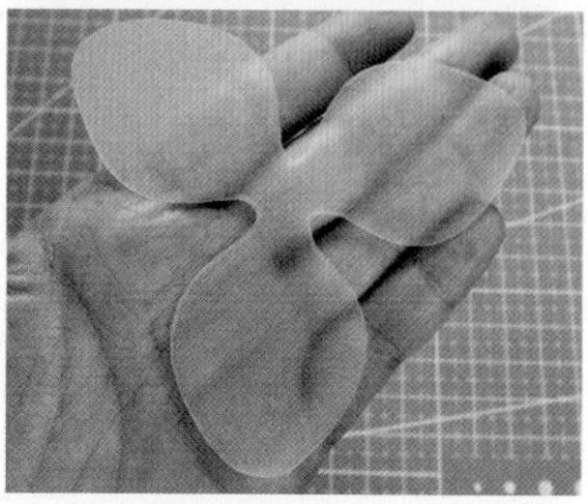

新花型的应用 ｜ 紫露草

紫露草，花瓣呈蓝紫色，且外形为广卵形（即较宽的卵形）。紫露草花色艳丽、株形奇特，且花期长，常见于园林景观中。

所用工具与材料

半透明热缩片
彩铅
色粉
棉团
剪刀
3mm 打孔器
刻刀
热风枪
锥子
UV 胶
紫外线灯
金属线
金色金属米珠
手工垫板

制作

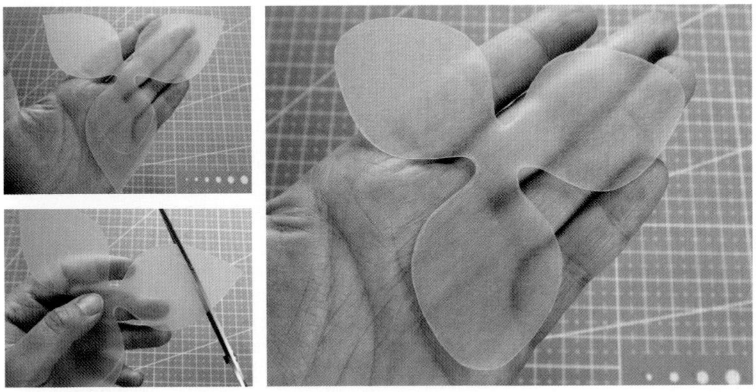

1　用白色彩铅在三叶梅的基础花型上描出紫露草的花型图样，接着用剪刀剪出紫露草的具体花型。

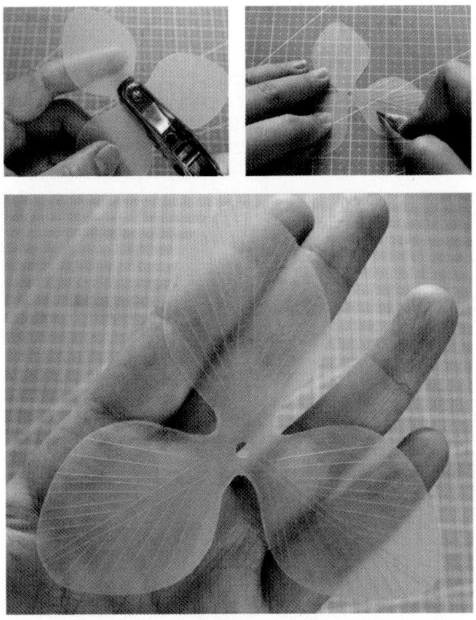

2　用 3mm 打孔器在花片中心打孔，再用刻刀划出花瓣上的纹路。

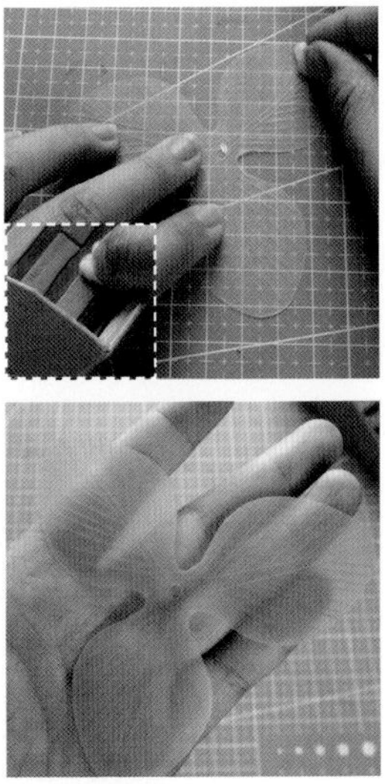

3　用棉团蘸取紫色色粉，从花片边缘向花片中间晕染。

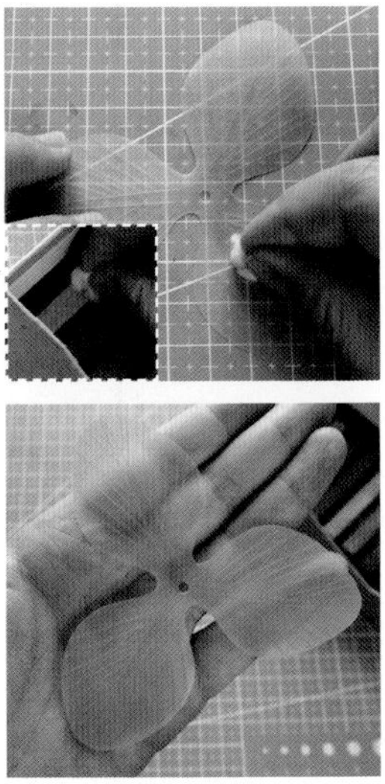

4　用棉团蘸取玫红色色粉，从花片中间向花片边缘晕染。

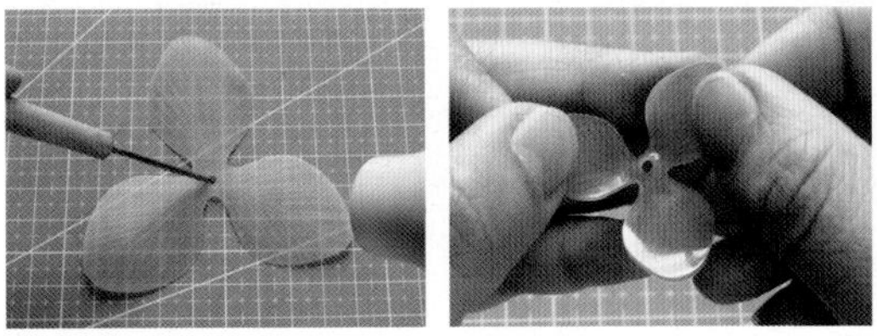

5　用锥子把花片固定在手工垫板上，然后用热风枪加热，使花片大致热缩成紫露草的造型，并趁花片冷却变硬前用手调整花瓣形状。

6 准备金色金属米珠，用金属线穿一颗米珠，折叠金属线并扭出一段麻花形，然后分开金属线，准备再次穿入米珠。

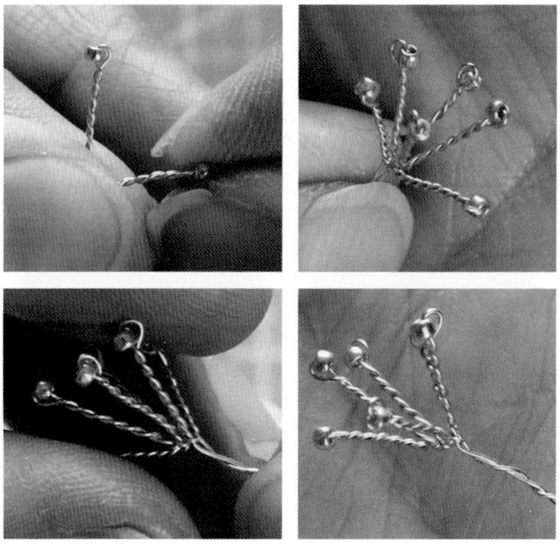

7 在金属线上继续穿米珠并扭成几个分支，用米珠和金属线做出紫露草的花蕊。

8 把花蕊配件通过之前打好的孔穿入花片，在孔的位置涂上 UV 胶后放在紫外线灯下烤干，让花蕊固定在花片上。至此，紫露草制作完成。

花型修改方法 3 ｜ 报春花

报春花也有 6 片花瓣，和风雨兰一样用两个三叶梅的花片来做。报春花的花瓣较圆润，花瓣尖的弧度比风雨兰和紫露草都要平缓一些。

基础花型——三叶梅

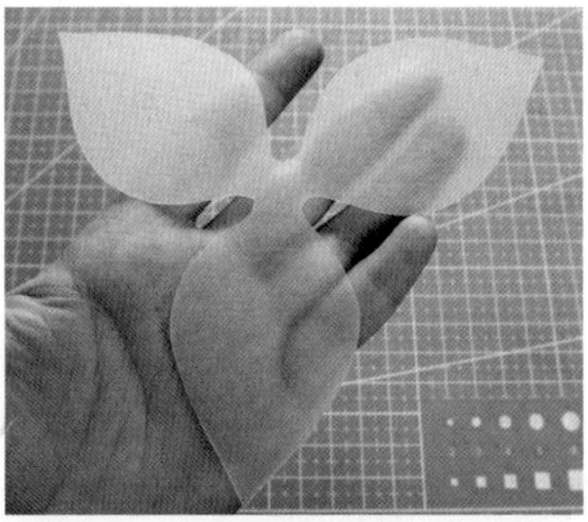

花型修改

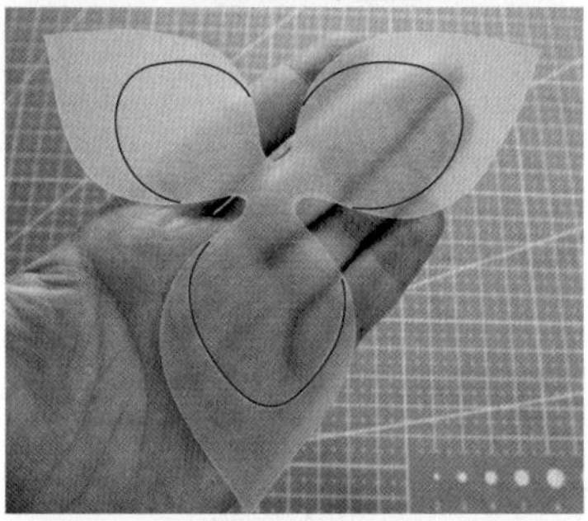

新花型——报春花

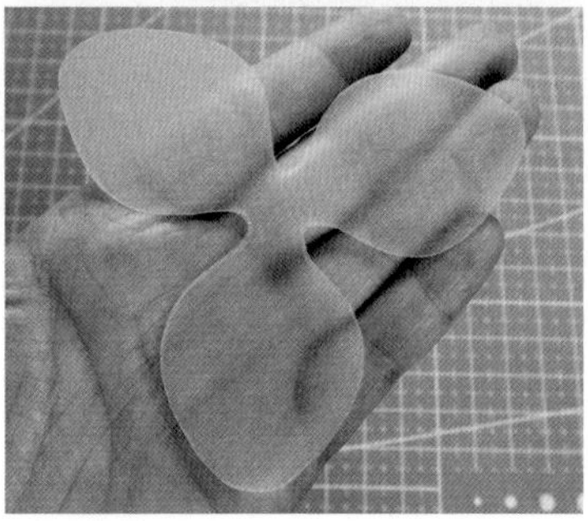

新花型的应用 ｜ 报春花

报春花，有 6 片花瓣，花瓣呈卵形或椭圆形，花色丰富，有红色、粉色、黄色、紫色、白色等，花期长，具有很高的观赏价值。

所用工具与材料

半透明热缩片
彩铅
色粉
棉团
剪刀
3mm 打孔器
刻刀
热风枪
锥子
UV 胶
紫外线灯
球针
手工垫板

制作

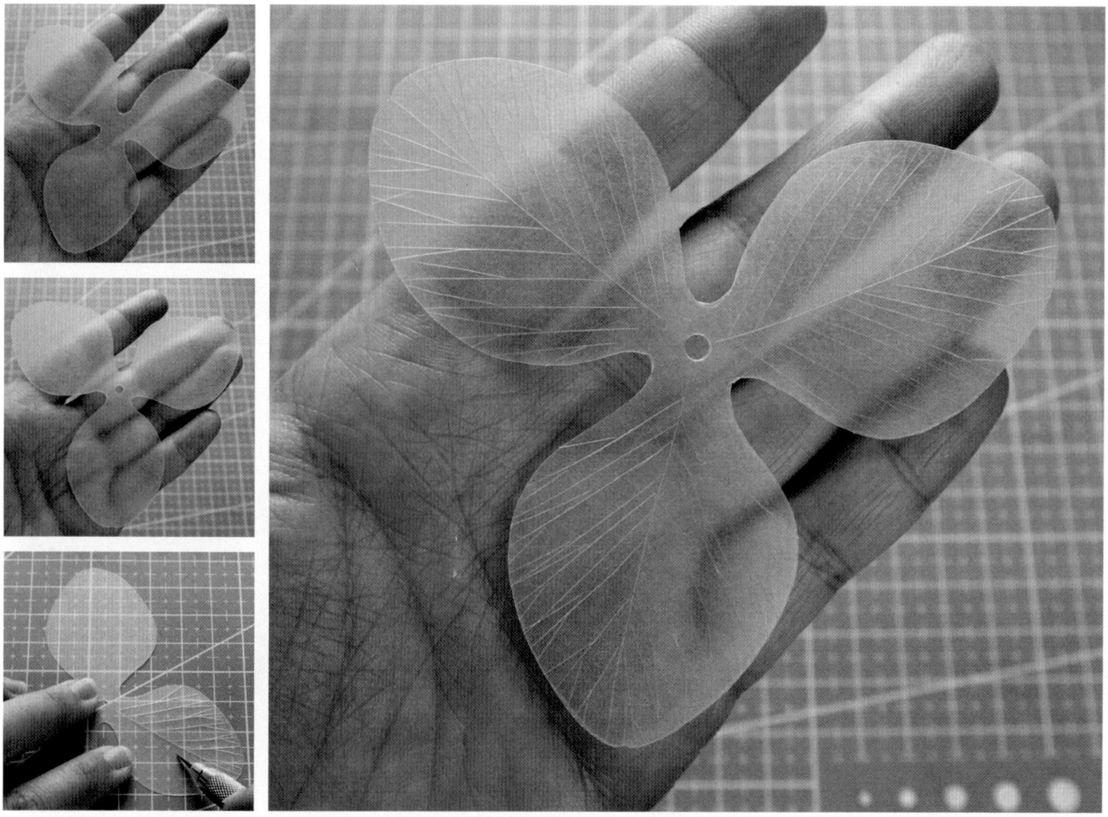

1 在三叶梅的基础花型上剪出报春花的花型图样，然后用 3mm 打孔器在花片中心打孔，再用刻刀划出花瓣上的纹理。

2 用棉团依次蘸取明黄色和浅黄色色粉，分别涂在花片的中间和边缘。

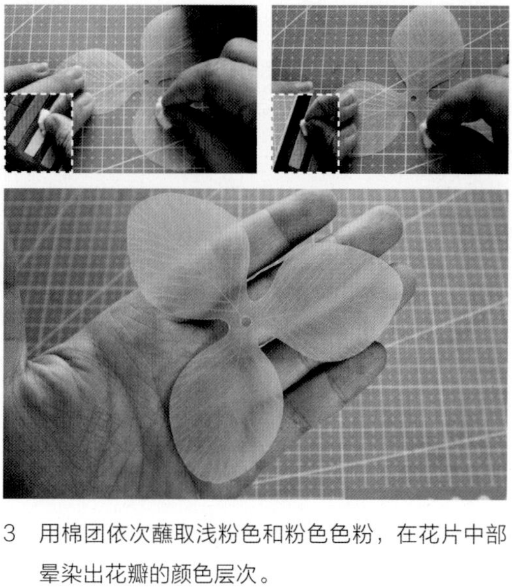

3 用棉团依次蘸取浅粉色和粉色色粉，在花片中部晕染出花瓣的颜色层次。

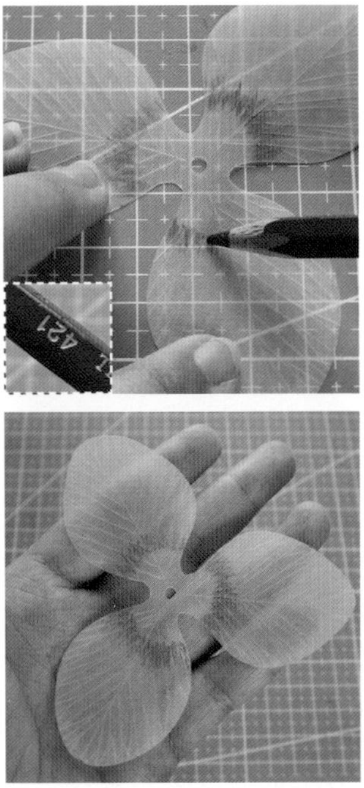

4 用橘红色彩铅在花片上黄色与粉色的衔接位置处勾画出报春花花瓣上的纹理。

5 用锥子把花片固定在手工垫板上，然后用热风枪加热，使花片大致热缩成报春花的造型，并趁花片冷却变硬前用手调整花瓣形状。用相同的方法再做出一个花片。

6 将准备好的球针通过之前打好的孔穿入花片中并在结合处涂上 UV 胶，然后将花片放在紫外线灯下烤干，做出报春花的花蕊。

7 采用错位粘贴的方式粘上报春花的第二个花片，做出一朵有 6 片花瓣的报春花。

四片花型的制作与应用

四片花型可以用来制作只有 4 片花瓣或花瓣数量比较少的花朵，如绣球花、芍药等，在此花型的基础上也可以制作出多种花卉。我们先来学习一下怎样绘制四片花型吧。

四片花型的绘制方法

关于四片花型的绘制，此处以绣球花为例进行讲解。

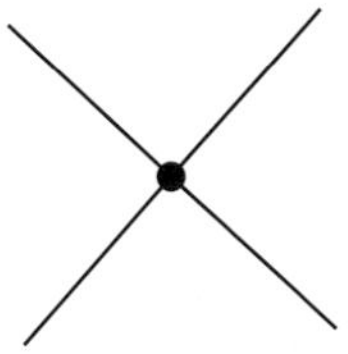

四片花型与三片花型的绘制方法大致相同，都需要先确定一个中心点，并围绕中心点用直线分出四等份。

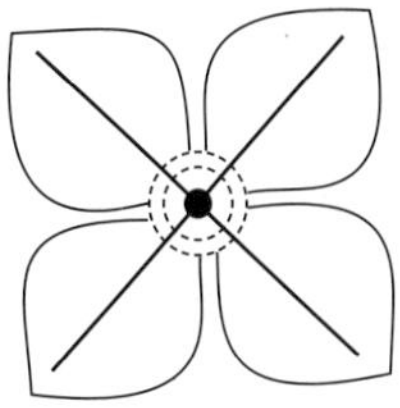

其次，借助同心圆画出绣球花的大致花型。

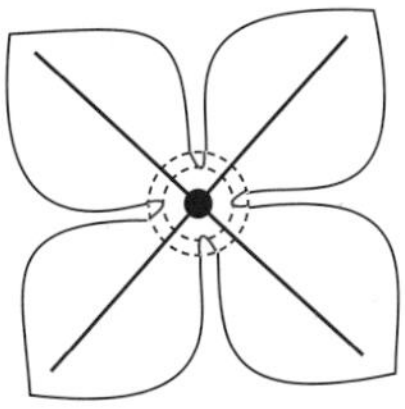

再次，借助同心圆在中间画出花瓣的底部形状。

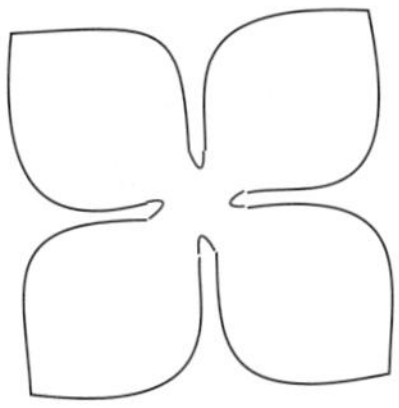

最后，擦去绘图辅助线，绣球花的花型图样就画好了。

可制作花卉——绣球花（基础花型）

绣球花，其单支花朵在花枝顶部聚集，形成伞状，形似绣球。此处制作的是单支花朵，花型小，有 4 片花瓣，颜色为粉红色。

所用工具与材料

半透明热缩片
彩铅
剪刀
刻刀
3mm 打孔器
热风枪
锥子
色粉
棉团
金属线
切面珠
UV 胶
紫外线灯
手工垫板

制作

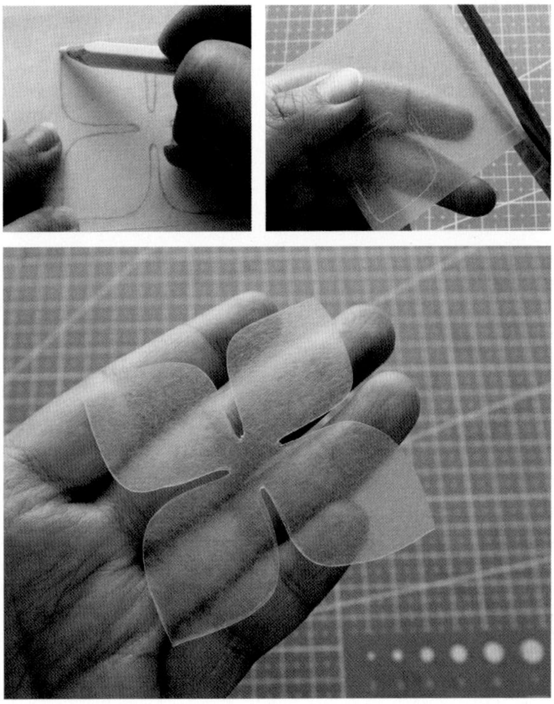

1　用白色彩铅在半透明热缩片上描出绣球花单支花朵的花型图样，然后用剪刀将其剪下来。

2　用 3mm 打孔器在花片中心打孔，再用刻刀划出花瓣上的纹理。

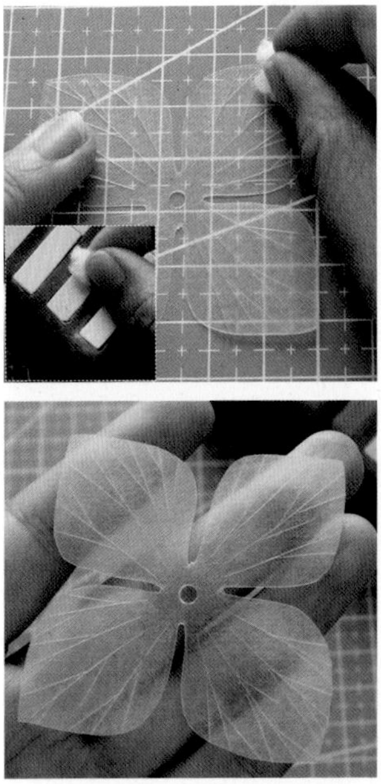

3　用棉团蘸取浅黄色色粉在花片边缘晕染。

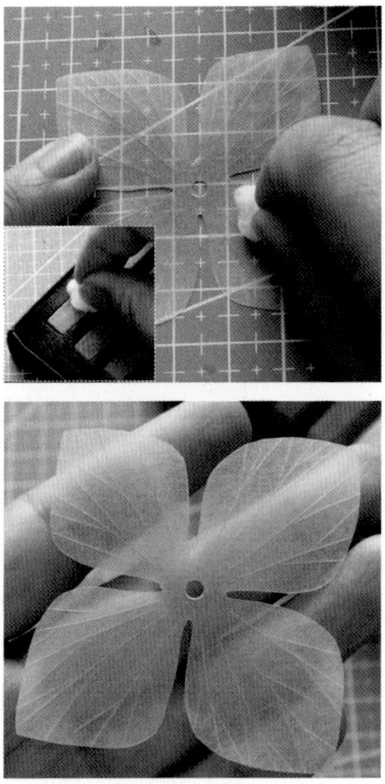

4　用棉团蘸取粉红色色粉从花片中心向边缘晕染。

5　用棉团蘸取紫色色粉晕染花片，增加花片的颜色层次。

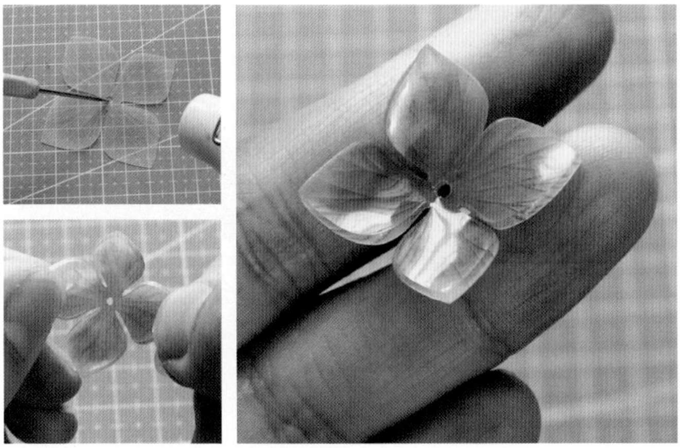

6　用锥子把花片固定在手工垫板上，然后用热风枪加热，使花片大致热缩成绣球花单支花朵的造型，并趁花片冷却变硬前用手调整花瓣形状。

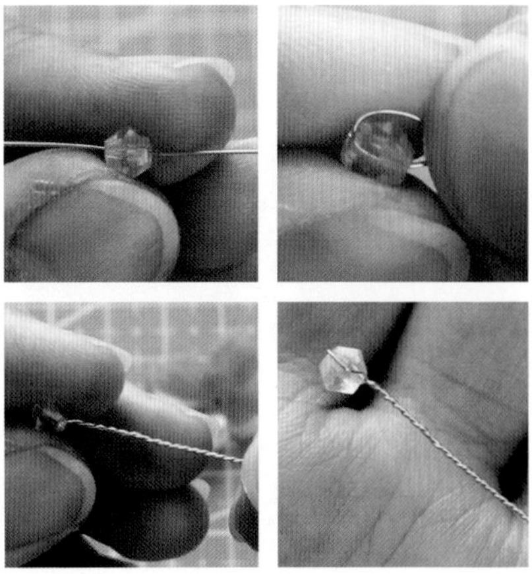

7　用金属线穿一颗切面珠，对折金属线并将其拧成麻花状，做出花蕊。

8　把做好的花蕊配件通过之前打好的孔穿入花片中，然后在孔的位置涂上 UV 胶并放在紫外线灯下烤干，做出绣球花的单支花朵。

花型修改与应用

以四片花型为基础的花型修改也有多种花可以选择，但大部分花都有很多品种，其花型甚至颜色都不一样，大家可以选择自己喜欢的花型来修改。

花型修改方法 1 ｜ 丁香花

丁香花有 4 片花瓣，花型上要比绣球花小巧一些，花瓣也更窄、更细小，在修改花型时可以找一些参考图片。如右图所示，在绣球花的基础花型上画出新花型，然后剪掉多余的部分，就得到了丁香花的花型。

基础花型——绣球花

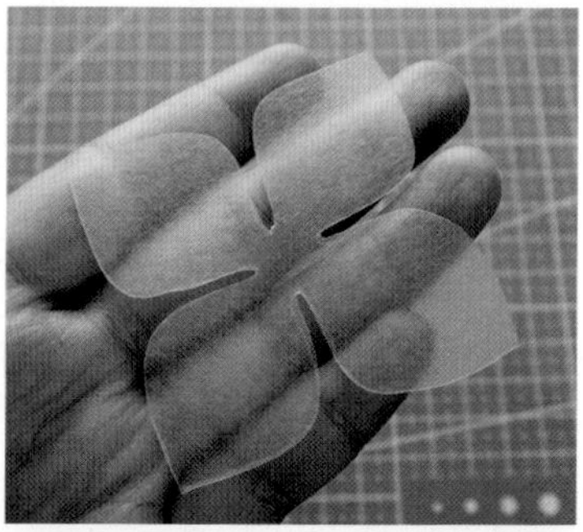

花型修改

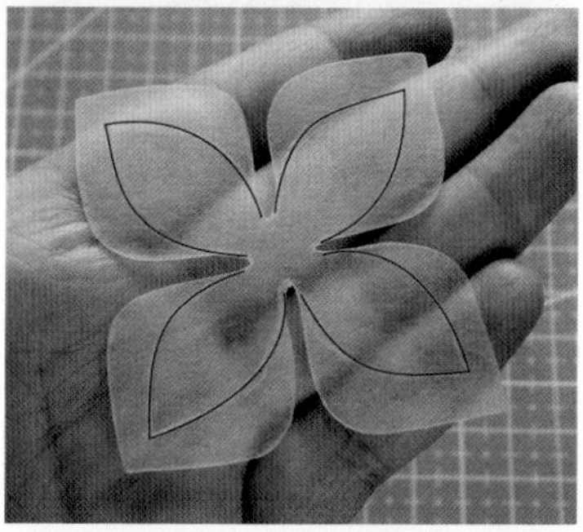

新花型——丁香花

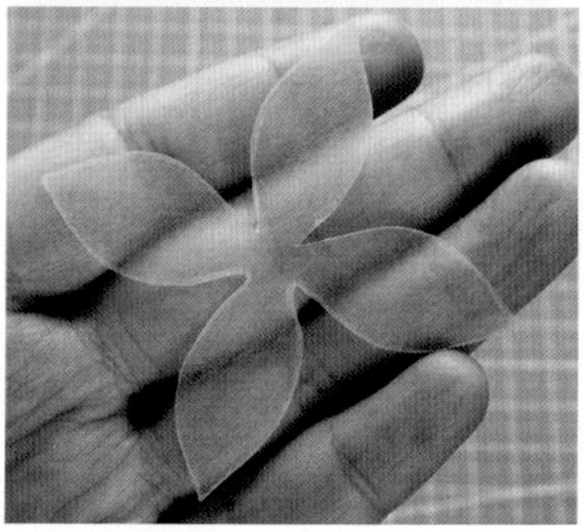

新花型的应用 ｜ 丁香花

丁香花，大多呈簇状开放，就像“结”一样，因此也被称为“百结花”。一朵丁香花有 4 片花瓣，花瓣呈梭形，有白色、紫色、淡紫色、黄色、蓝色等花色，最常见的是白色和紫色，此处制作的就是紫色丁香花。

所用工具与材料

半透明热缩片
彩铅
剪刀
色粉
棉团
3mm 打孔器
热风枪
金属线
偏光粉
刷子
UV 胶
紫外线灯
手工垫板

制作

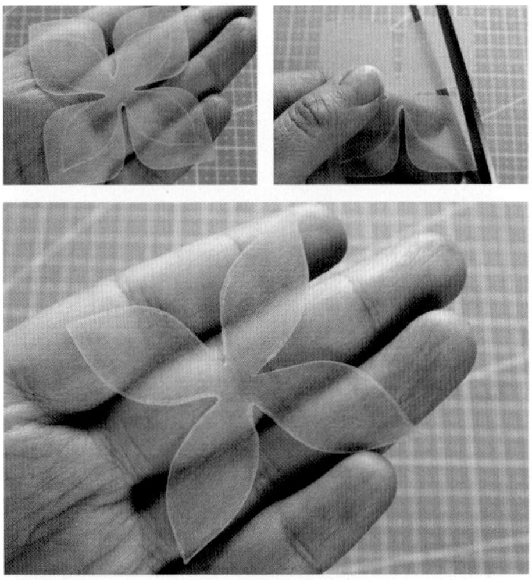

1 用白色彩铅在绣球花的基础花型上描出丁香花的花型图样，再用剪刀剪出丁香花的具体花型。

2 用 3mm 打孔器在花片中心打两个孔。

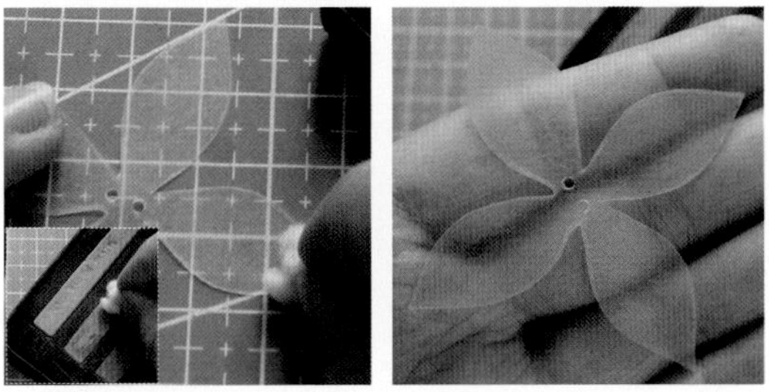

3 用棉团蘸取深粉色色粉晕染花瓣尖。

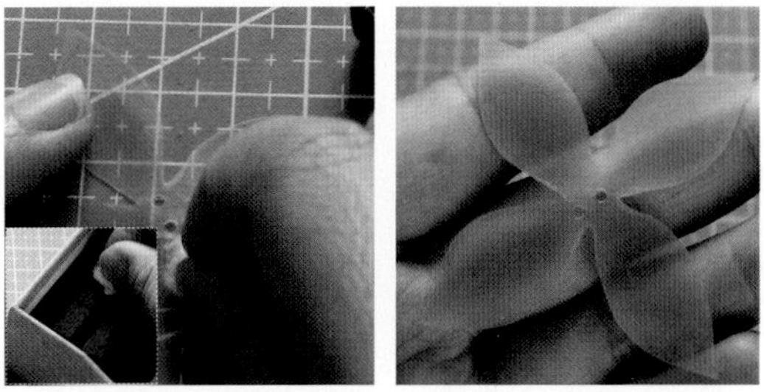

4 用棉团蘸取深紫色色粉晕染靠近花片中心的部分，并朝着花瓣尖方向做局部覆盖，做出粉紫渐变色效果。

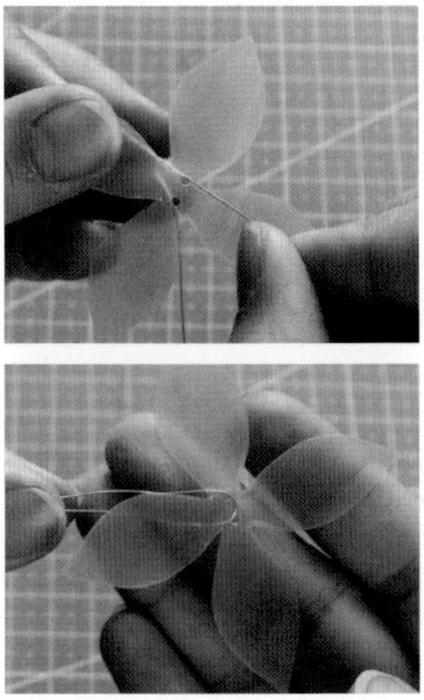

5 在花片的两个小孔内穿入金属线，以防后期热缩花片时弄伤手。

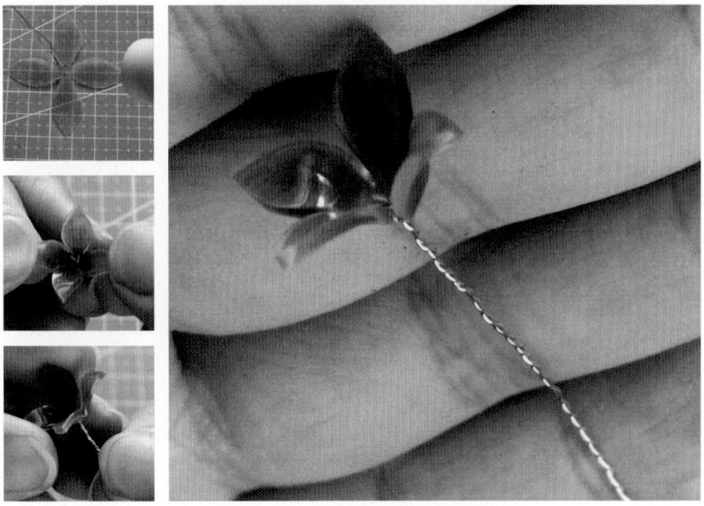

6 把花片放在手工垫板上，然后用热风枪加热，使花片大致热缩成丁香花的造型，并趁花片冷却变硬前用手调整花瓣形状。

7 在丁香花表面涂一层 UV 胶，然后放在紫外线灯下烤干，给花瓣表面进行封层，可以起到保护作用。

8 用刷子蘸取少许偏光粉刷在花瓣表面，使花瓣颜色的变化更丰富。

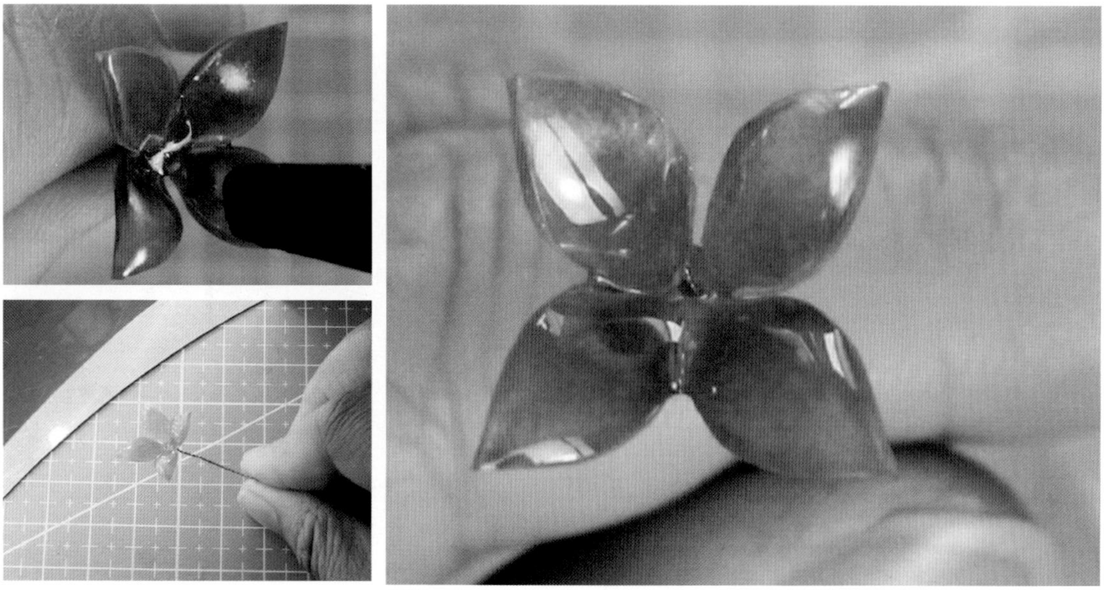

9 给花瓣表面刷完偏光粉后，需要再涂一层 UV 胶并放在紫外线灯下烤干，再次进行封层。

花型修改方法 2 ｜ 香雪球

香雪球的花瓣尖也有一个浅浅的弧形凹槽，但不像四叶草那么明显，且香雪球的花瓣更小、更圆。修剪时，在绣球花的基础花型上缩小花型并在花瓣尖剪出浅浅的凹槽，香雪球的具体花型就做好了。

基础花型——绣球花

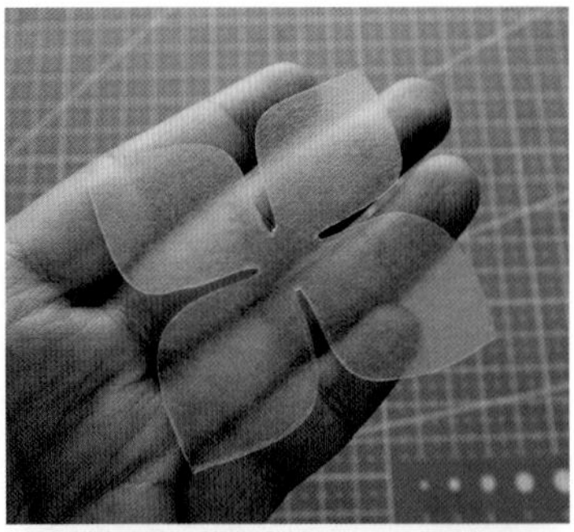

花型修改

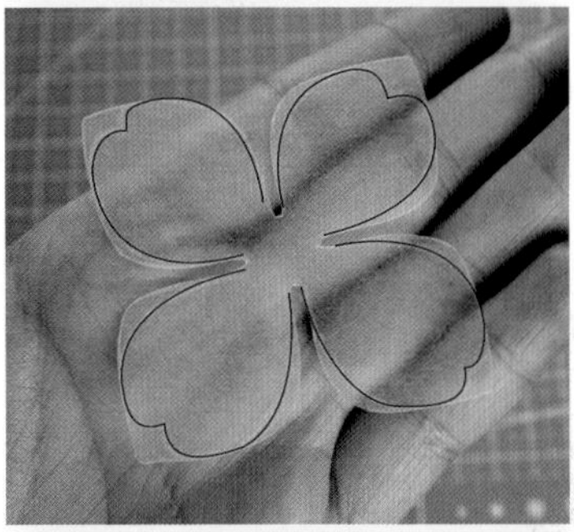

新花型——香雪球

新花型的应用 ｜ 香雪球

香雪球，其造型与绣球花类似，都是由许多小花朵聚集而成的伞状，外形似球。香雪球的单支花朵有 4 片花瓣，有白色、紫色、红色等花色。

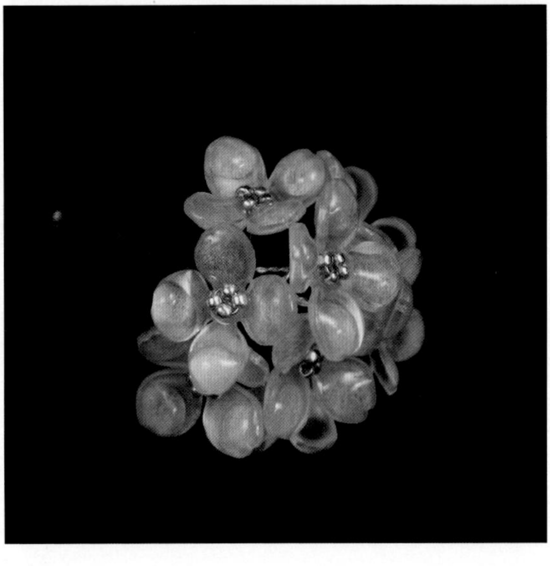

所用工具与材料

半透明热缩片
彩铅
剪刀
色粉
棉团
3mm 打孔器
热风枪
锥子
金属线
金色金属米珠
UV 胶
紫外线灯
深绿色绒线
手工垫板

制作

1　用白色彩铅在绣球花的基础花型上描出香雪球的花型图样，再用剪刀剪出香雪球的具体花型，与四叶草一样在修剪时注意突出花瓣尖的弧形凹槽。

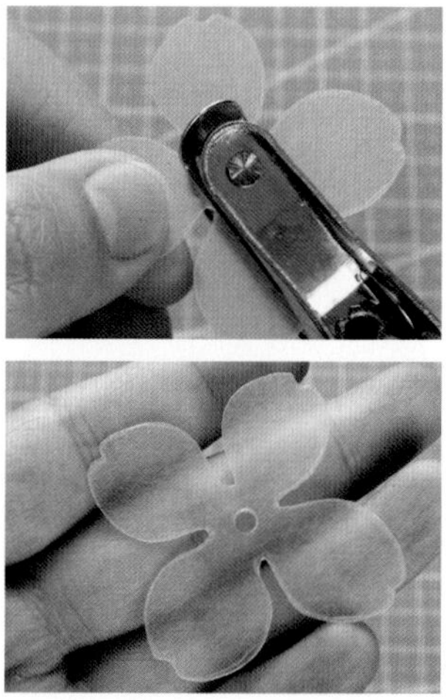

2　用 3mm 打孔器在花片中心打孔。

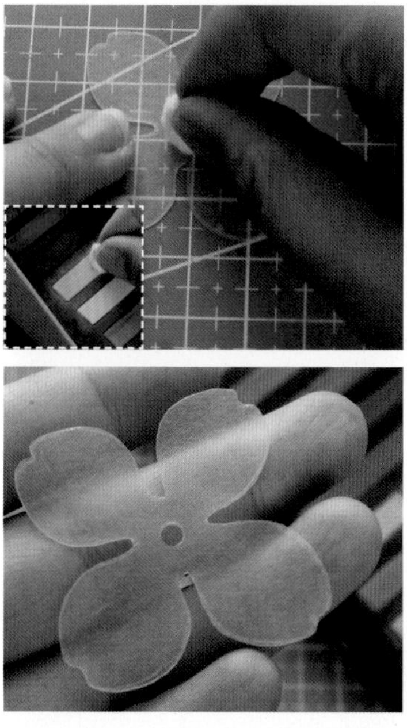

3　用棉团蘸取嫩绿色色粉晕染花片中心。

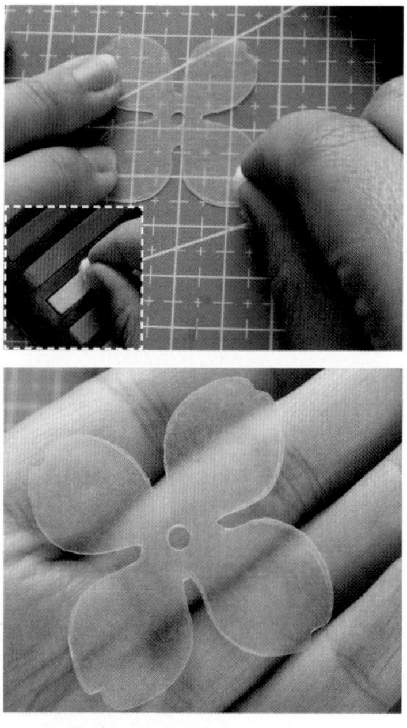

4　用棉团蘸取浅粉色色粉晕染花片边缘。

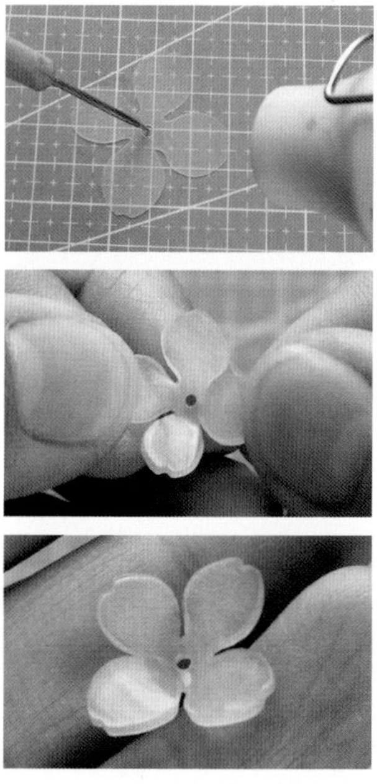

5　用锥子把花片固定在手工垫板上，然后用热风枪加热，使花片大致热缩成香雪球的造型，并趁花片冷却变硬前用手调整花瓣形状。

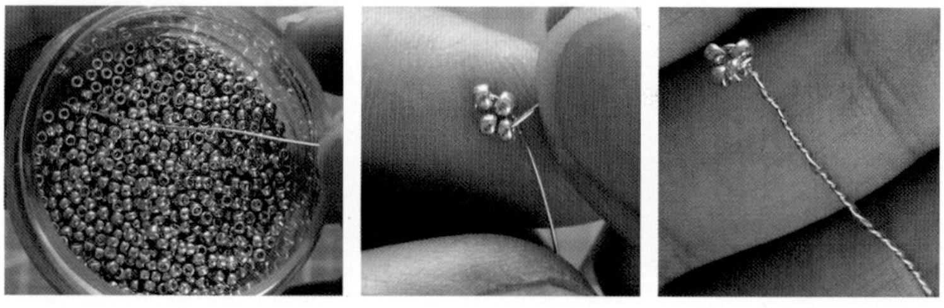

6　在金属线上穿 4 颗金色金属米珠，用一边的金属线缠绕另一边的金属线，扭出花蕊配件。

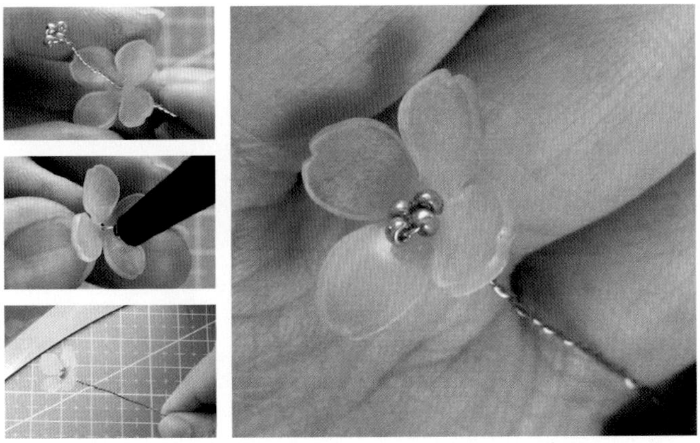

7 将花蕊配件通过之前打的孔穿入花片，在花蕊配件和花片的结合处涂 UV 胶，然后放在紫外线灯下烤干，把花蕊配件和花片粘在一起。

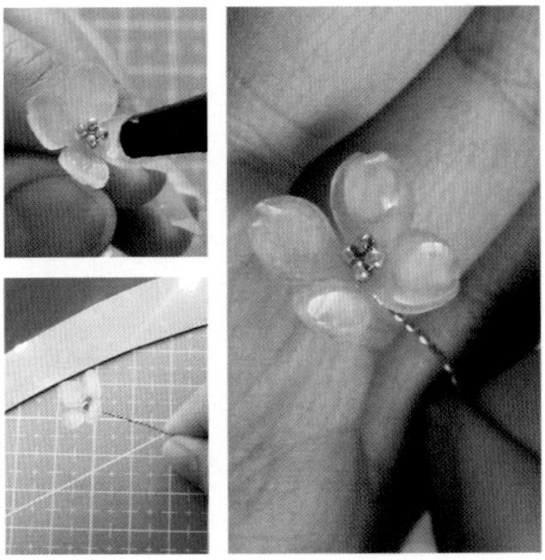

8 在花瓣上涂一层 UV 胶并用紫外线灯烤干，增加花瓣的厚度，使其变得饱满。香雪球的单支花朵制作完成。

9 用相同的方法再做出一些单支花朵。

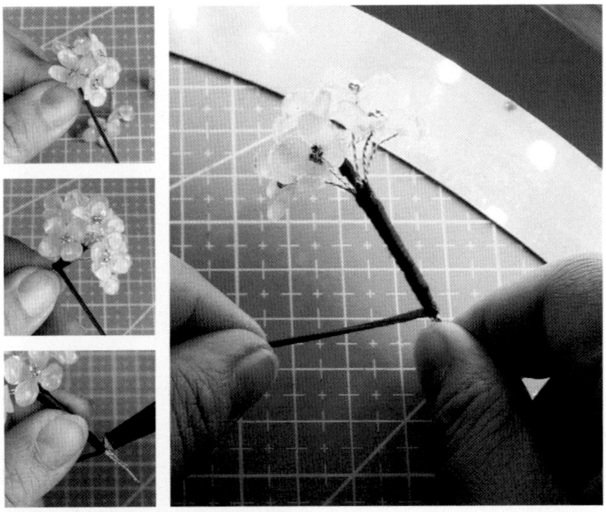

10 用深绿色绒线把单支花朵捆成球状，然后在绒线收尾处涂 UV 胶并放在紫外线灯下烤干、固定。

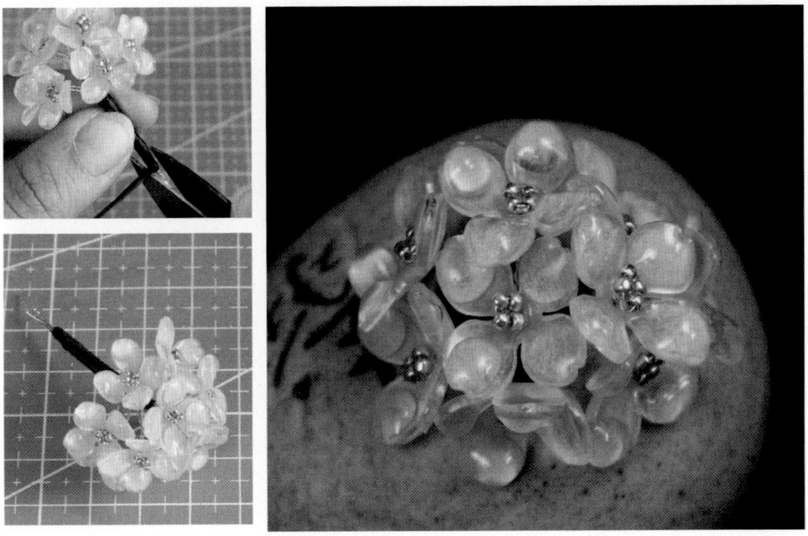

11 剪去绒线线头，一朵完整的香雪球就制作完成啦！

五片花型的制作与应用

自然界里也有许多花有5片花瓣，它们围绕花蕊均匀分布，花瓣的形状和大小也基本一致，这些要点在绘制五片花型的图样时要格外注意。

五片花型的绘制方法

关于五片花型的绘制，此处以风车茉莉为例进行讲解。其绘制方法与三片花型、四片花型的绘制方法相同。以给出的5条均匀分布的花瓣型主线为基准，在主线两边画出对称的形状组成花瓣，具体绘制过程见右图。

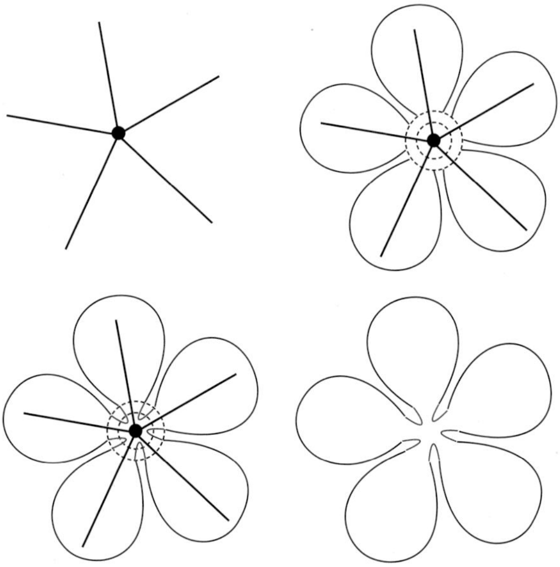

由此我们得出，无论绘制多少片花瓣的花型，只要先画出花瓣型主线，再补充绘制花瓣，即可得到需要的花型图样。大家可以使用这个方法去尝试绘制不同的花型图样。只要学会绘制花型图样，我们就能做出任何想要的热缩片作品。

可制作花卉——风车茉莉（基础花型）

风车茉莉有5片花瓣，花瓣围绕着花蕊呈螺旋形排列，形似旋转的风车叶片，花香与茉莉相似。其花色有白色、粉色和黄色等颜色，最常见的是白色。

所用工具与材料

- 半透明热缩片
- 彩铅
- 剪刀
- 马克笔
- 3mm打孔器
- 热风枪
- 锥子
- 球针
- UV胶
- 紫外线灯
- 手工垫板

制作

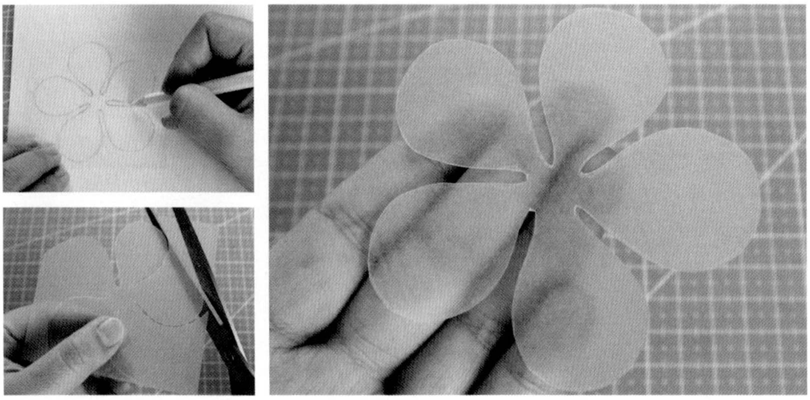

1 用白色彩铅在半透明热缩片上描出风车茉莉的花型图样，然后用剪刀将其剪下来。

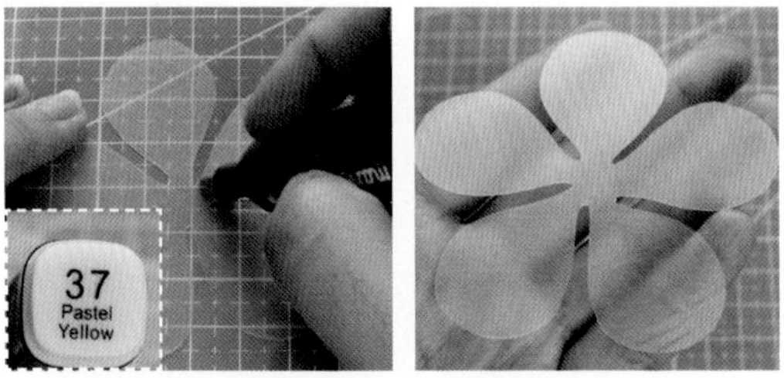

2 用黄色马克笔给风车茉莉的花片上色。

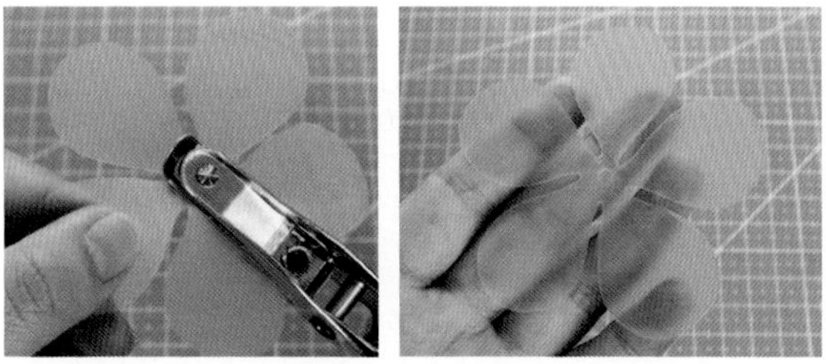

3 用 3mm 打孔器在花片中心打孔。

4 用锥子把花片固定在手工垫板上，然后用热风枪加热使花片热缩，再把花片固定在锥子上，继续用热风枪加热，趁花片冷却变硬前用手调整风车茉莉的花瓣形状。

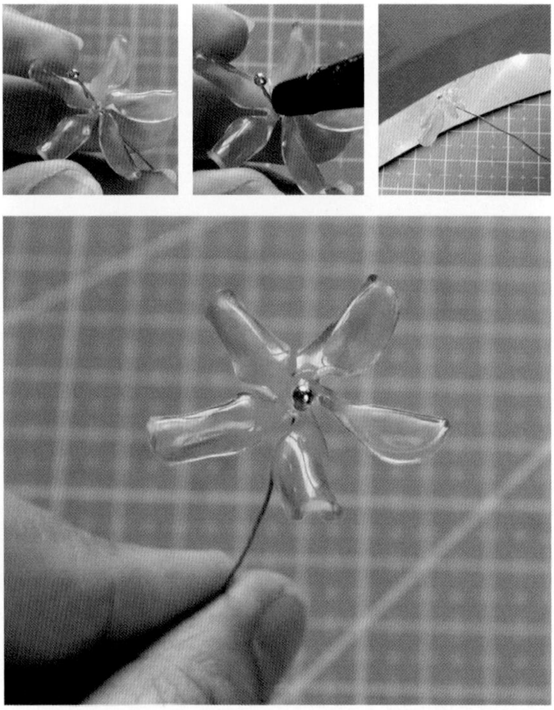

5 将球针从孔穿入花片，接着在结合处涂 UV 胶并放在紫外线灯下烤干。至此，风车茉莉制作完成。

◆ 花型修改与应用

与三片、四片花型一样，在五片花型的基础上依旧可以修改出多种有 5 片花瓣的花。注意这些花的共同点，多观察，就能很快学会绘制各种花型图样。

花型修改方法 1 | 橙花

与风车茉莉一样，橙花也有 5 片花瓣，其花瓣是尖细状的，所以修改时只需要把两侧多余的部分剪掉即可。

基础花型——风车茉莉

花型修改

新花型——橙花

新花型的应用 | 橙花

橙花是酸橙的白色花朵，有 5 片花瓣，花瓣呈尖细状。

所用工具与材料

半透明热缩片
彩铅
剪刀
刻刀
色粉
棉团
3mm 打孔器
热风枪
锥子
球针
UV胶
紫外线灯
手工垫板

制作

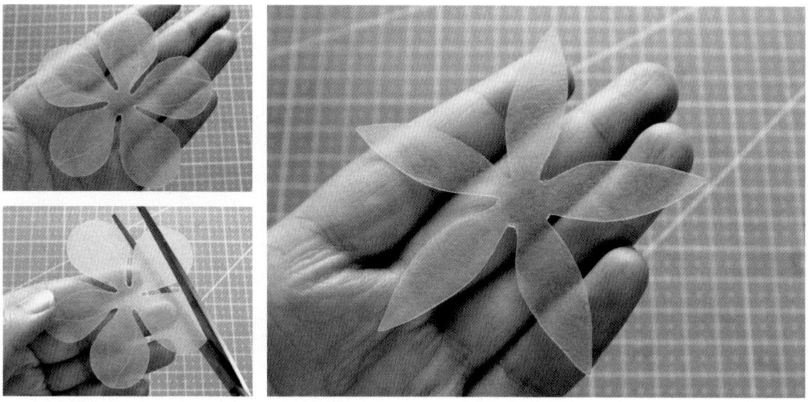

1　用白色彩铅在风车茉莉的基础花型上描出橙花的花型图样，再用剪刀剪出橙花的具体花型。

2　用 3mm 打孔器给花片打孔后用刻刀划出花瓣上的纹路。

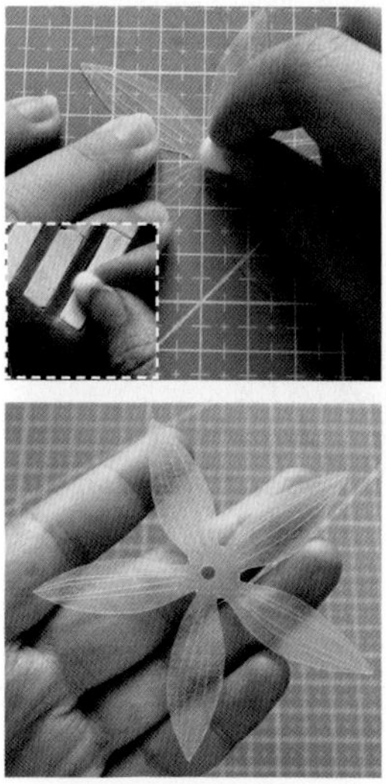

3　用棉团蘸取白色色粉晕染花片中心。

4　用锥子把花片固定在手工垫板上，然后用热风枪加热使花片热缩，接着把花片固定在锥子上，继续用热风枪加热，最后趁花片冷却变硬前用手调整橙花花瓣的形状。

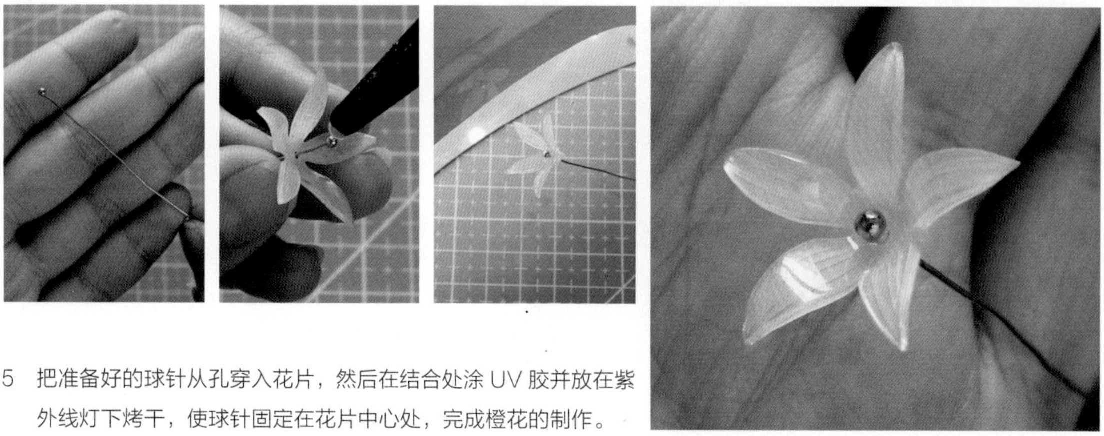

5　把准备好的球针从孔穿入花片，然后在结合处涂 UV 胶并放在紫外线灯下烤干，使球针固定在花片中心处，完成橙花的制作。

花型修改方法 2 ｜ 樱花

樱花有很多不同的品种，各品种的花瓣数量、形状以及颜色都有较大差异。此处选择了具有代表性的五瓣型樱花，其花瓣要比风车茉莉细一些，特别是花瓣尖还有标志性的小凹槽，抓住这些特点，我们就能在风车茉莉的基础花型上修改出樱花的花型。

基础花型——风车茉莉

花型修改

新花型——樱花

新花型的应用 ｜ 樱花

这里制作的是五瓣型樱花，其有 5 片花瓣，花瓣呈椭圆卵形，花瓣尖下凹，花色有粉红色和白色。在樱花盛开时节，花繁艳丽，满树烂漫，如云似霞，极为壮观。

所用工具与材料

- 半透明热缩片
- 彩铅
- 剪刀
- 马克笔
- 纸巾
- 色粉
- 棉团
- 3mm 打孔器
- 热风枪
- 锥子
- 金属线
- 金属花蕊配件
- UV 胶
- 紫外线灯
- 手工垫板

制作

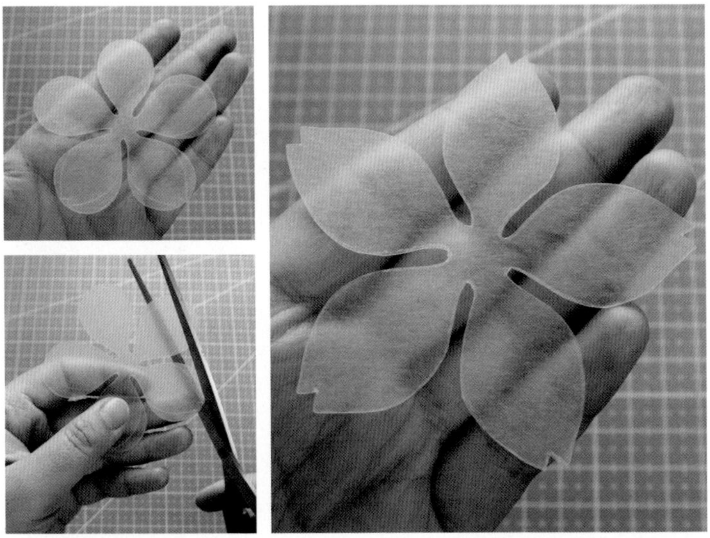

1　用白色彩铅在风车茉莉的基础花型上描出樱花的花型图样，再用剪刀剪出樱花的具体花型，修剪时注意表现樱花花瓣尖的“V”形凹槽。

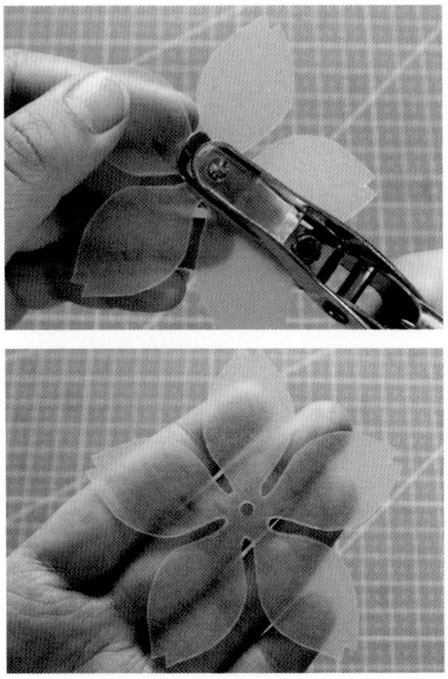

2　用3mm打孔器在花片中心打孔。

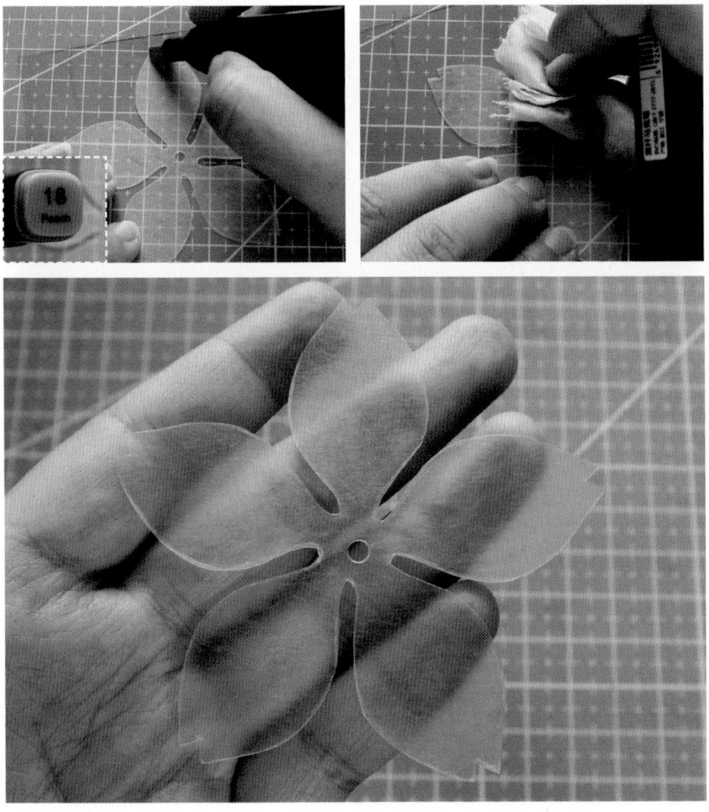

3　一边用粉色的马克笔在花片上涂色，一边用纸巾擦拭，给花片上一层淡淡的粉色。

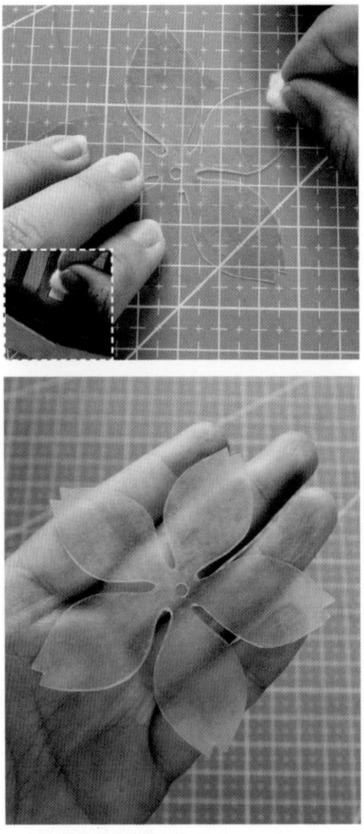

4　用棉团蘸取浅粉色色粉从花片边缘向花片中心晕染。

5　用锥子把花片固定在手工垫板上，然后用热风枪加热使花片热缩，接着把花片固定在锥子上，继续用热风枪加热，最后趁花片冷却变硬前用手调整樱花花瓣的形状。

6　用金属线穿金属花蕊配件，并把金属线扭成麻花状以固定花蕊。

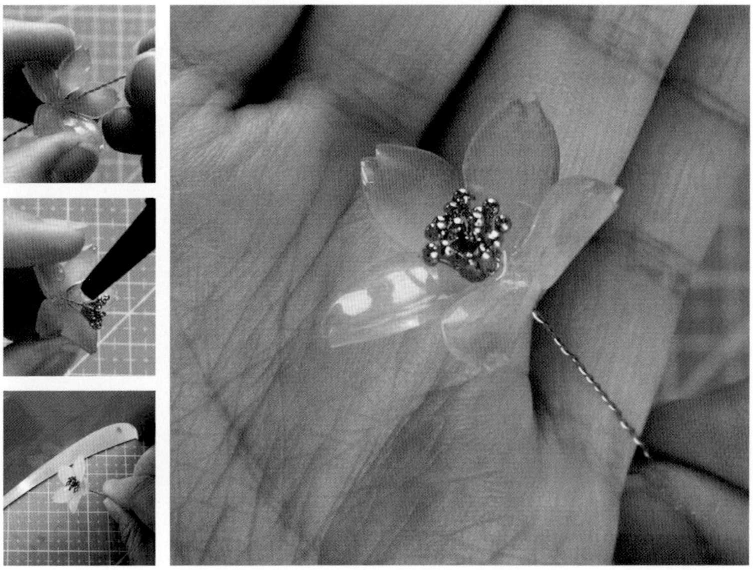

7　把花蕊配件从孔穿入花片，接着在结合处涂 UV 胶并放在紫外线灯下烤干、固定，完成樱花的制作。

花型修改方法 3 ｜ 芝樱

听名字就能猜到芝樱和樱花有相似之处，芝樱的花瓣上也有和樱花花瓣一样的小凹槽，不同的是樱花花瓣靠近花蕊的部分偏宽，芝樱花瓣则较窄。修改时抓住这个特征，就可以得到芝樱的花型了。

基础花型——风车茉莉

花型修改

新花型——芝樱

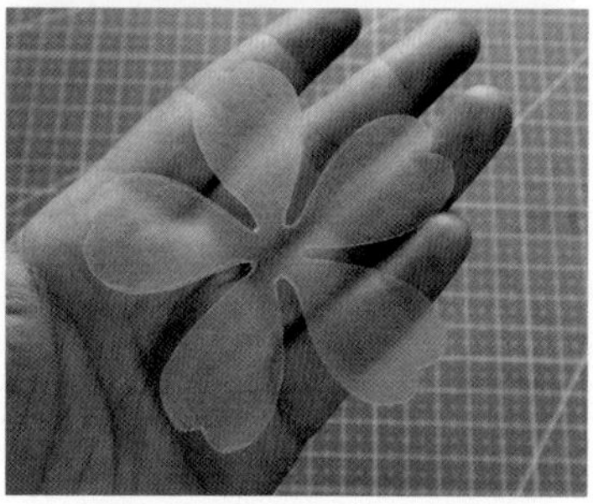

新花型的应用 ｜ 芝樱

芝樱，有 5 片花瓣，其花色有红色、粉红色、淡粉色、紫色等。开花时，其花瓣形状与樱花相似，花朵密集、花色鲜艳，有淡淡的花香。

所用工具与材料

- 半透明热缩片
- 彩铅
- 剪刀
- 3mm 打孔器
- 热风枪
- 锥子
- 金色金属米珠
- 金属线
- UV 胶
- 紫外线灯
- 手工垫板

制作

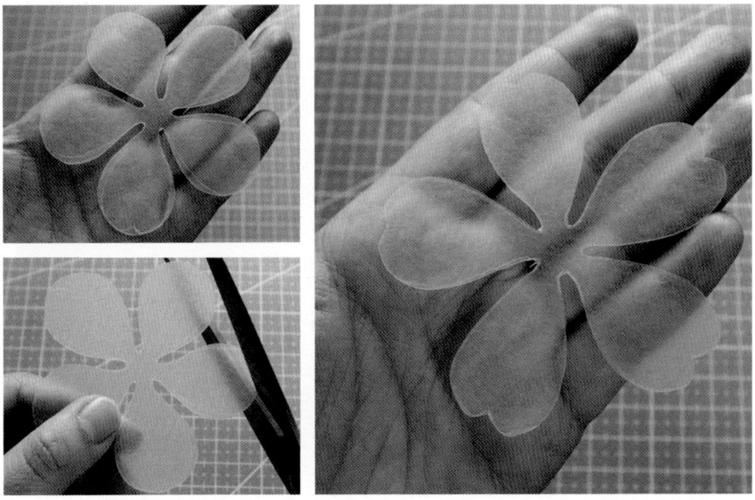

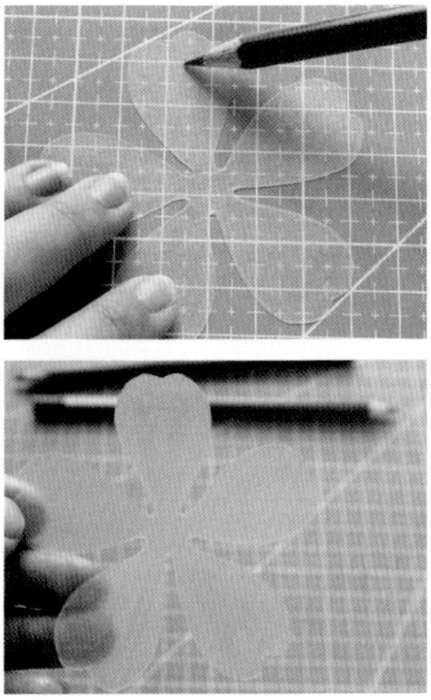

1　用白色彩铅在风车茉莉的基础花型上描出芝樱的花型图样，再用剪刀剪出芝樱的具体花型，修剪时注意表现花瓣尖端的“V”形凹槽。

2　用粉色彩铅勾画出芝樱花瓣上的纹理。

3　用深粉色彩铅勾画出芝樱花瓣下部的色彩分布区和纹理。

4　用 3mm 打孔器在花片中心打孔。

5　用锥子把花片固定在手工垫板上，然后用热风枪加热，使花片大致热缩成芝樱的造型，并趁花片冷却未硬前用手调整花瓣的形状。

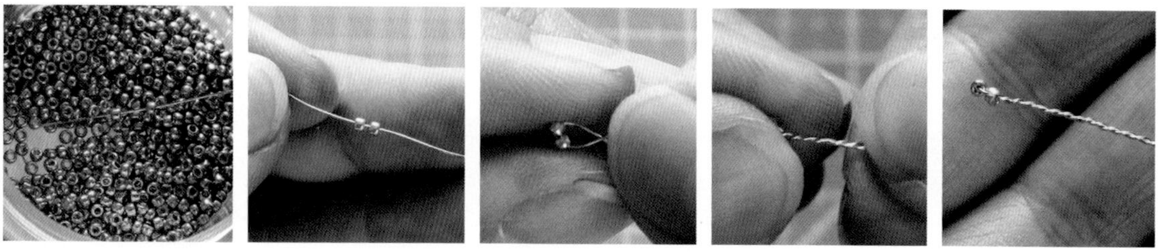

6　用金属线穿两颗金色金属米珠，接着将金属线扭成麻花状以固定米珠，做出花蕊。

7　把花蕊从孔穿入花片，再在结合处涂上UV胶，并放在紫外线灯下烤干、固定。至此，芝樱制作完成。

单片花型的制作与应用

制作花卉时，除了使用三片、四片、五片等多片的花型外，有时仅用单片花型也能做出好看的花卉，比如海芋花、龟背叶、垂筒花、虞美人等。

海芋花

海芋花的花蕊为圆柱状，花蕊外围裹有一大苞片，该苞片呈漏斗状。海芋花常见的花色有白色、黄色、橙红色。

花型绘制

绘制海芋花花型时，可先画一条直线作为单片花型的内部中心对称线，再在中心线两边添加对称的形状，这样花型左右两边的形状就是一致且对称的。

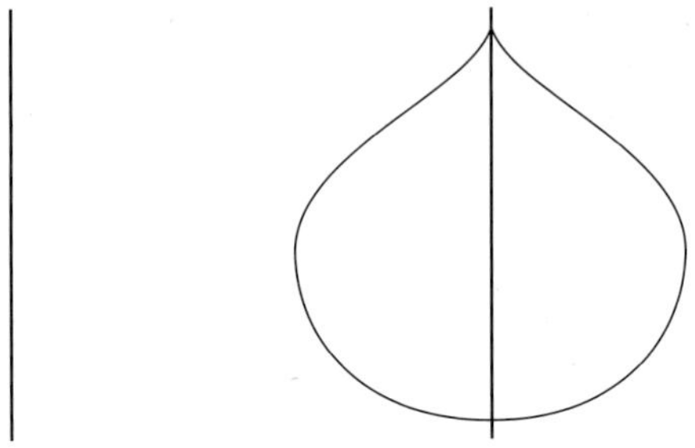

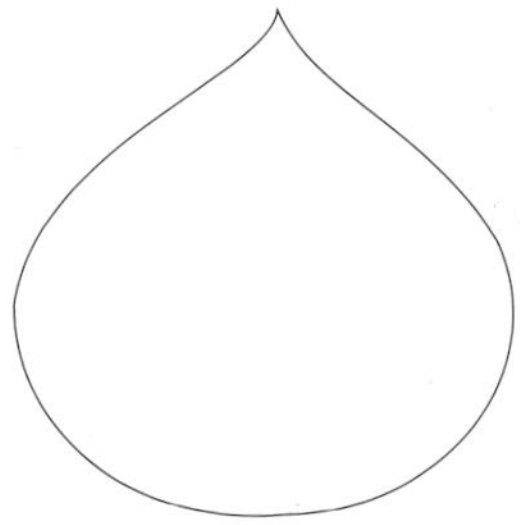

由于海芋花花型宽大，因此本节中其他的单片花型，都是在它的花型基础上修改得到的。

海芋花制作

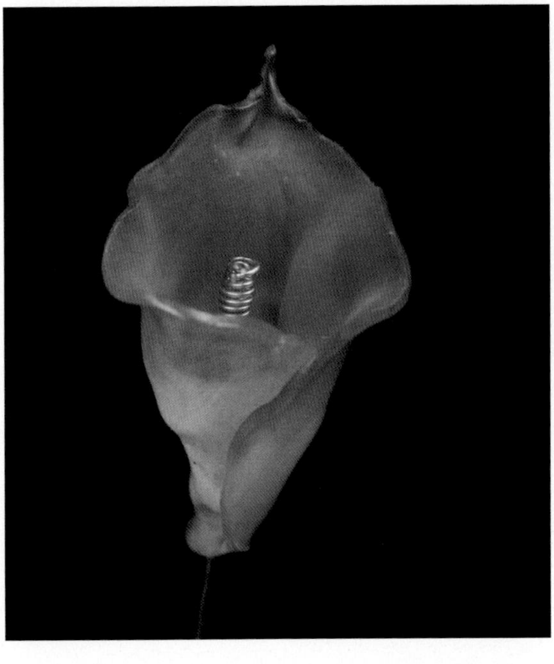

所用工具与材料

半透明热缩片
彩铅
剪刀
色粉
棉团
3mm 打孔器
热风枪
锥子
0.6mm 金属线
UV 胶
紫外线灯
圆嘴钳
手工垫板

制作

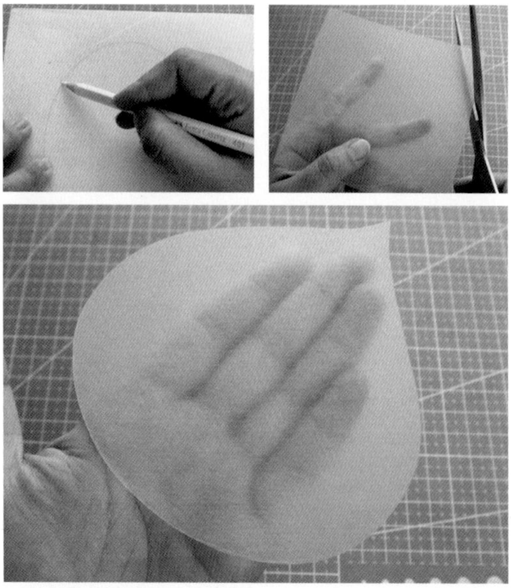

1 用白色彩铅在半透明热缩片上描出海芋花的花型图样，然后用剪刀将其剪下来。如上图，用来制作海芋花的花片为桃形。

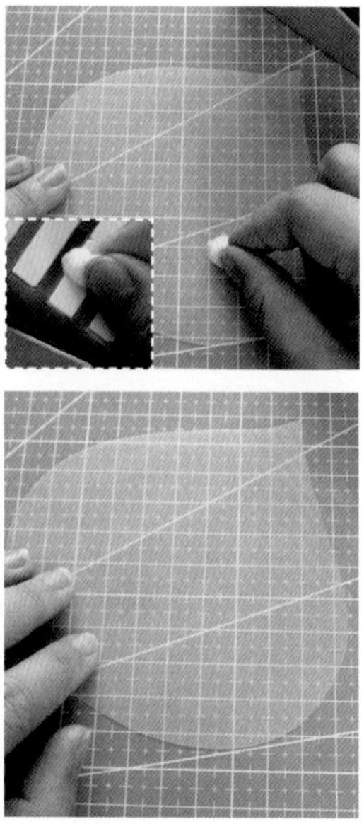

2 用棉团蘸取浅黄色色粉晕染花片。

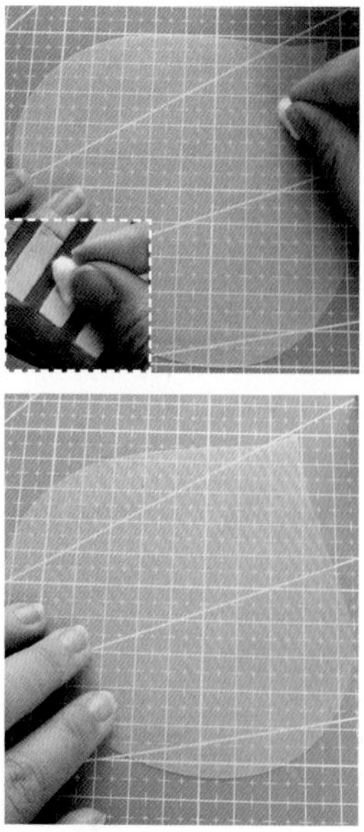

3 用棉团蘸取明黄色色粉晕染花片尖，增加颜色层次。

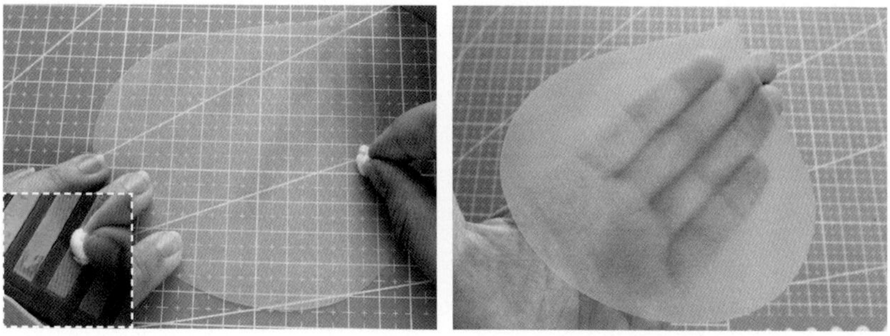

4 用棉团蘸取深粉色色粉从花片尖向花片内部晕染。

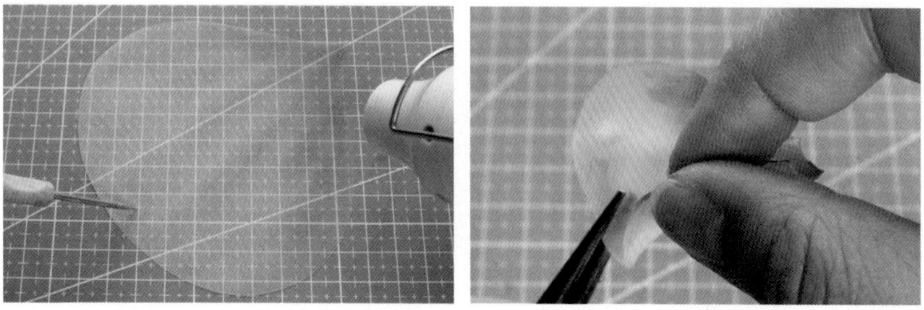

5 用锥子把花片固定在手工垫板上，然后用热风枪加热停止加热后用圆嘴钳夹住花片开始用手塑形。

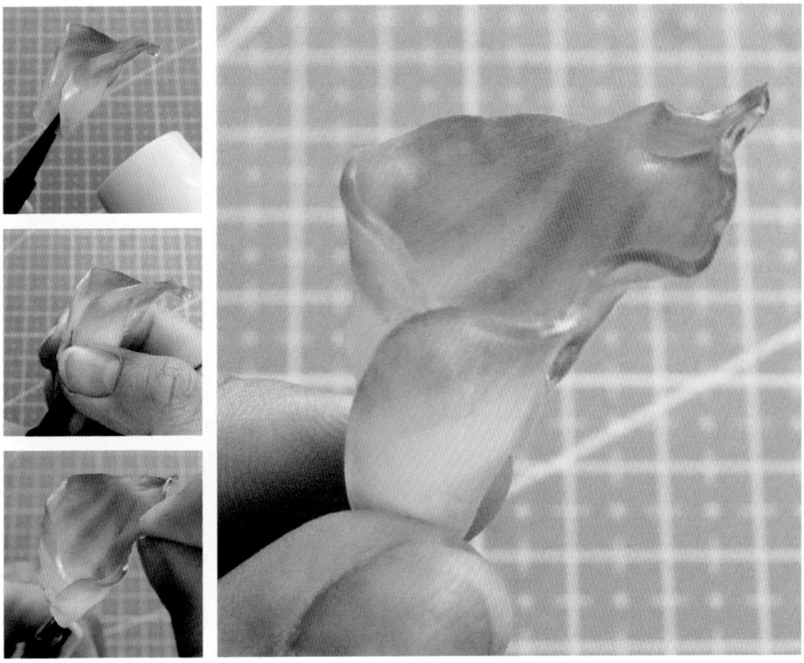

6　继续用热风枪加热花片，并把花片慢慢卷成蛋卷状，做出海芋花花蕊外围的大苞片。

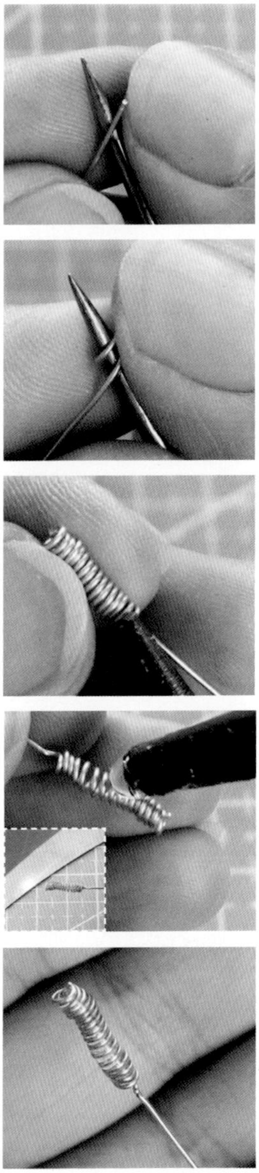

7　用锥子把 0.6mm 的金属线卷成弹簧状，然后在制作出的金属线部件上涂上 UV 胶并用紫外线灯烤干，做成海芋花的花蕊。

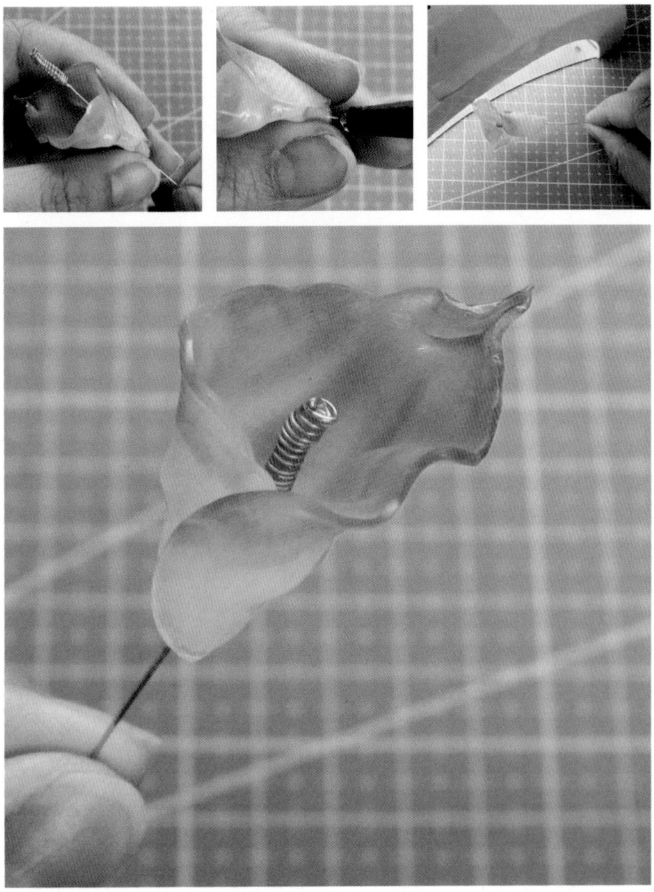

8　把花蕊配件穿入大苞片内，然后在结合处涂上 UV 胶并放在紫外线灯下烤干，至此，海芋花制作完成。

垂筒花

垂筒花呈长筒状，略微低垂，有黄色、橙红色、白色、粉红色等花色。

花型绘制

垂筒花看起来似乎和海芋花没有什么相似之处，但把垂筒花摊开，它的花型其实近似扇形。所以，只要在海芋花的花型上勾画出扇形，再绘制几片小花瓣即可得到垂筒花的花型图样。

海芋花花型

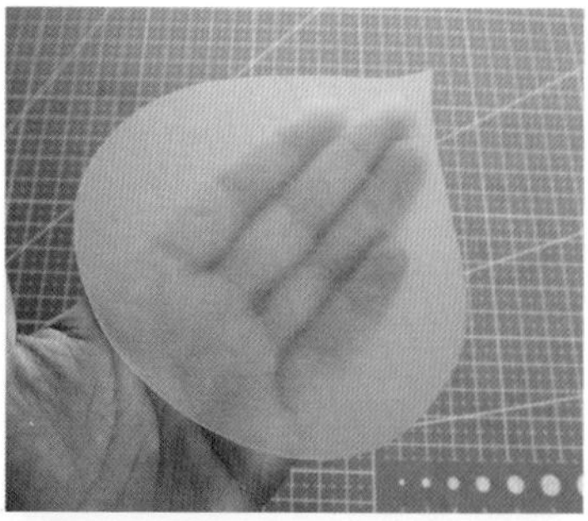

花型修改

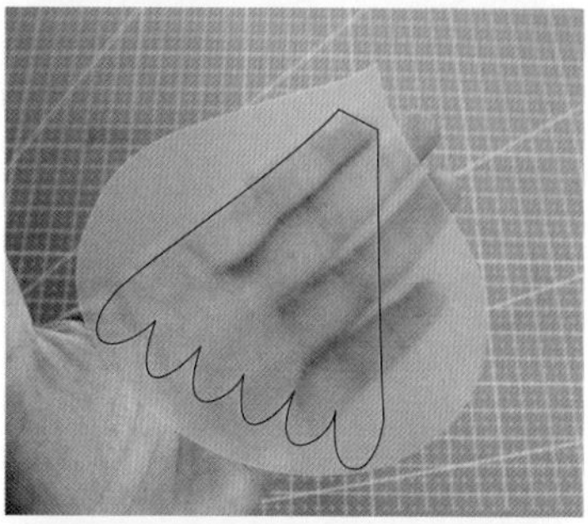

垂筒花花型

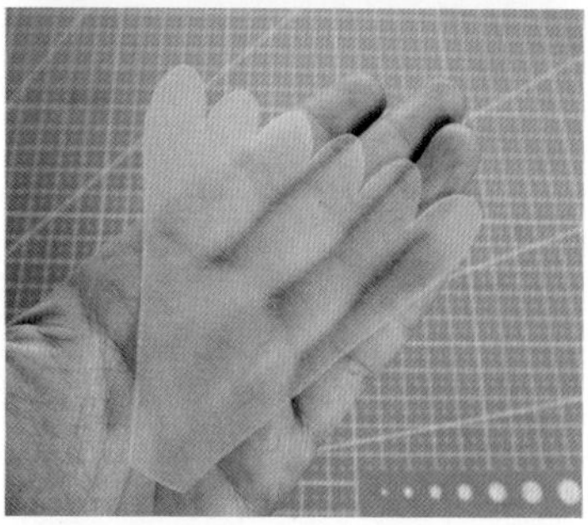

垂筒花制作

所用工具与材料

半透明热缩片
彩铅
剪刀
色粉
棉团
3mm打孔器
热风枪
锥子
圆嘴钳
UV胶
紫外线灯
手工垫板

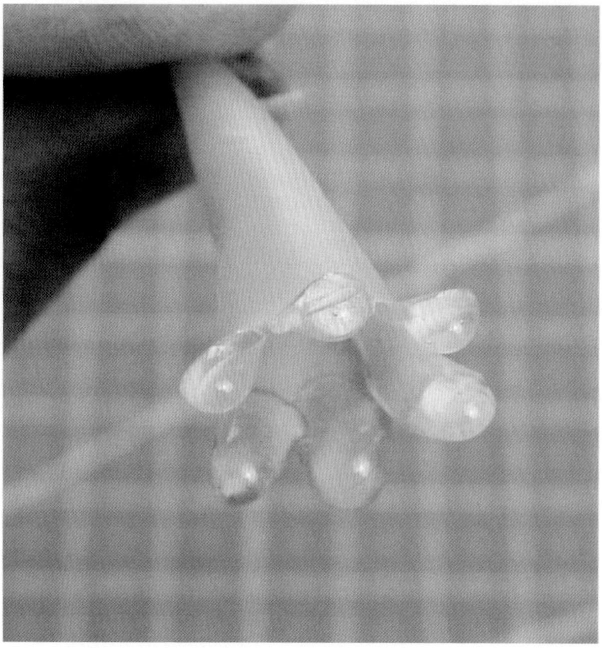

制作

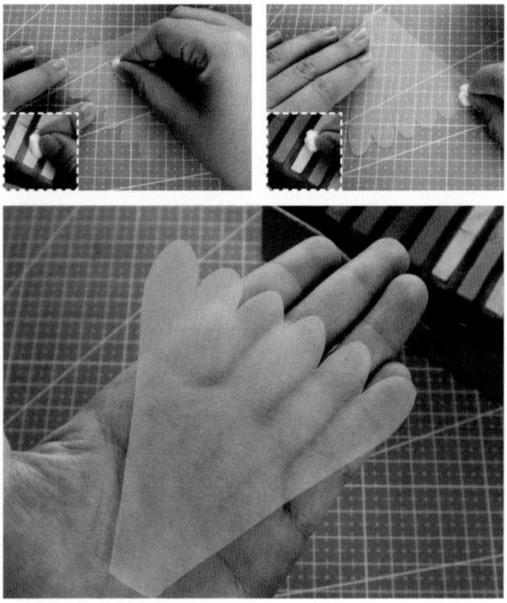

3　用 3mm 打孔器在花片较窄一端的中心打孔。

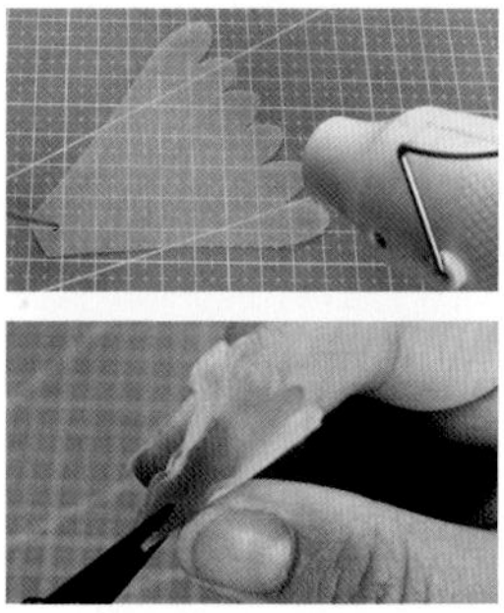

1　用白色彩铅在海芋花的花型上描出垂筒花的花型图样，再用剪刀将其剪下来。

2　用棉团分别蘸取明黄色和浅粉色色粉，依次晕染花片以及花片较宽的一端。

4　用锥子把花片固定在手工垫板上，然后用热风枪加热，接着用圆嘴钳夹住花片并用手将其卷起。

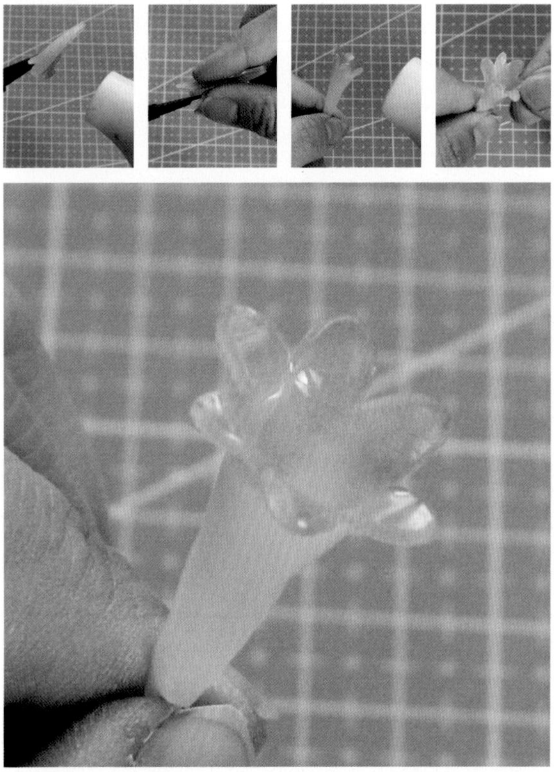

5　继续用热风枪加热花片，然后用手将花片卷成圆筒状。再次用热风枪加热花片，调整花瓣形态，做出垂筒花的造型。

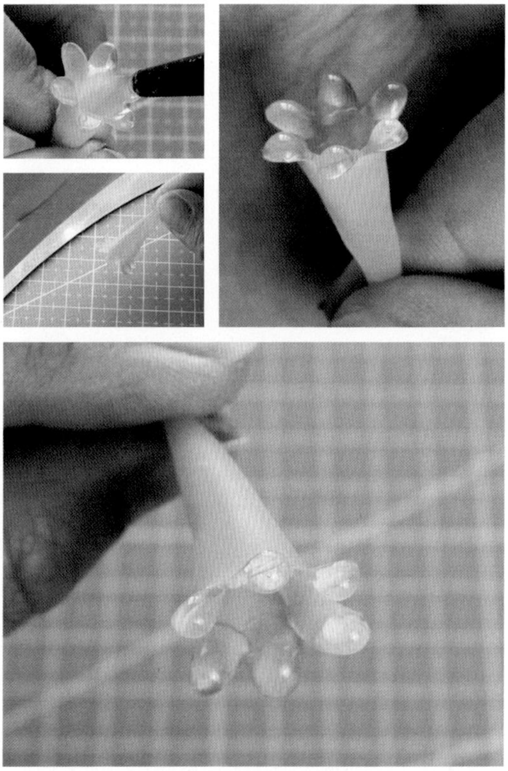

6　在花瓣上面涂上UV胶，随后放在紫外线灯下烤干，以提升花瓣的质感。至此，垂筒花制作完成。

虞美人

虞美人的花瓣呈横向宽椭圆形或宽倒卵形，与银杏叶的形状类似。虞美人多姿多彩、颜色丰富，有很强的观赏性。

花型制作

把海芋花的花型倒转后刚好可得到形似虞美人的花型，只是虞美人的花型扁一些，边缘也更平缓，近似扇形且扇形中间有一个小凹槽。根据上述特征就可以剪出虞美人的花型，有了花型就能做出一朵虞美人。

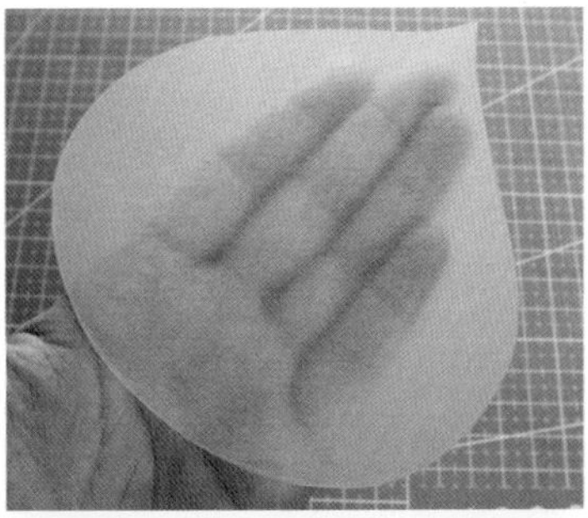

海芋花花型

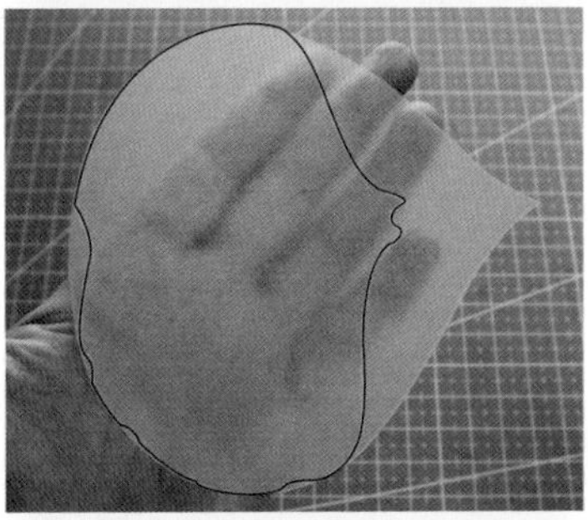

花型修改

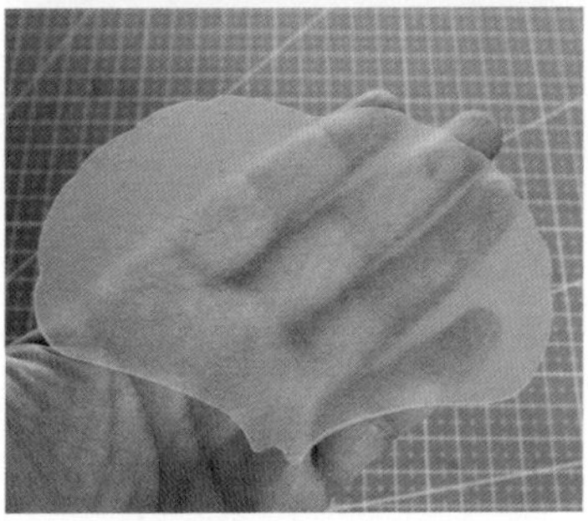

虞美人花型

虞美人制作

所用工具与材料

- 半透明热缩片
- 彩铅
- 剪刀
- 刻刀
- 3mm 打孔器
- 珠光粉
- 棉团
- 热风枪
- 锥子
- 金属线
- 金属花蕊配件
- 粉色南瓜珠
- 棕色绒线
- UV胶
- 紫外线灯
- 剪线钳
- 手工垫板

制作

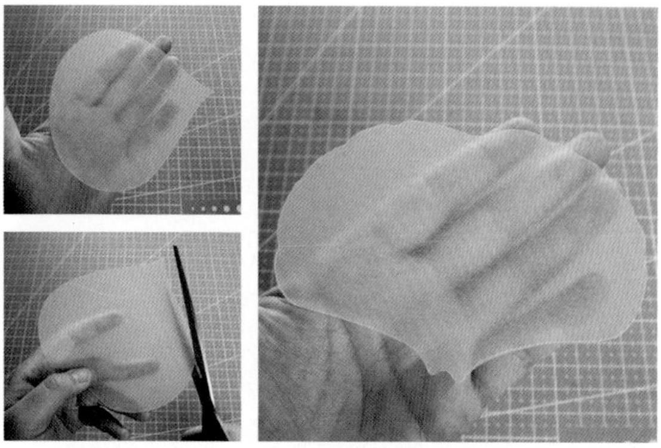

1　用白色彩铅在海芋花的花型上描出虞美人的花型图样，再用剪刀将其剪下来。

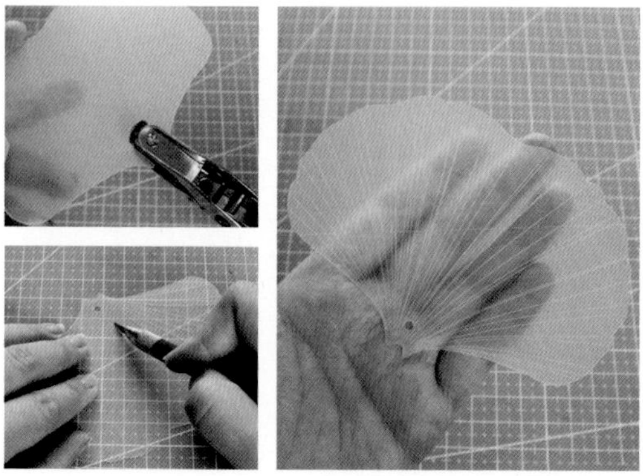

2　用 3mm 打孔器在花片较窄一端的中心打孔，再用刻刀划出花瓣上的纹路。

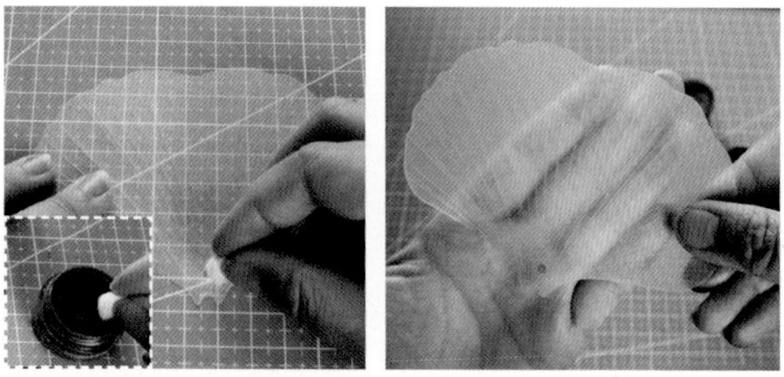

3　用棉团蘸取少量深红色珠光粉涂抹在花片较窄的一端。

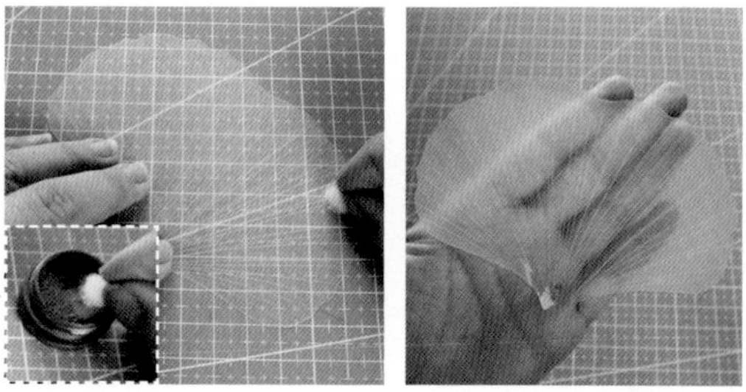

4　用棉团蘸取灰色珠光粉在花片较窄一端的边缘晕染。

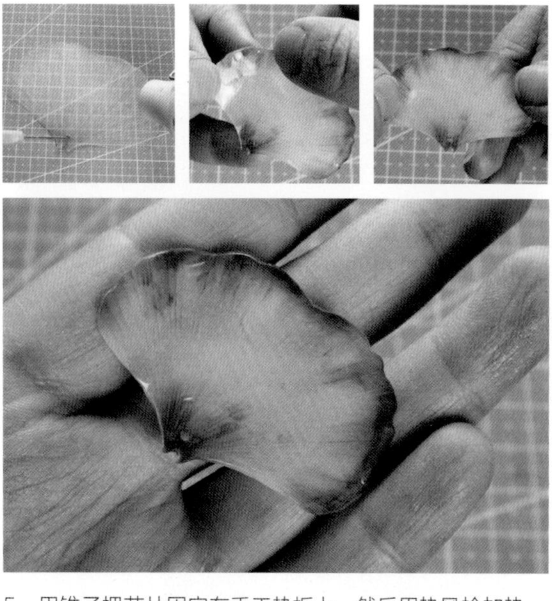

5　用锥子把花片固定在手工垫板上，然后用热风枪加热，使花片热缩并用手调整虞美人花瓣的形状。

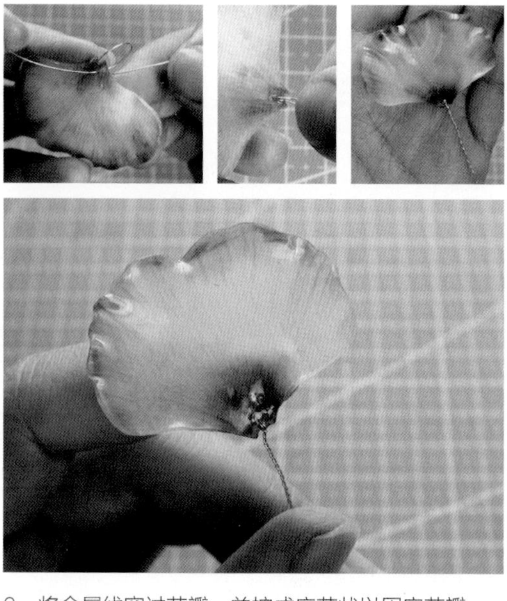

6　将金属线穿过花瓣，并拧成麻花状以固定花瓣。

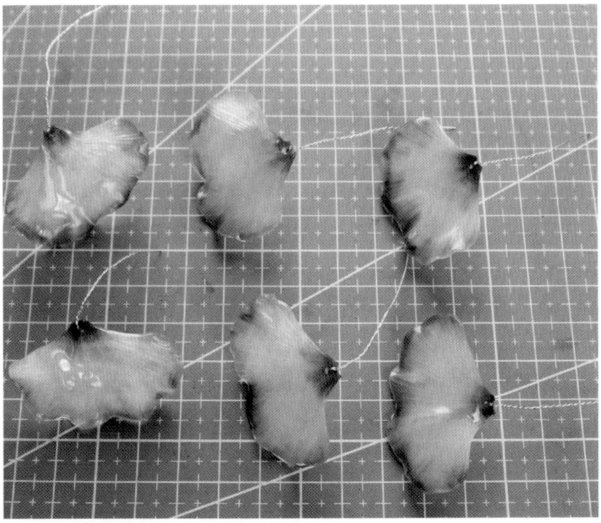

7　用同样的方法再做出其余 5 片花瓣。

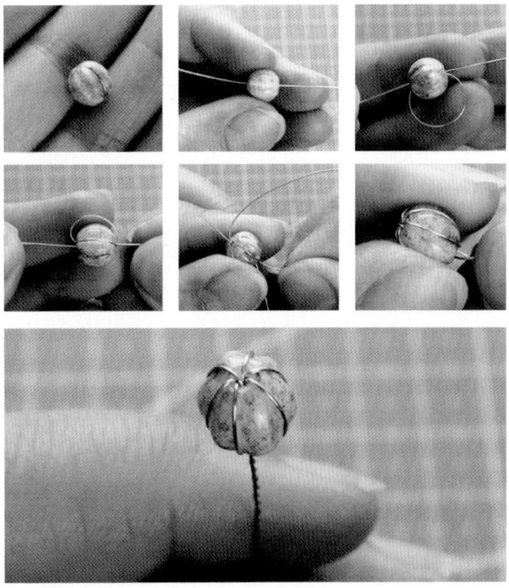

8　将金属线多次穿过粉色南瓜珠，使其均匀包裹住珠子，随后把金属线扭成麻花状以固定珠子。

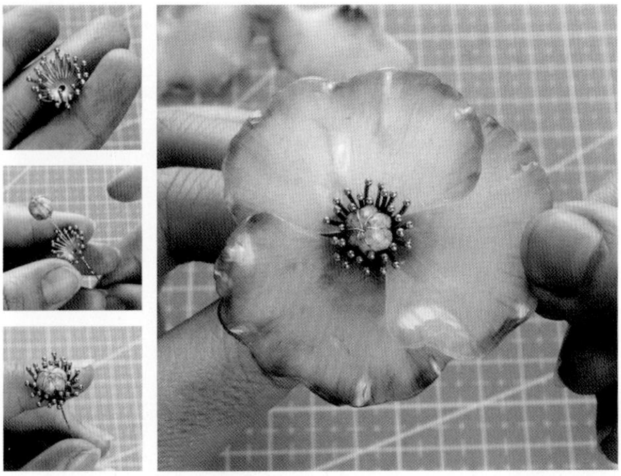

9　将南瓜珠配件穿过金属花蕊配件，再与虞美人的花瓣组合。

10　用棕色绒线缠绕金属线以固定花枝、组合花瓣，注意花瓣之间的位置关系。

11　在绒线收尾处涂上 UV 胶，再放在紫外线灯下烤干，待固定后用剪线钳剪去绒线线头。至此，虞美人制作完成。

饰品制作常用叶型

制作饰品时经常会搭配不同叶型的叶片、花枝或者一些形状优美的草类植物去衬托主体元素，这样不仅可以突出主题，还能提升饰品整体的层次感与美观度。

基础花型——绣球花

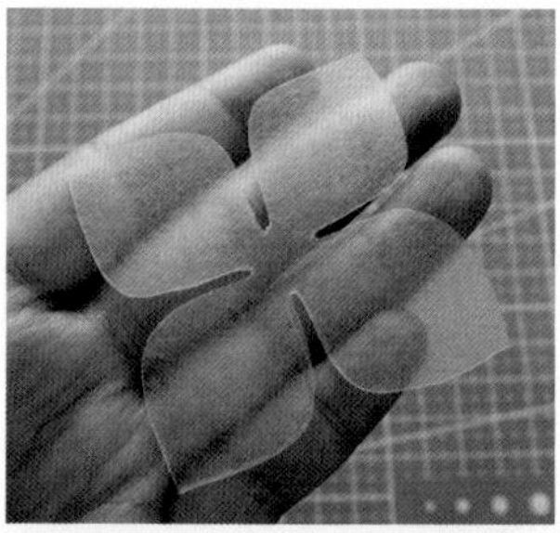

花型修改

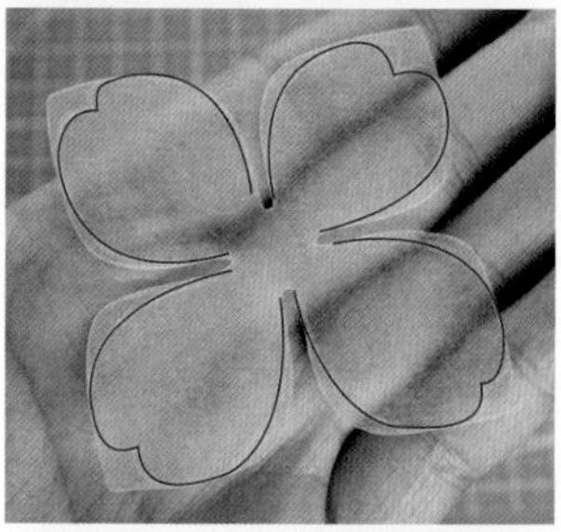

新花型——四叶草

由绣球花型修改而成的四叶草叶型

四叶草的叶片为心形，在某些程度上比较接近绣球花的花瓣形状，二者之间最大的区别就是绣球花的花瓣尖呈尖形，而四叶草的叶尖有一个弧形小凹槽。在修改花型图时，让绣球花花片上的4个花瓣尖反向内凹，绣球花的花型就神奇地变成了四叶草的叶型。

四叶草的制作

四叶草呈草绿色，叶子由4片近似倒三角形的小叶组成，整个造型呈“十”字形，叶子中部有“V”形白色斑纹，此部分在上色制作时需要格外注意。

所用工具与材料

半透明热缩片
彩铅
剪刀
3mm打孔器
刻刀
热风枪
金属线
手工垫板

制作

1　用白色彩铅在绣球花的基础花型上描出四叶草的叶型图样，再用剪刀剪出四叶草的具体叶型，修剪时注意突出叶尖的弧形小凹槽。

2　用 3mm 打孔器在叶片中心打两个孔，然后用刻刀划出四叶草叶子上的纹路。

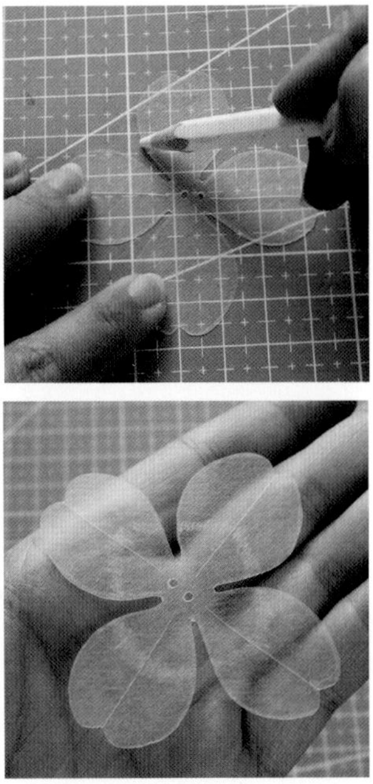

3　用白色彩铅勾画出四叶草叶子上的白色斑纹。

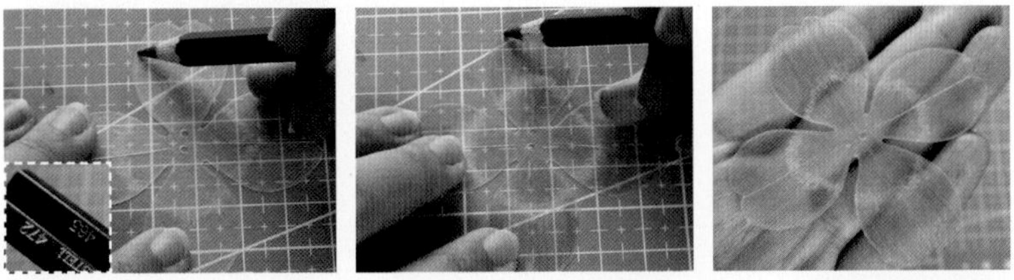

4　用草绿色彩铅勾画出四叶草叶子上的绿色分布区和细节。

5　在叶片中心的两个小孔内穿入金属线（以防后期热缩花片时弄伤手），然后将叶片放在手工垫板上并用热风枪加热，使叶片大致热缩成四叶草的造型，同时趁叶片冷却变硬前用手调整叶子形状。

6　把四叶草上的金属线拧成麻花状，做成茎。至此，四叶草就做好了

由海芋花花型修改而成的龟背叶叶型

龟背叶，颜色为深绿色，叶片呈长卵形，叶形奇特，叶片中间至叶片边缘有椭圆形小孔，叶片边缘有裂纹，就如同龟背上的裂纹一样。

龟背叶从外形上看，要比海芋花的大苞片窄一些，其叶片边缘有裂纹同时叶面上还有一些小孔。我们只要把握好这些特征，就可以在宽大的海芋花花型上剪出龟背叶花型。

海芋花花型

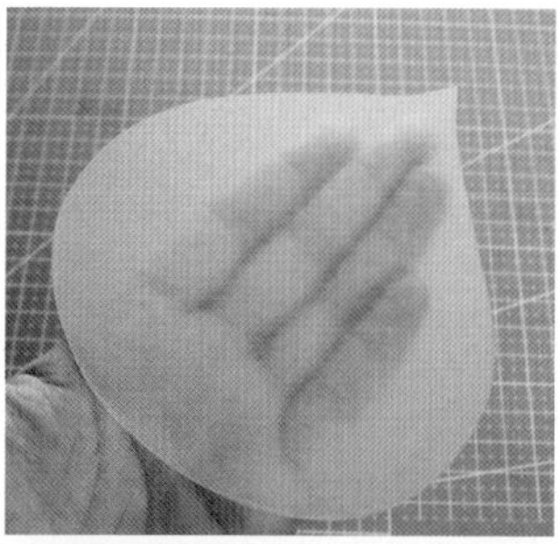

花型修改

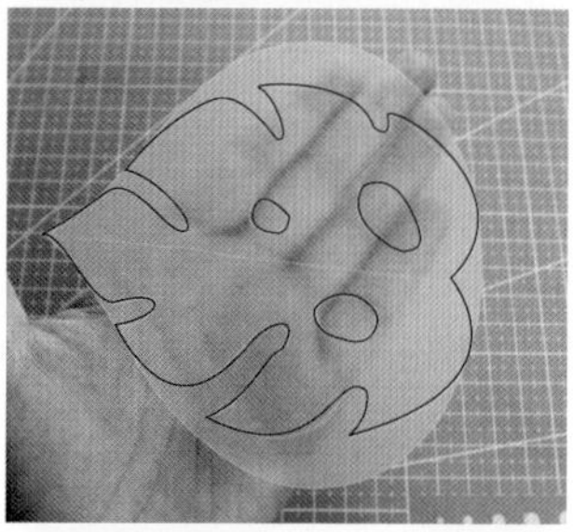

龟背叶花型

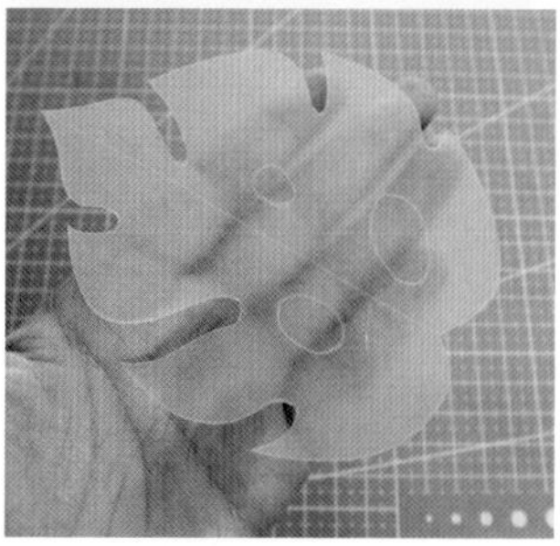

龟背叶的制作

所用工具与材料

半透明热缩片
彩铅
剪刀
刻刀
马克笔
3mm 打孔器
热风枪
锥子
手工垫板

制作

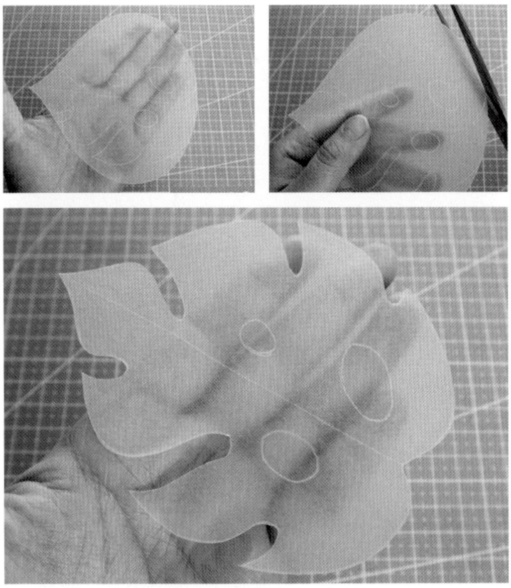

1 用白色彩铅在海芋花的花型上描出龟背叶的图样，再用剪刀将其剪下来。

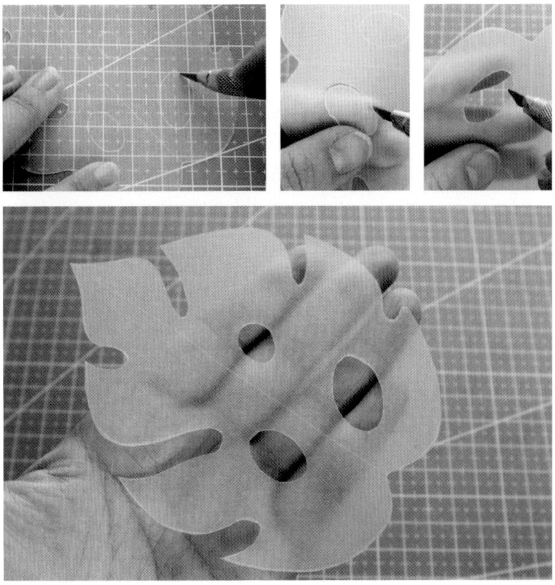

2 用刻刀切出花片上的小孔，做出龟背叶独特的形状。

3 用深绿色马克笔给花片上色。

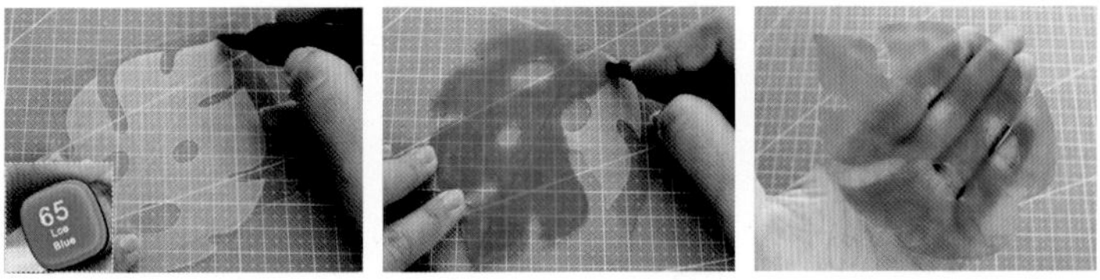

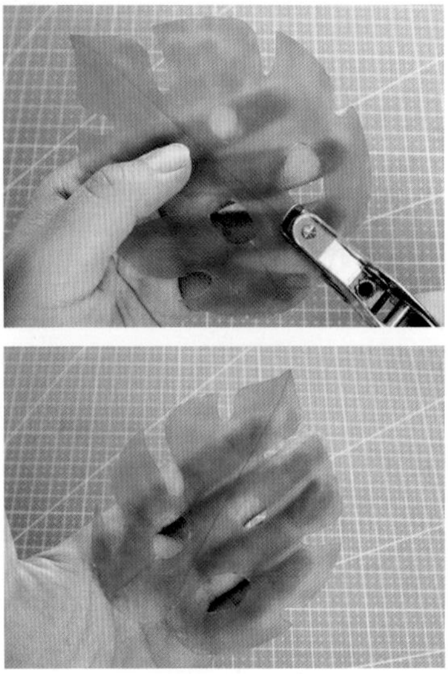

4 用 3mm 打孔器在靠近叶柄一端的中心打孔。

5 用锥子把花片固定在手工垫板上，然后用热风枪加热，使花片热缩成龟背叶的造型，并在花片冷却变硬前用手调整叶片形状。

◆ 银叶菊叶

此处制作的是银叶菊叶。银叶菊叶呈银白色，叶片质地薄弱且边缘有缺口，形状犹如雪花，是饰品制作重要的常用叶型。

所用工具与材料

- 半透明热缩片
- 彩铅
- 剪刀
- 3mm 打孔器
- 刻刀
- 热风枪
- 锥子
- 金属线
- 手工垫板

制作

1 用白色彩铅在半透明热缩片上描出银叶菊叶的叶型图样，再用剪刀将其剪下来。

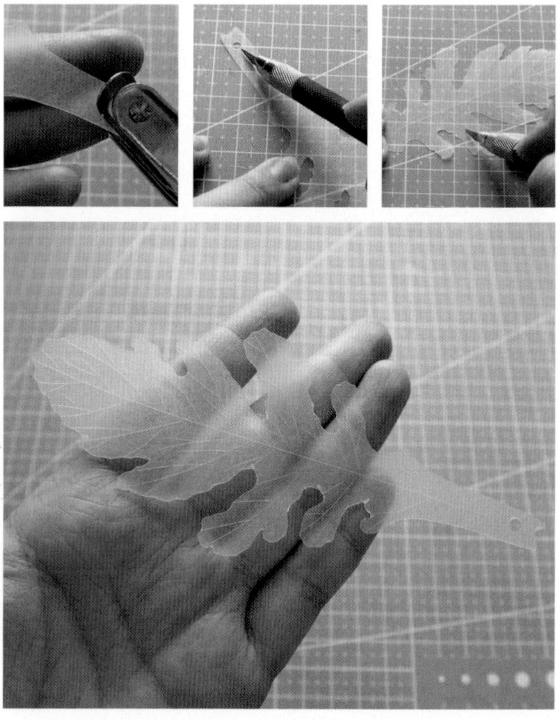

2 用 3mm 打孔器在叶片靠近叶柄一端的中心打孔，并用刻刀划出叶片上的叶脉纹路。

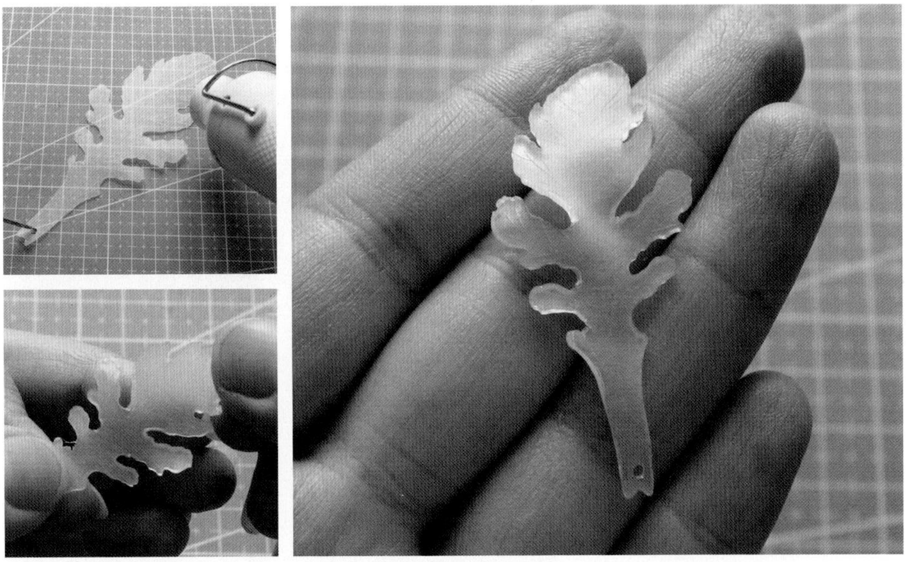

3　用锥子把叶片固定在手工垫板上，然后用热风枪加热，使叶片热缩成银叶菊叶的造型。

4　在叶片上穿一根金属线，并把金属线扭成麻花状以固定叶片。至此，银叶菊叶就做好了。

棕榈叶酢浆草

棕榈叶酢浆草，为多年生草本植物，叶簇生于茎顶并向外展开，叶呈蓝绿色。

所用工具与材料

半透明热缩片
彩铅
剪刀
刻刀
珠光粉
棉团
3mm 打孔器
热风枪
锥子
金属线
绿色米珠
UV胶
紫外线灯
手工垫板

制作

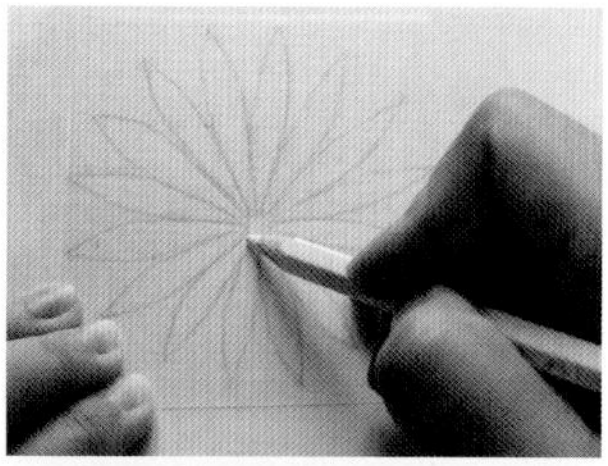

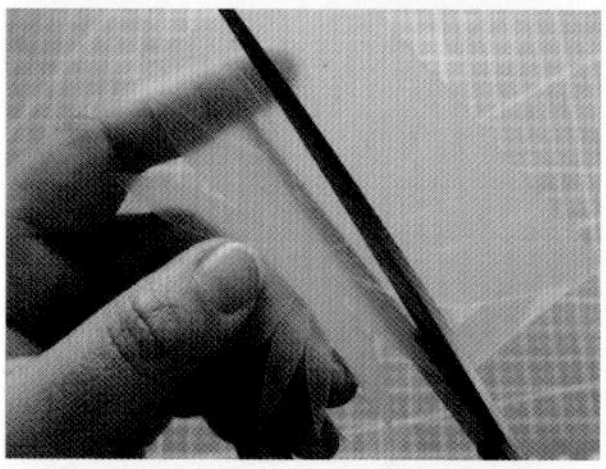

1　用白色彩铅在半透明热缩片上描出棕榈叶酢浆草的叶型图样，再用剪刀将其剪下来。

2　用 3mm 打孔器在叶片中心打孔，再用刻刀划出叶片上的叶脉纹路。

3　用棉团蘸取绿色珠光粉从叶片中间向外晕染。

4 用棉团蘸取蓝色珠光粉从叶片边缘向内晕染。

5 用紫色彩铅勾画出叶片上的色彩细节。

6 用锥子把叶片固定在手工垫板上，然后用热风枪加热，使叶片热缩成棕榈叶酢浆草的造型。

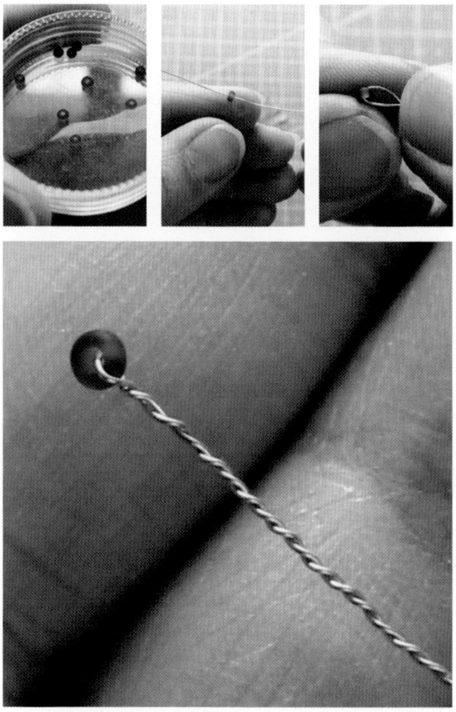

7 用金属线穿一颗绿色米珠，并把金属线扭成麻花状以固定米珠，做成花蕊配件。

8 把花蕊配件穿入叶片内，接着在结合处涂上UV胶并放在紫外线灯下烤干即可。

圆叶玉荷包

圆叶玉荷包又名爱元果，花小且为红色，叶呈椭圆形，对生，叶色为翠绿色。圆叶玉荷包开花放于翠绿色叶丛之中，清新怡人。

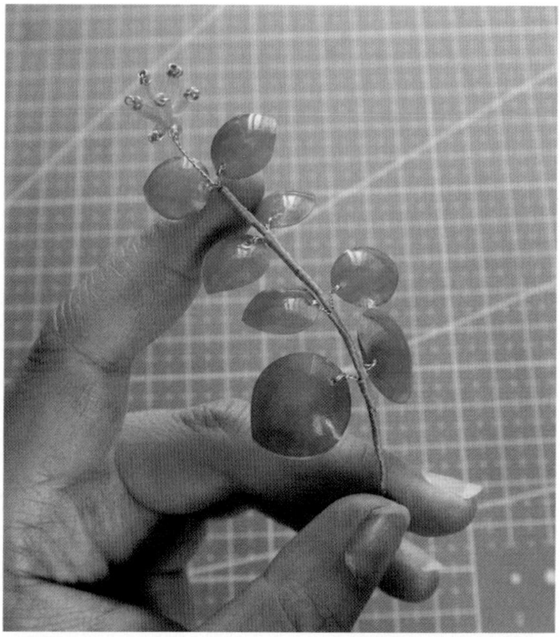

所用工具与材料

半透明热缩片
彩铅
剪刀
马克笔
珠光粉
棉团
3mm 打孔器
热风枪
锥子
丸棒
金属线
或粉色管珠
橙红色米珠
浅绿色绒线
UV 胶
紫外线灯
剪线钳
海绵垫
手工垫板

制作

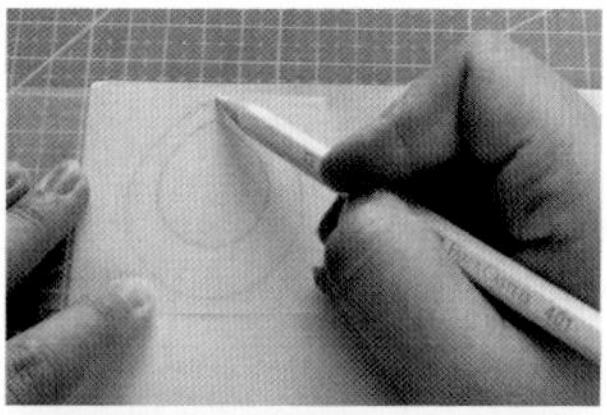

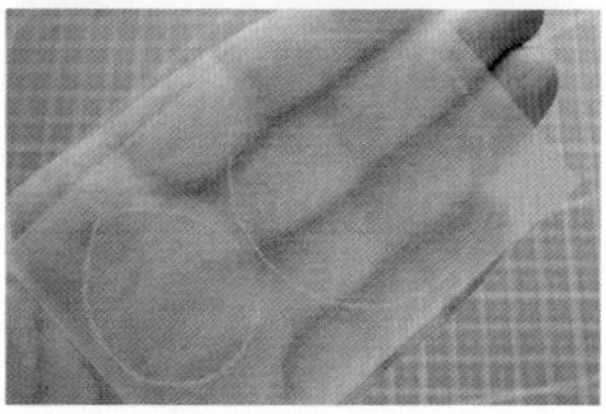

1 用白色彩铅在半透明热缩片上描出一大一小两种圆叶玉荷包的叶型图样。

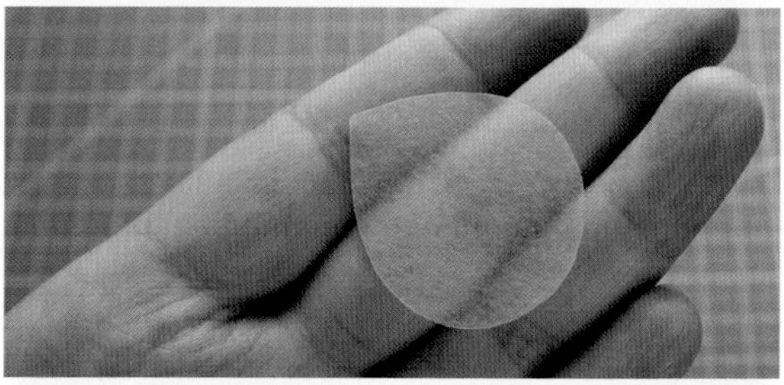

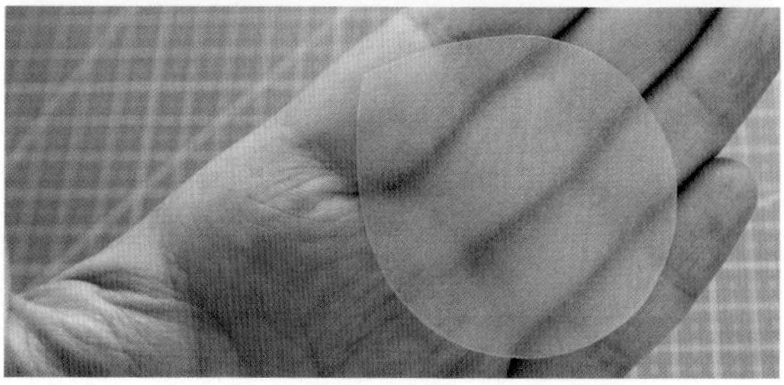

2 用剪刀剪下半透明热缩片上的叶型图样。

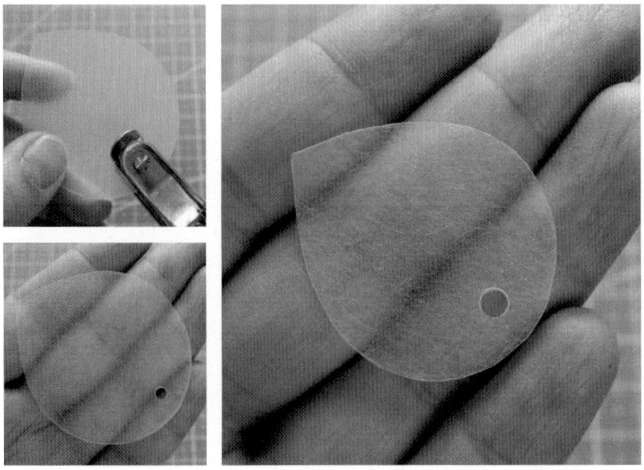

3　用 3mm 打孔器在两个叶片靠近叶柄一端的中心打孔。

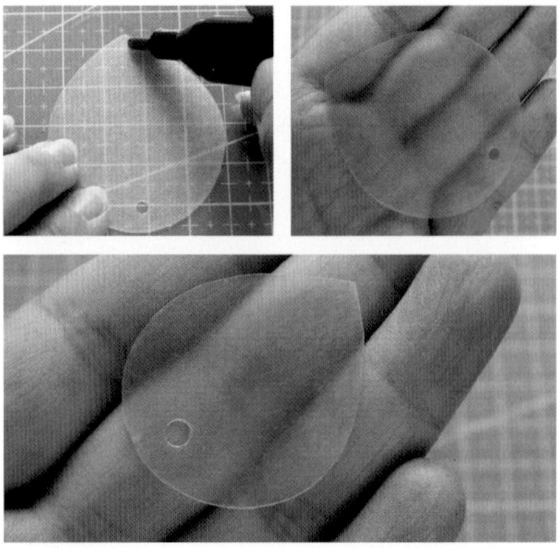

4　用绿色马克笔给一大一小两个叶片上色。

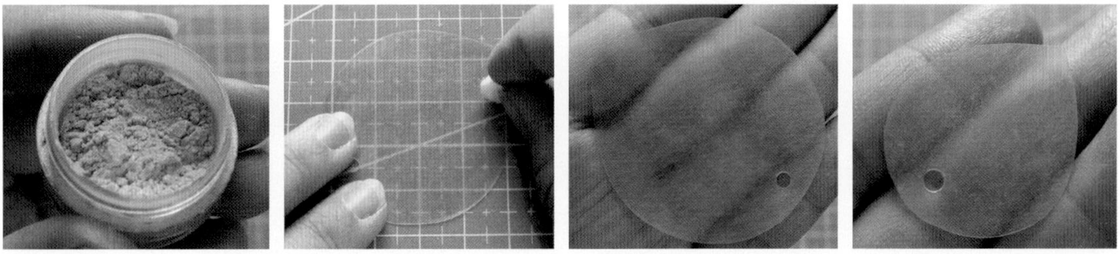

5　用棉团蘸取黄色珠光粉晕染两个叶片的叶尖。

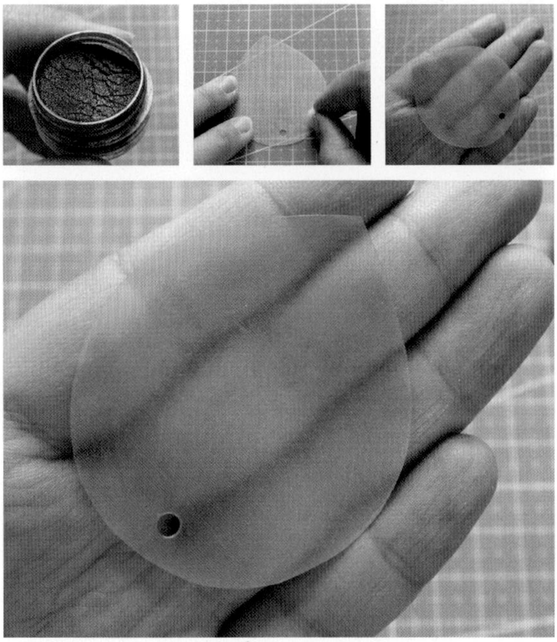

6　用棉团蘸取红棕色珠光粉晕染大叶片，加深大叶片的颜色。注意此步骤不用给小叶片上色哦！

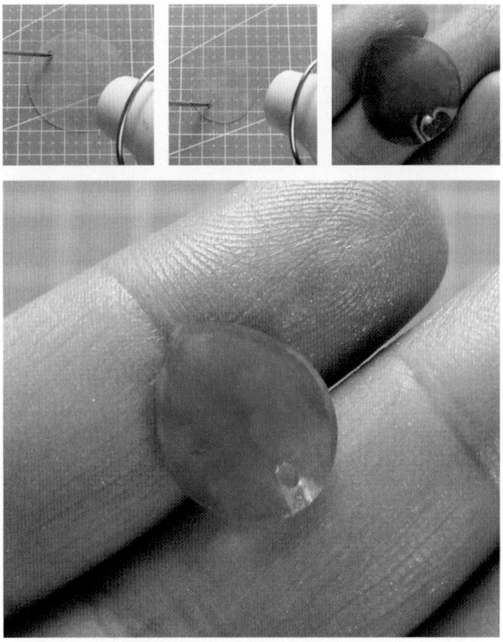

7　在锥子依次把叶片固定在手工垫板上，然后依次用热风枪加热，让叶片热缩成圆叶玉荷包单片叶子的造型，做出一大一小两片叶子。

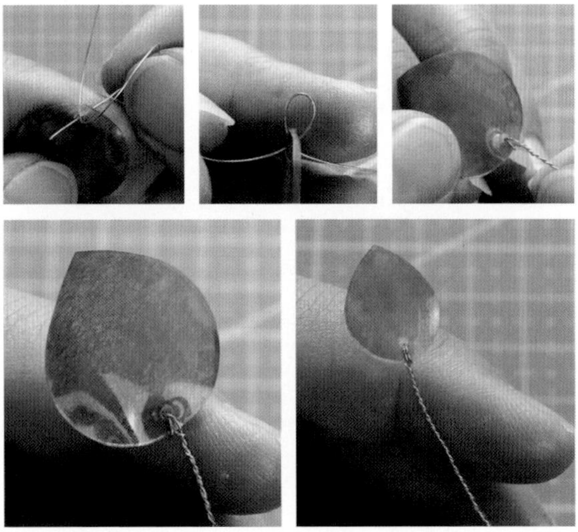

8 分别给两个叶片穿入金属线，并把金属线扭成麻花状以固定叶片。

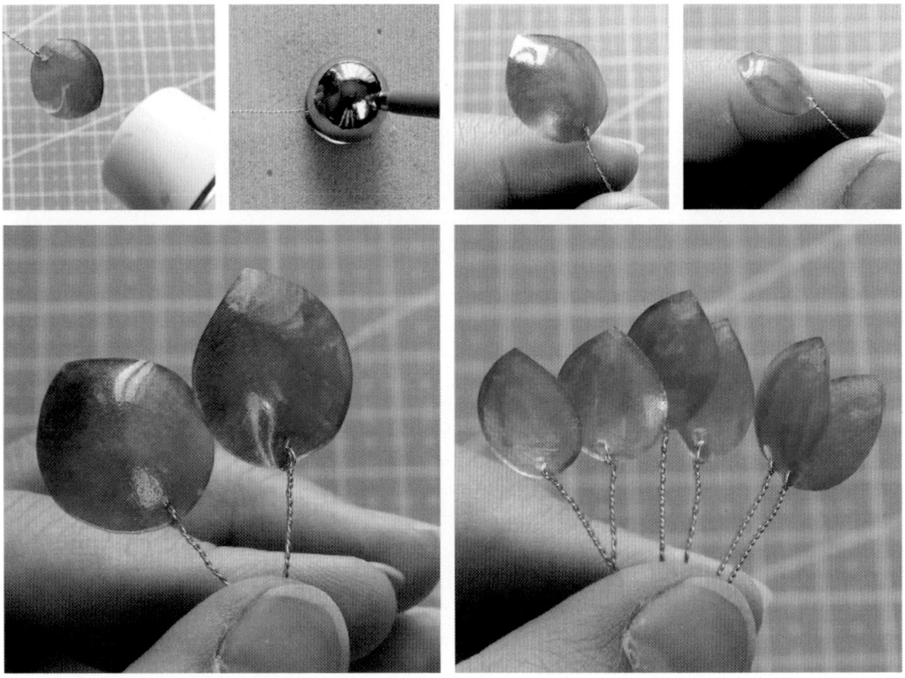

9 继续用热风枪加热叶片，然后用丸棒辅助给大叶片塑形，做出勺形样式的叶片。用相同的方法，一共做出两片大叶片和六片小叶片备用。

10 先在金属线上穿一颗橙红色米珠，扭紧金属线后再穿入一颗浅粉色管珠。

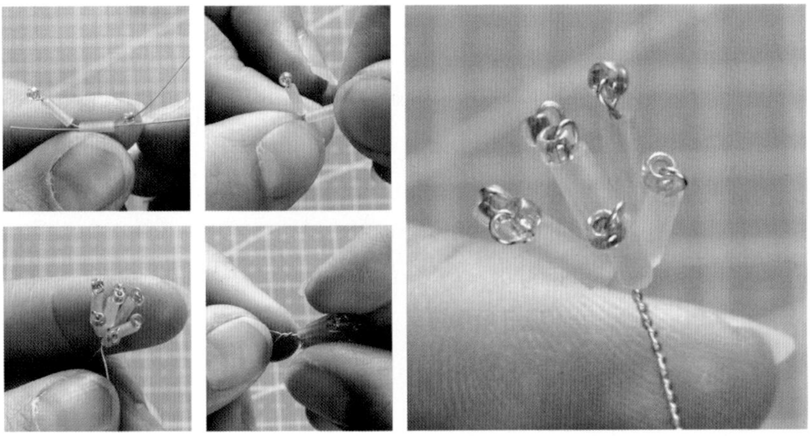

11 在金属线上继续穿入管珠和米珠，把金属线的尾端回穿过管珠并拉紧。用同样的方法多做几组这样的配件，然后将其扭在一起做成一簇圆叶玉荷包的花朵。

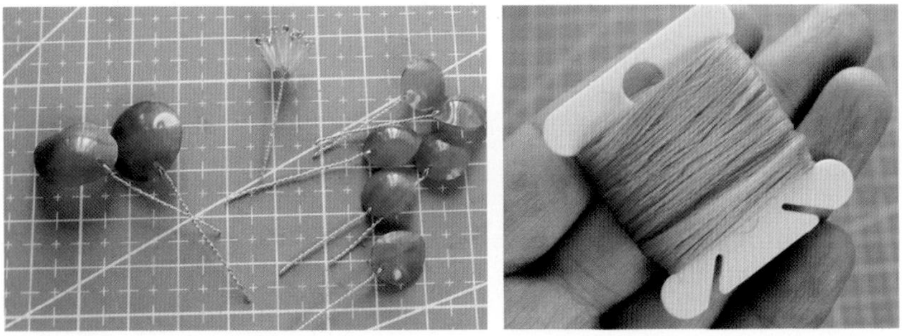

12 准备 2 个勺形大叶片、6 个小叶片、一簇花朵，以及浅绿色绒线。

13 用嫩绿色绒线把花朵与叶片等部件捆绑组合成一段花枝，然后用 UV 胶粘住绒线收尾处并放在紫外线灯下烤干，随后剪去线头，调整花枝形状，即可完成圆叶玉荷包的制作。

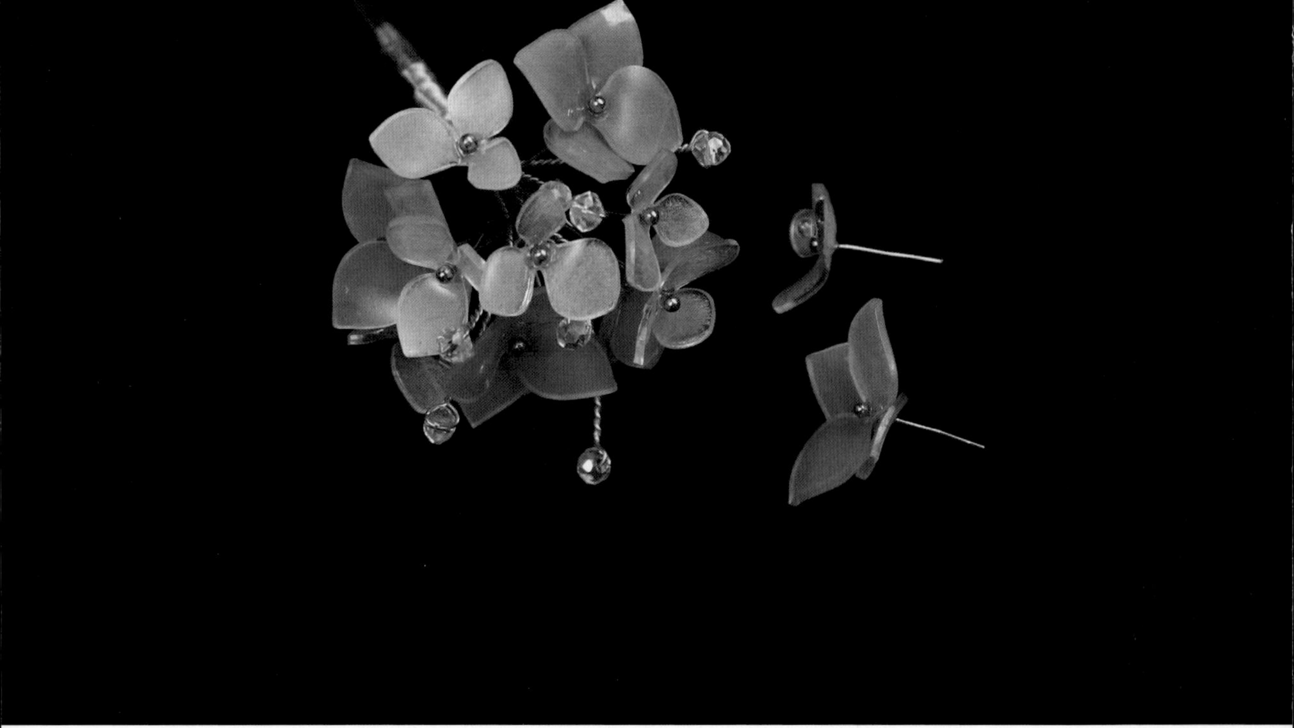

第3章

提升饰品『颜值』的基础配饰制作

串珠材料制作的配饰

其他材料制作的配饰

串珠材料制作的配饰

在当下的饰品制作中，用串珠材料制作的配饰越来越多，并在饰品中流行起来。合理应用串珠材料不仅能展现串珠的独特效果，还给饰品增添了别致的美感。

选择串珠的思路

根据当下流行的饰品类型和作品呈现的风格，在不同样式、不同尺寸的众多串珠类型中进行选择，确定合适的串珠后再根据个人审美和设计能力把这些串珠组合起来。

串珠样式选择

圆珠光洁圆润，可用来制作花蕊或者花苞；切面珠自带闪光效果，通常用来做花蕊和花苞；米珠较小，适合用来制作花蕊；管珠则适合用来制作管状的植物配饰。

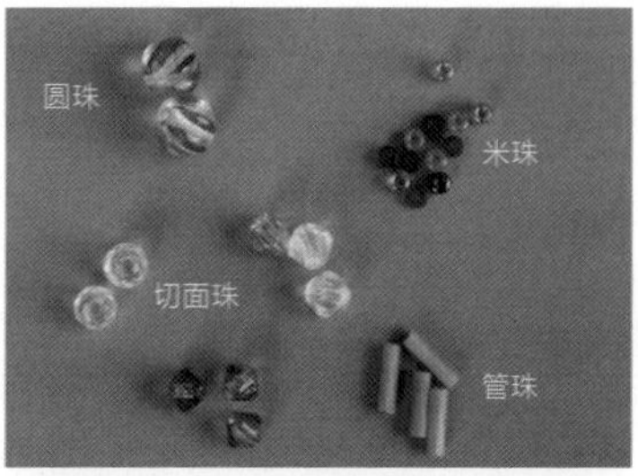

串珠尺寸选择

选择串珠的尺寸时要考虑制作出来的成品是什么样的，如果是制作大花苞这类较大的物品，就要选用大号的珠子，小花苞就用中号的珠子；如果是制作花蕊这类小型物品，就需要用小号的珠子。

总之，我们应该根据自己想要呈现的效果去选择串珠的样式和尺寸。

小米果

小米果为一种干花配材，枝条上有许多类似菱形的小果子，适合与其他花材搭配使用。根据小米果的造型，本案例选择了相似的菱形切面珠来呈现。

所用工具与材料

金色金属米珠
浅色菱形切面珠
金属线

制作

1 准备金色金属米珠和浅色菱形切面珠，待用。

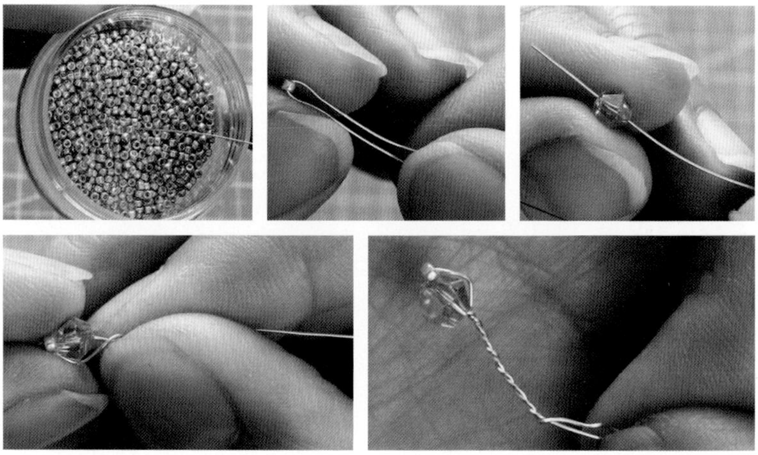

2 用金属线依次穿入米珠和切面珠，并把金属线拧成麻花状以固定珠子。

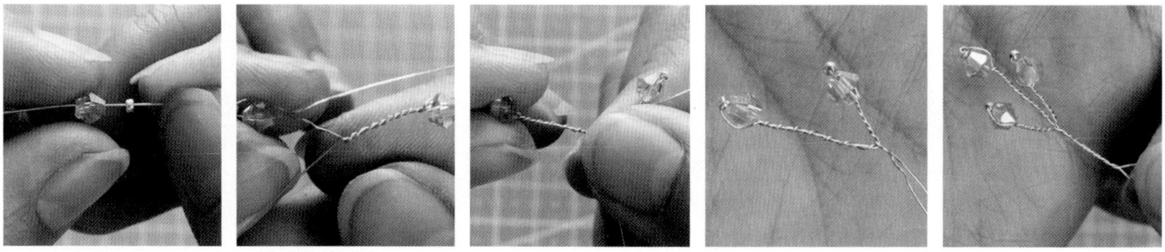

3 将金属线扭出一定长度的麻花状后用同样的方法穿第二组珠子，做出分枝，随后继续扭出小分枝做成一支主枝。

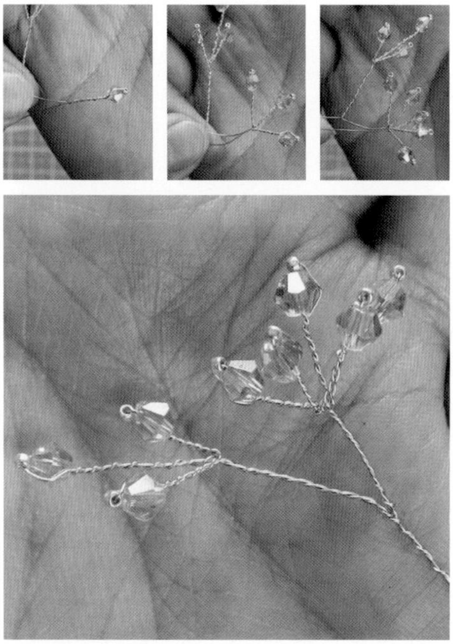

4 用相同的方法继续穿入珠子，制作第二支主枝。

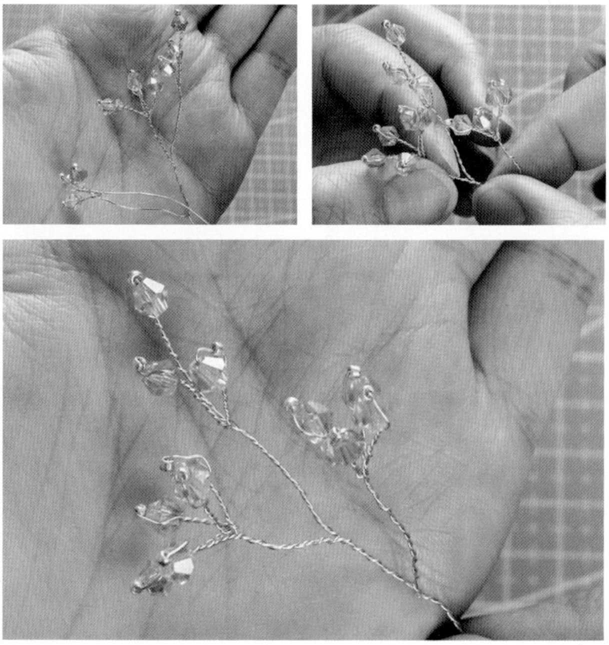

5 做出略靠下的第三支主枝，并进行调整。至此，完成整个小米果枝条的制作。

◆ 澳梅

澳梅因生长在澳大利亚而得名，又名淘金彩梅、风腊花等。其花型呈梅花状，花瓣蜡质有光泽，有白色、粉红色等花色，配以绿色或紫色的花蕊。寒冬之际，澳梅盛开，每个枝条上都有几十朵小花，姿态优美，是别具一格的装饰佳品。

因此，本案例选用管珠、米珠以及花型亮片等材料来展现澳梅的风姿。

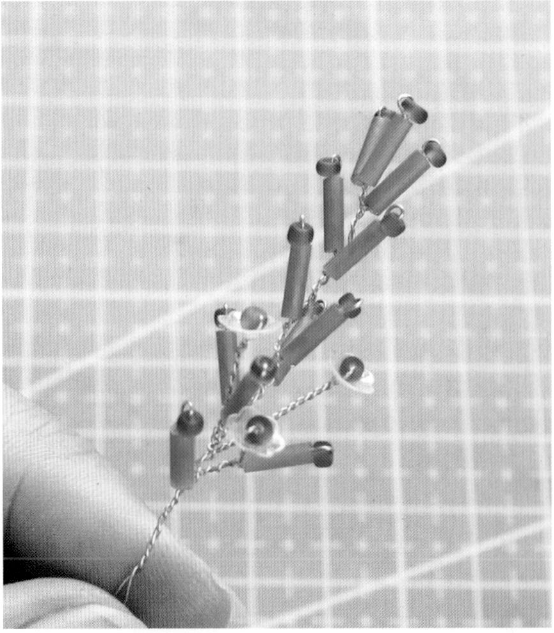

所用工具与材料

绿色管珠
绿色米珠
花型亮片
金属线
手工胶

制作

1　准备绿色管珠、绿色米珠和花型亮片。

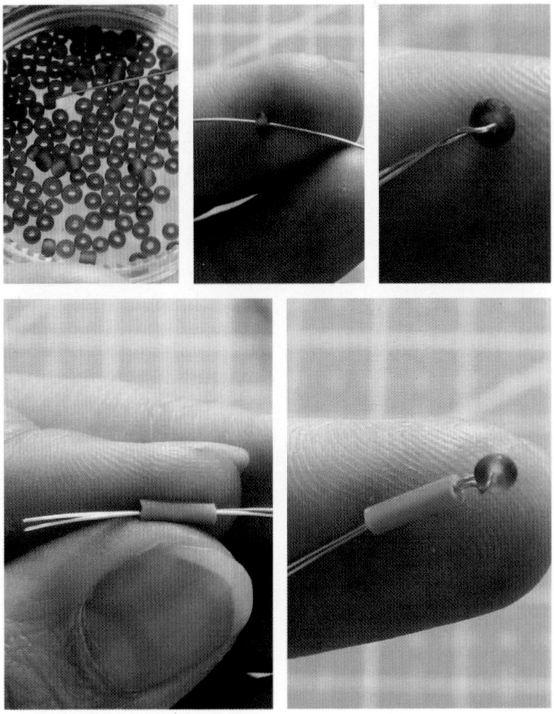

2　用金属线穿一颗米珠，对折并拢金属线后再穿入一颗管珠。

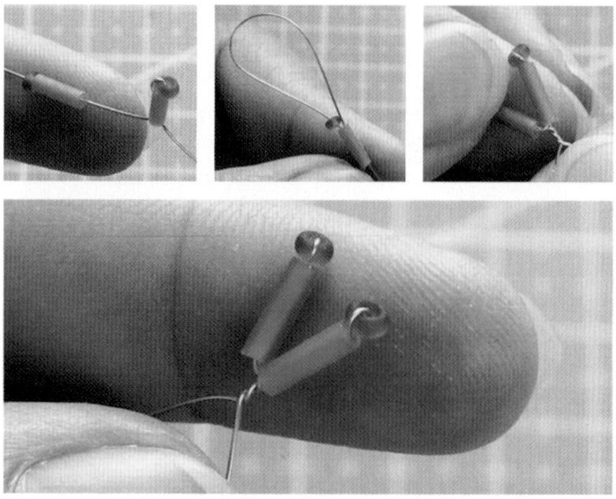

3　将并拢的金属线分开，在其中一根金属线上依次穿入管珠、米珠，接着把这根金属线倒穿过管珠，并与另一根金属线扭在一起。

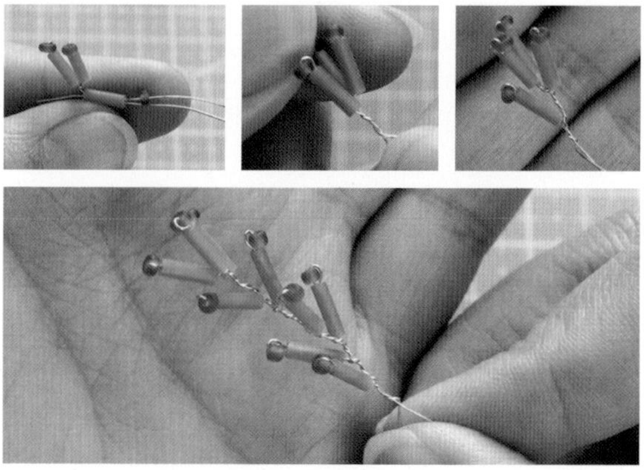

4　同理，穿入第三组珠子形成顶端的一簇，再将金属线扭出一定长度，然后用同样的方法继续穿入珠子，制作出一根上下交错的澳梅枝条。

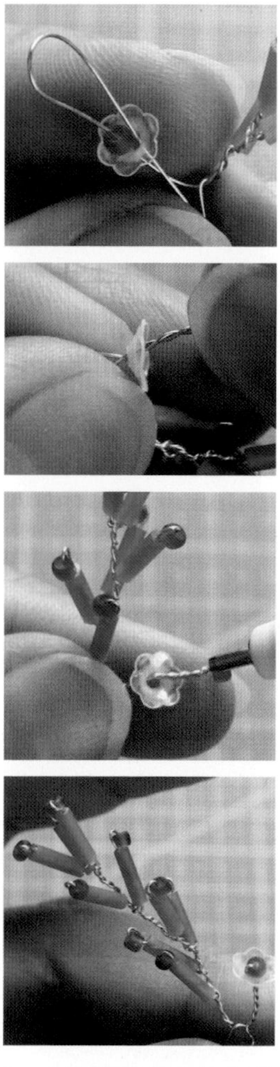

5　在澳梅枝条上适当的位置穿入米珠，并用花型亮片代替管珠穿入，再用手工胶固定，做出澳梅的花朵。

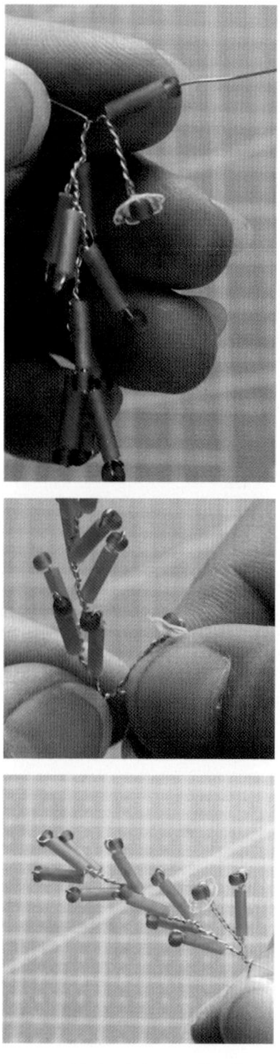

6　在枝条上添加管珠和米珠装饰。

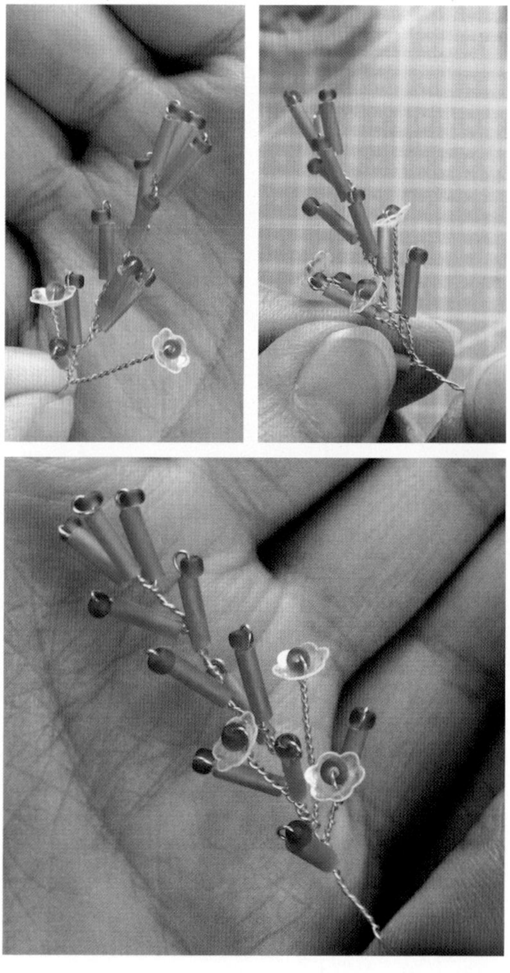

7　在枝条上添加澳梅花朵，让管珠和花型亮片交替穿在金属线上，丰富澳梅枝条整体的层次。至此，完成澳梅的制作。

金合欢

金合欢又名夜合花、刺球花，花朵为金黄色，极香。金合欢树形优美，春叶嫩绿，花朵绚烂金黄，先开花而后长叶，有很高的观赏价值。本案例选用的是木珠和米珠来制作金合欢，细小的米珠可以突出金合欢花表层的细小颗粒感。

所用工具与材料

木珠
金色金属米珠
绿色米珠
UV胶
紫外线灯
锥子
金属线

制作

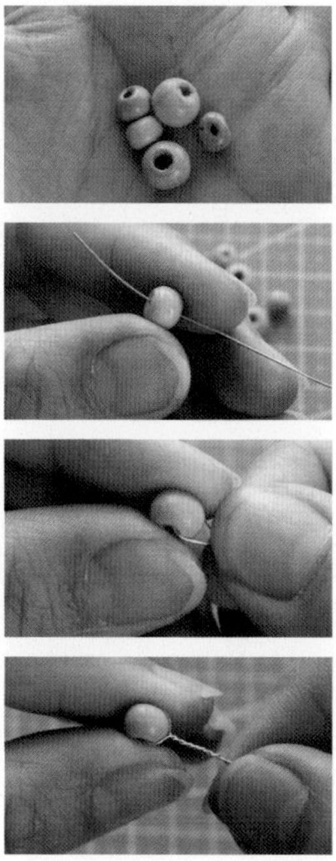

1 准备几颗木珠，将金属线穿入一颗木珠并扭紧固定。

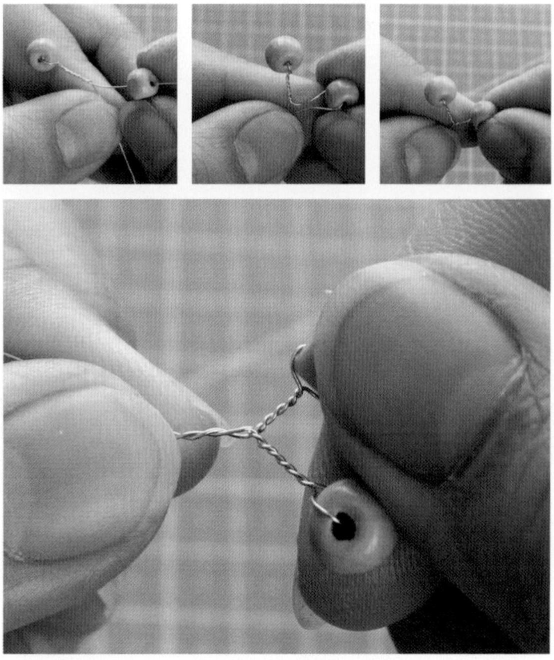

2 将金属线扭出一定长度后分开金属线，在其中一根金属线上穿入第二颗木珠，做出分支。

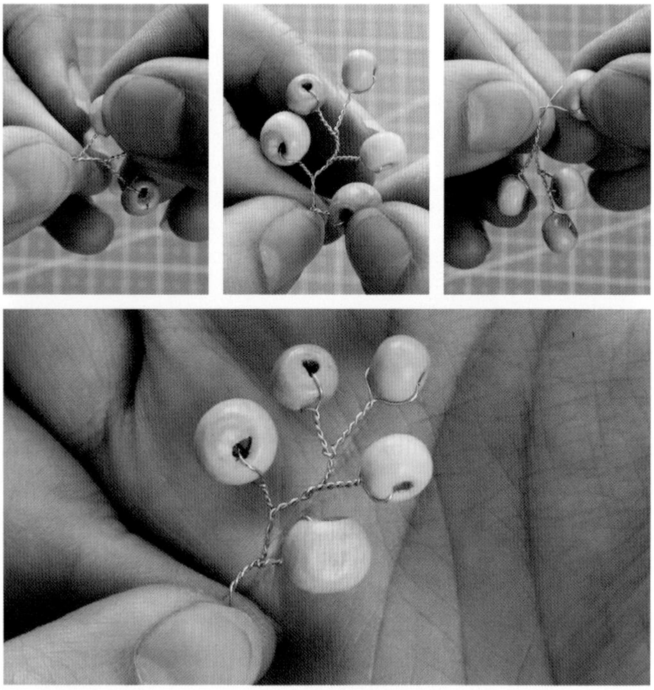

3　按照左右交错的形式，做出一串木珠配饰。

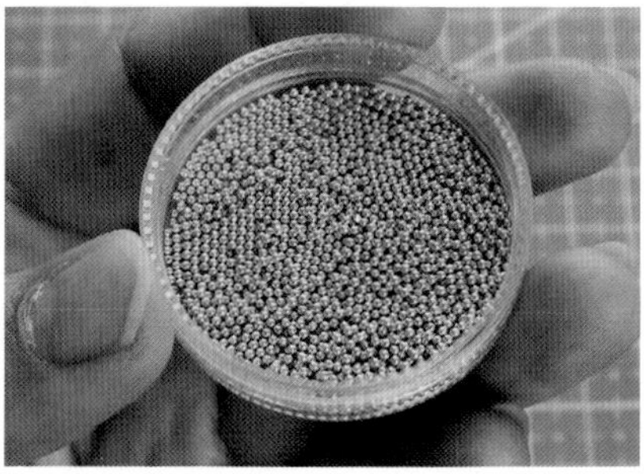

4　拿出金色金属米珠，备用。

5　在其中一颗木珠的表层涂上 UV 胶，并用锥子把胶均匀地涂满整颗木珠的表层。

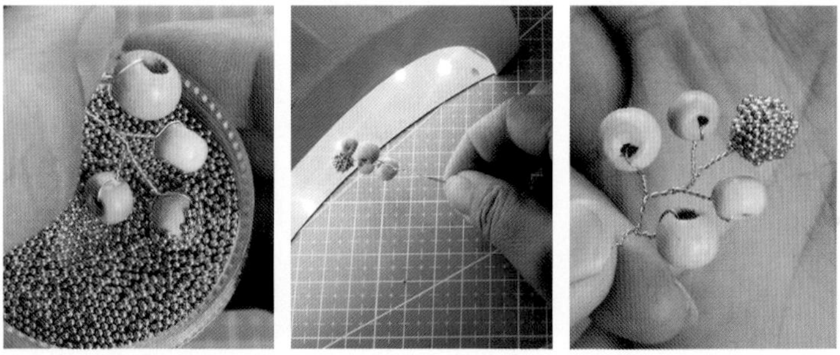

6　把涂满胶的木珠放入装有金色金属米珠的容器内，让木珠表层粘满米珠，再用紫外线灯烤干。

7　用相同的方法，让其他木珠的表层都粘满金色金属米珠，做出金合欢花枝。

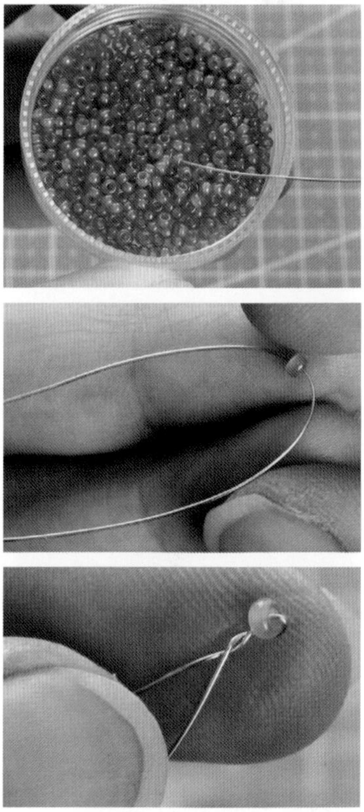

8　用金属线穿一颗绿色米珠，再把金属线并拢扭成麻花状以固定米珠。

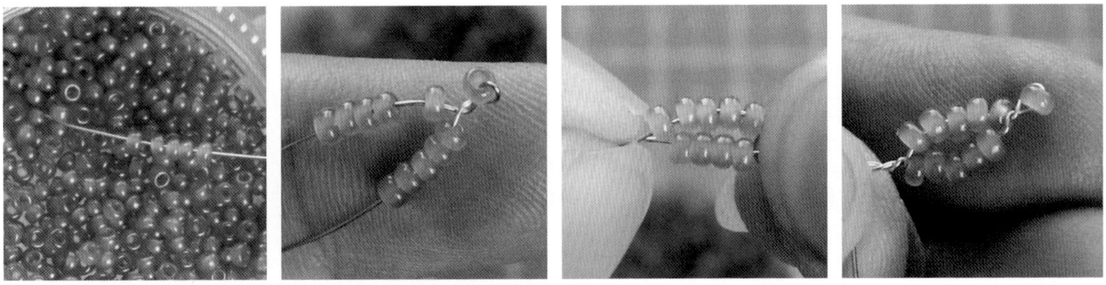

9　在两根金属线上分别穿入相同数量的绿色米珠，再把收尾处扭在一起，进行固定。

10　用相同的方法做出对称的串珠造型，直到得到一片完整的叶子。

11　把叶子与前面做好的金合欢花枝组合在一起。至此，完成金合欢的制作。

蓝翅草

蓝翅草也叫艾菊叶法色草，是一种一年生的草本植物。

此处制作的是蓝翅草花上的一个分枝，分枝的枝头朝下并向内卷起，分枝上的小花向上散开。为达到这个效果，本案例选用了管珠和米珠来制作。

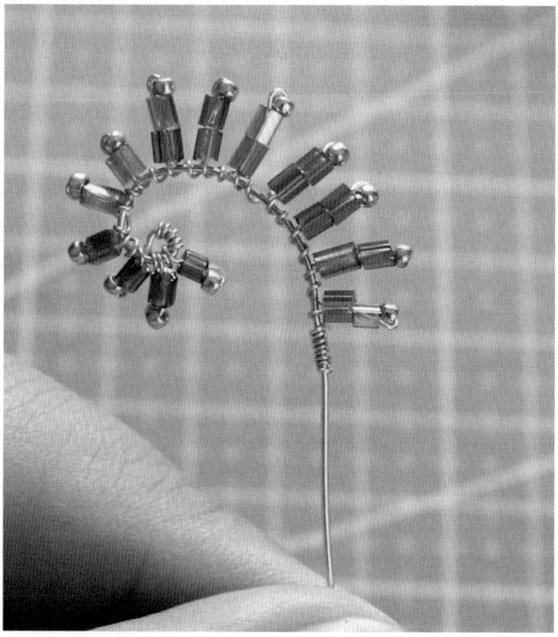

所用工具与材料

绿色管珠
紫色管珠
金色金属米珠
金属线
圆嘴钳
剪线钳

制作

1 拿出绿色、紫色管珠和金色金属米珠，备用。

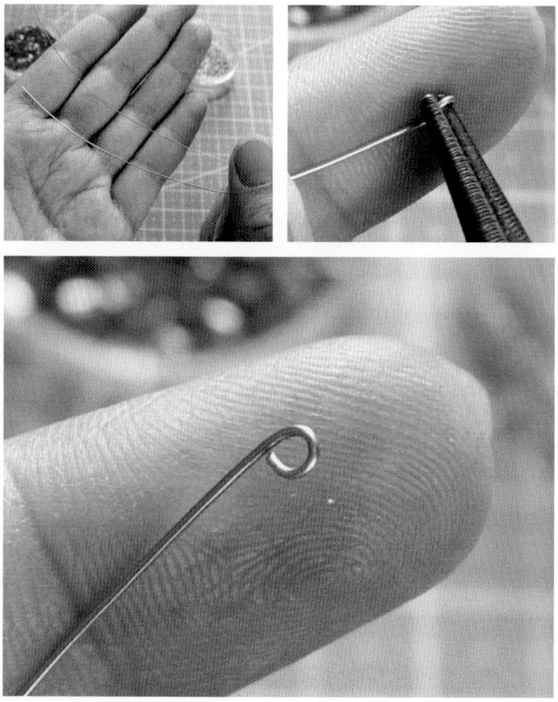

2 拿出 0.6mm 的金属线，用圆嘴钳将金属线的一端绕成一个圆环。

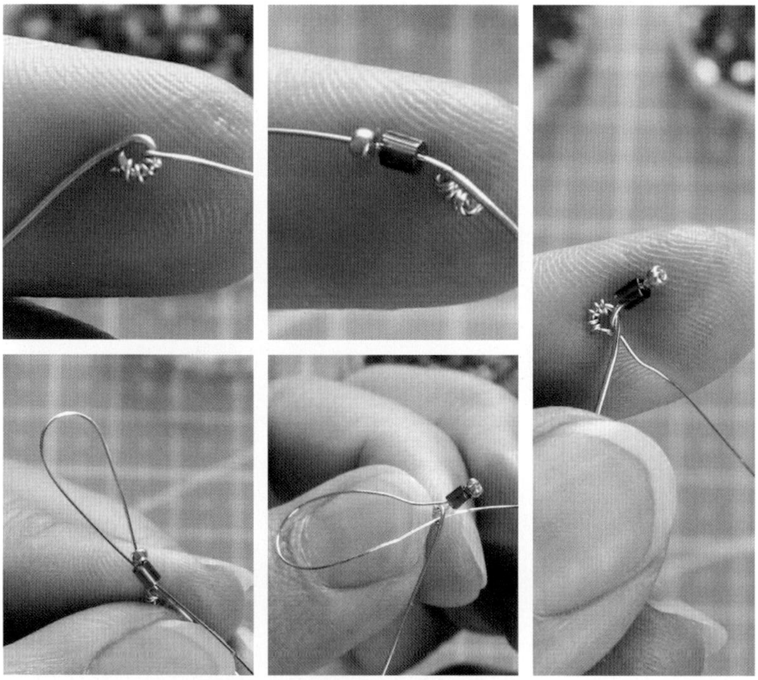

3　拿出 0.3mm 的金属线，将其缠绕在圆环上，接着在细金属线上依次穿入绿色管珠和金色金属米珠，然后让细金属线倒穿过管珠，拉紧后把细金属线穿过圆环，让米珠贴合在粗金属线上。

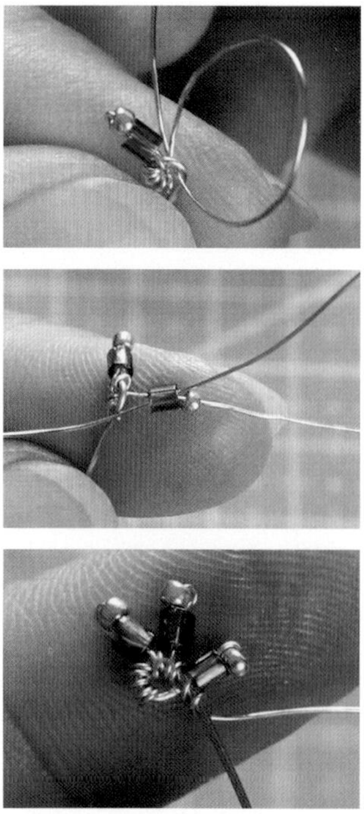

4　把细金属线在粗金属线上绕一圈，然后用同样的方法穿入两组用绿色管珠和金色金属米珠搭配的串珠样式。

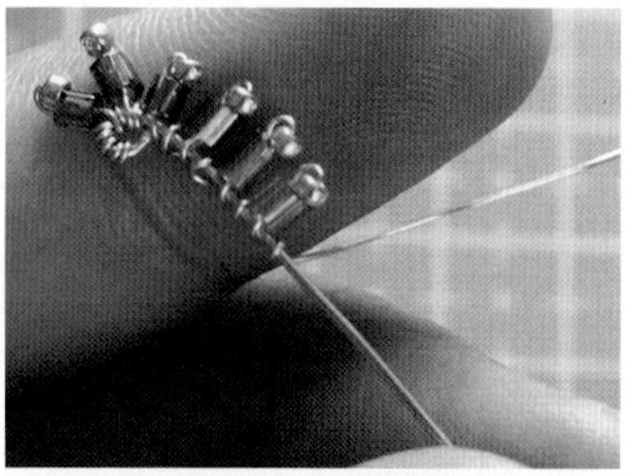

5　继续穿入珠子，把绿色管珠换成紫色管珠即可。

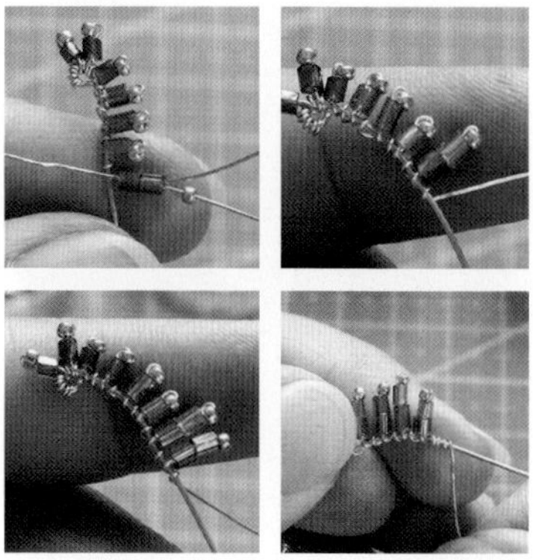

6　在穿入 3 个紫色管珠和金色金属米珠的组合后，把管珠数量增加至 2 颗，继续穿在细金属线上。

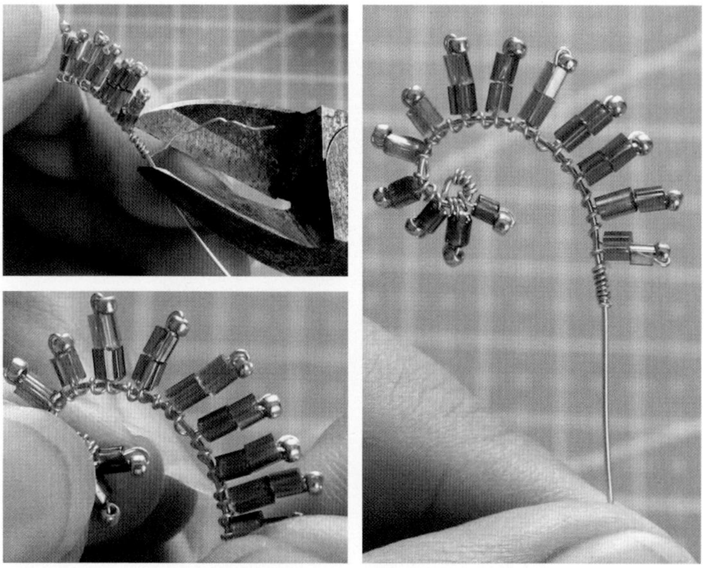

7　穿好珠子后，将细金属线在粗金属线上绕几圈以固定，再用剪线钳剪去细金属线的线头，并用手调整蓝翅草的弯曲幅度。至此，完成蓝翅草的制作。

其他材料制作的配饰

配饰制作除了合理运用串珠材料外，我们还可以对 UV 胶加以多元化应用。UV 胶不仅可以用来对各部件进行粘贴固定，还可以与珠光粉、色精等颜色材料混合，利用金属线做出类似造花液作品的效果，再搭配各类串珠，可以使作品呈现出不同的质感。

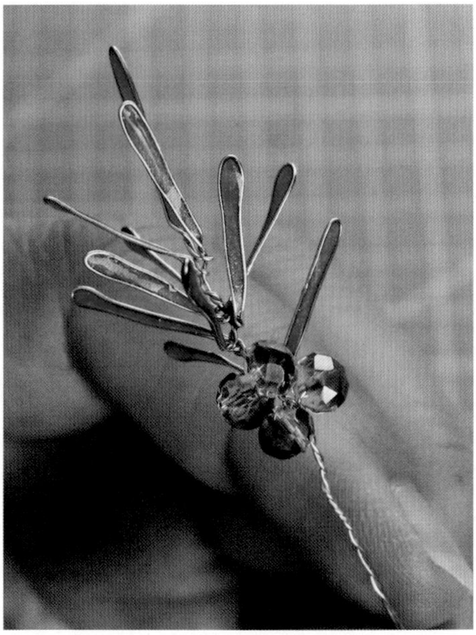

◆ 杜松

杜松是一种常绿植物，叶子呈长条形，果实呈球形。为呈现杜松的植物特征，本案例使用金属线、珠光粉、色精、UV 胶等材料来表现杜松的叶子，用幻色车轮珠来表现杜松的果实。

所用工具与材料

幻色车轮珠
珠光粉
蓝色色精
UV胶
金属线
锥子
紫外线灯
塑料片

制作

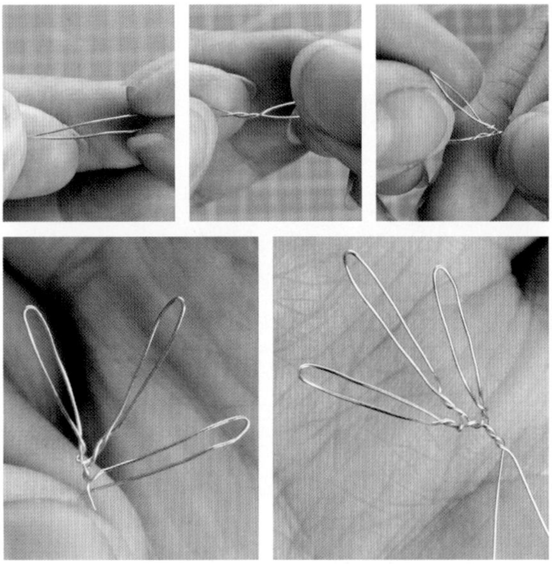

1 将金属线对折扭出细长的椭圆形，然后在椭圆形两边各扭出一个椭圆形，让整体造型呈树枝状。

2 用与上一步相同的制作方法，做出一个完整的枝叶部件。

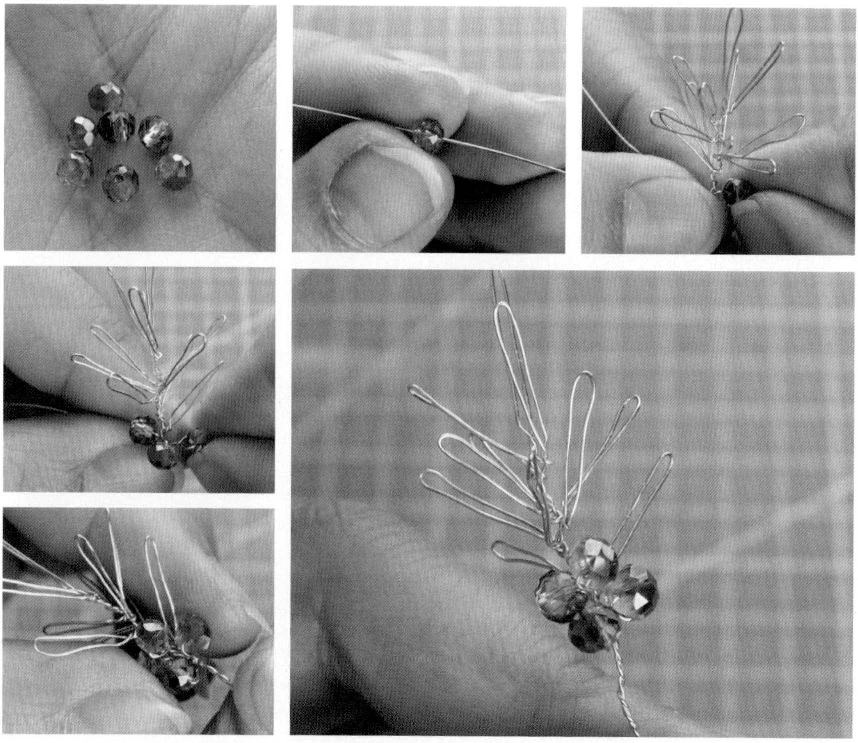

3 拿出几颗幻色车轮珠，将其穿在枝叶部件的底端。

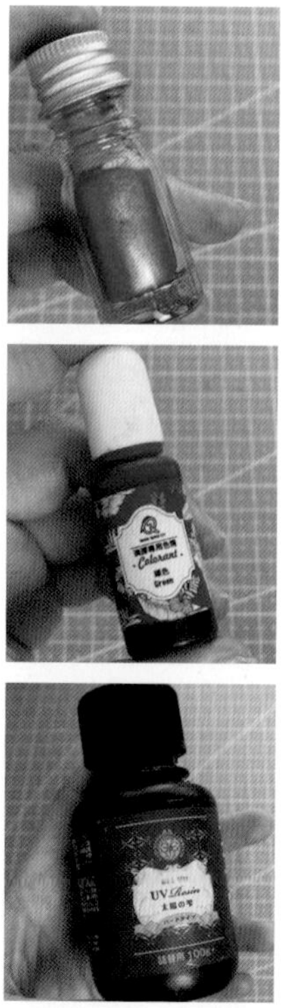

4 拿出蓝色珠光粉、蓝色色精以及UV胶，备用。

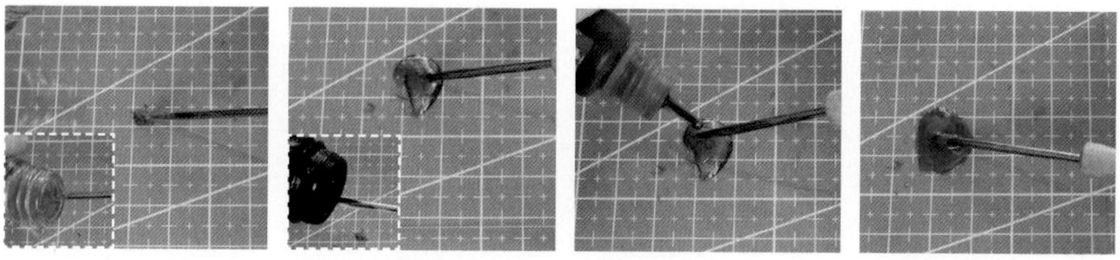

5 在塑料片上将UV胶与少量蓝色珠光粉、蓝色色精混合，并用锥子搅拌均匀。

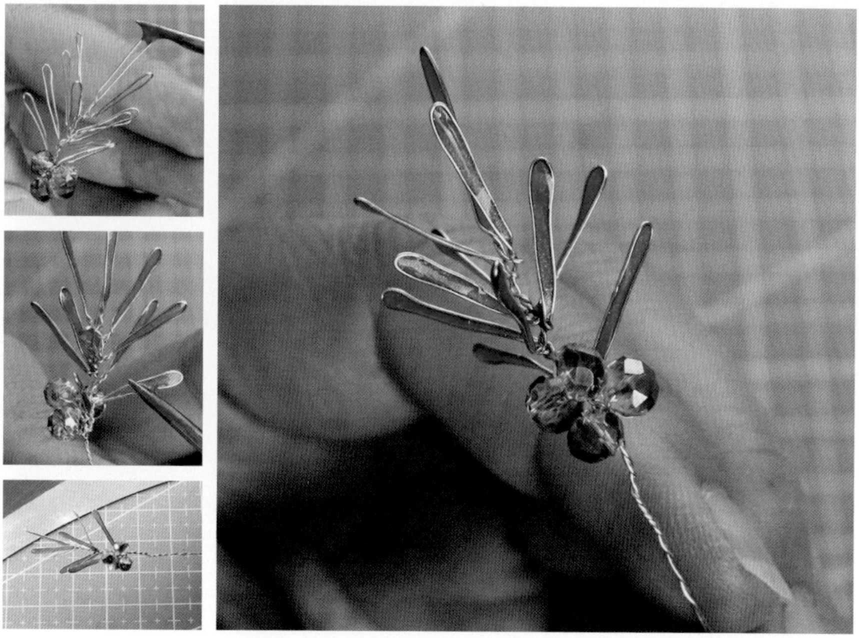

6 用锥子将混合溶液涂抹在枝叶部件的椭圆形金属圈内，随后放在紫外线灯下烤干。注意：此处在涂了两三个金属圈后就要放在紫外线灯下烤（以免溶液滴落），烤干后再给其他金属圈涂色。涂完所有金属圈后即可完成杜松的制作。

百子莲

百子莲，花朵数量多，株型像莲花一样。

本案例用米珠来表现百子莲上刚长出的迷你花苞，用色精混合 UV 胶做出的透明效果来表现即将开花的花苞。

所用工具与材料

棕色米珠
紫色色精
UV胶
塑料片
金属线
锥子
紫外线灯

制作

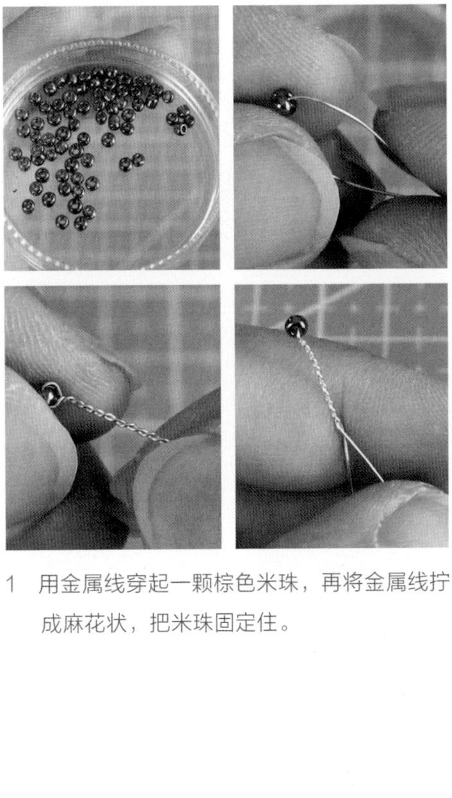

1　用金属线穿起一颗棕色米珠，再将金属线拧成麻花状，把米珠固定住。

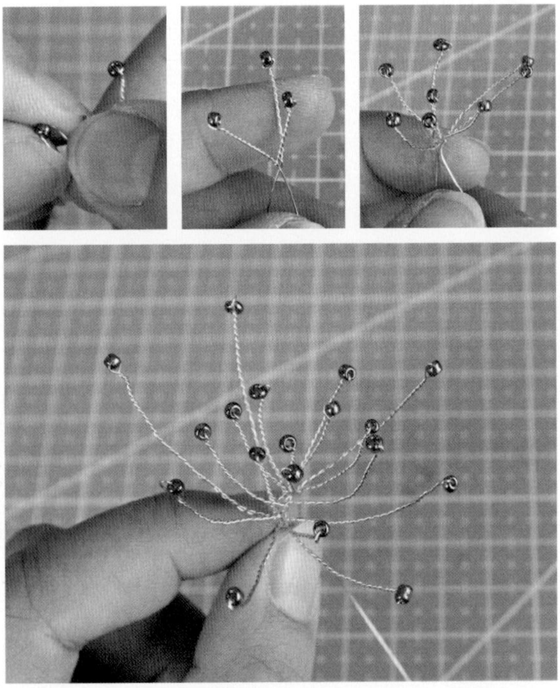

2　在金属线上继续穿入米珠，用米珠和金属线做出向外发散的放射状花型，注意金属线中间短、四周长。

3　把金属线扭成水滴状的圈。

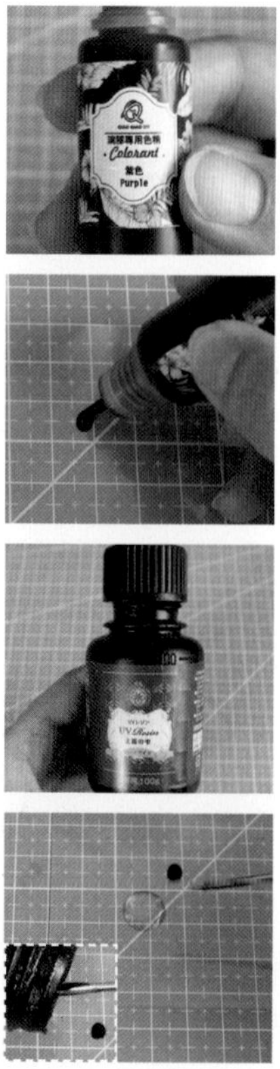

4　在塑料片上滴少量紫色色精和UV胶。

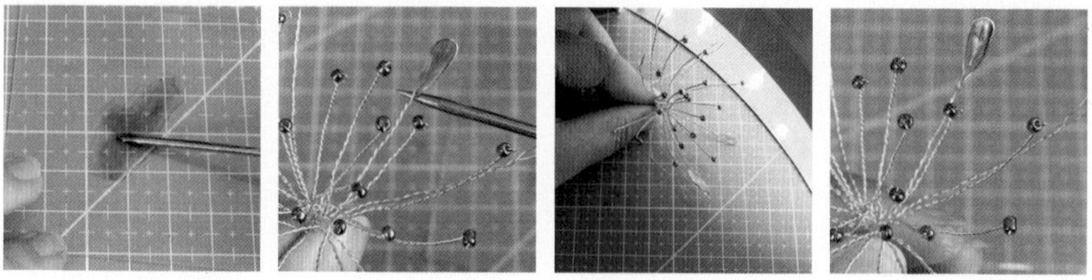

5　用锥子将色精与UV胶混合搅匀，再用锥子把混合后的溶液覆盖在其中一个金属圈上，并将其放在紫外线灯下烤干，做出一片水滴形花瓣。

6　用同样的方法做出其他水滴形花瓣。越靠近花型边缘，花瓣越长，但花型最外面一层花瓣的长度可以稍短一些，让整个花型看起来有高低错落的层次感。

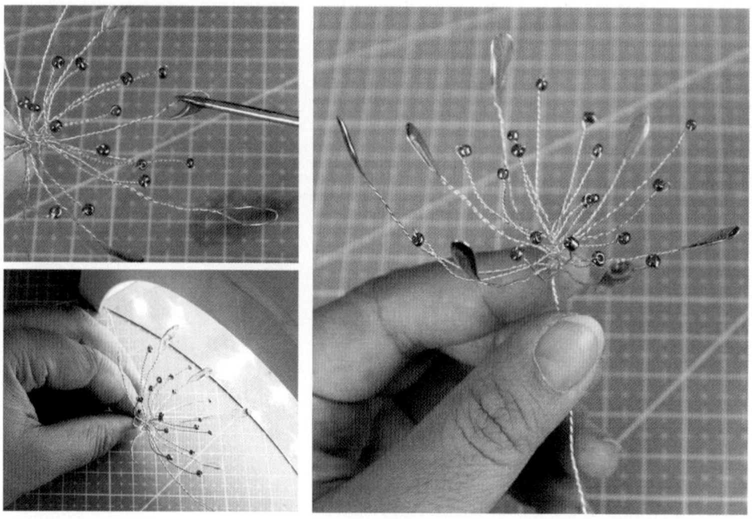

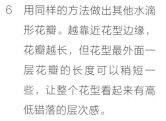

第4章

制作不同饰品时的花卉选择

耳钉
胸针
发梳
发簪与发钗
小巧饰品

耳钉

耳钉是耳饰中尺寸偏小的一种基础饰品，在日常生活中深受人们的喜爱。

选择花卉的思路

制作耳钉时，一般从用作装饰元素的花型以及花型本身的大小这两方面去考虑花卉的选择。

银杏叶

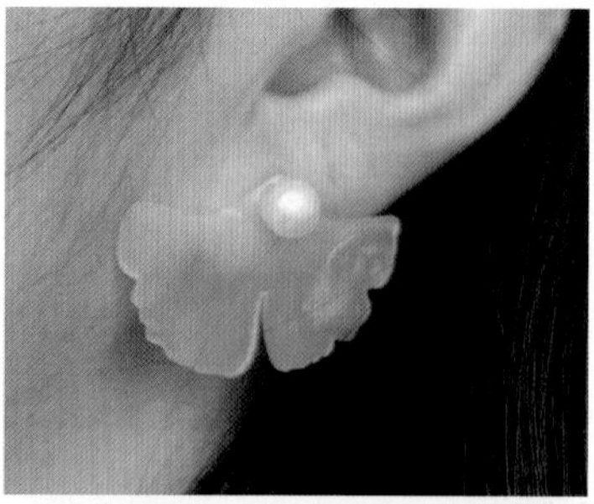

勿忘我

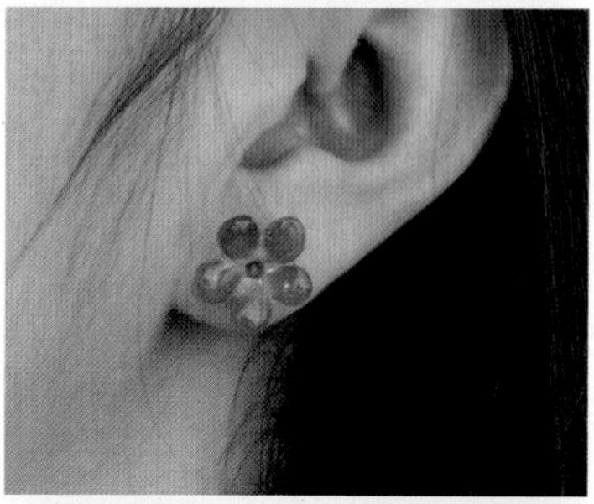

银莲花

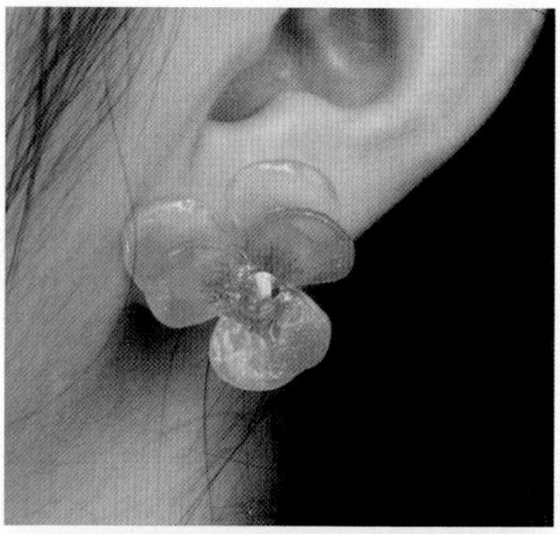

三色堇

绿绒蒿

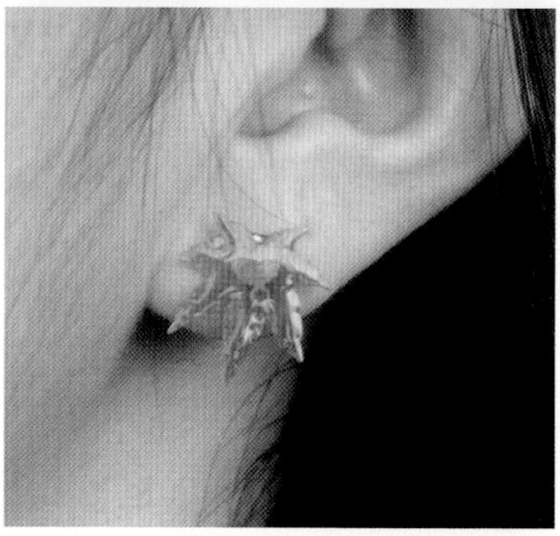

红叶

花型选择

耳钉从某种层面上讲属于头饰的范畴，用作头饰的元素大多都带有某种美好的特殊含义或有独特的造型，人们期望通过长期佩戴让自身向好的方面发展。因此，选择制作耳钉的花型时也需尽量遵循这个规律。例如，银杏树被称为“长寿树”，所以银杏叶也就有了长寿之意；勿忘我从名称上就可知其寓意着“永恒”；银莲花，花型呈圆形，有圆满美好之意。

花型大小

由于耳钉尺寸偏小，一般是贴在耳垂上的，这就要求设计的耳钉在整体造型上是比较小巧精致且简单的，选用的花卉装饰元素不宜过大或太过笨重。因此，我们可以选用三色堇、绿绒蒿以及刚长出的小片红叶等这类较小的花卉，作为耳钉的装饰元素。

绿绒蒿耳钉

绿绒蒿，为野生高山花卉，有『高山牡丹』的美称，有蓝色、黄色、紫色、红色等多种花色，花色丰富，造型优美，是有名的观赏性花卉。

所用工具与材料

- 半透明热缩片
- 紫外线灯
- 彩铅
- 耳钉配件
- 剪刀
- 球针
- 3mm 打孔器
- 绿色菱形切面珠
- 刻刀
- 浅蓝色米珠
- 珠光粉
- 绿色南瓜珠
- 棉团
- 金属花蕊配件
- 热风枪
- 剪线钳
- 锥子
- 圆嘴钳
- UV胶
- 手工垫板

制作

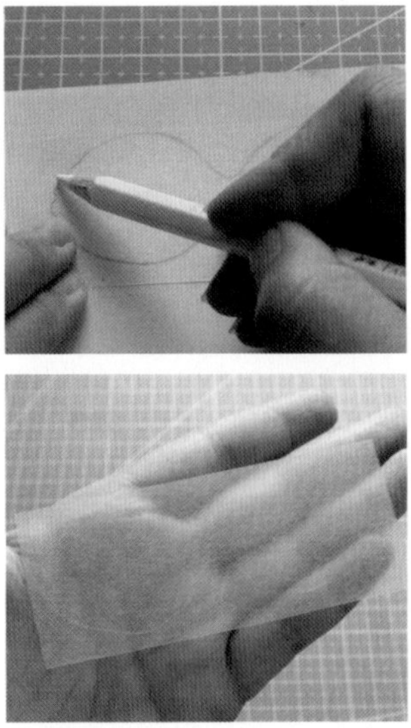

1　用白色彩铅在半透明热缩片上描出绿绒蒿的花型图样。

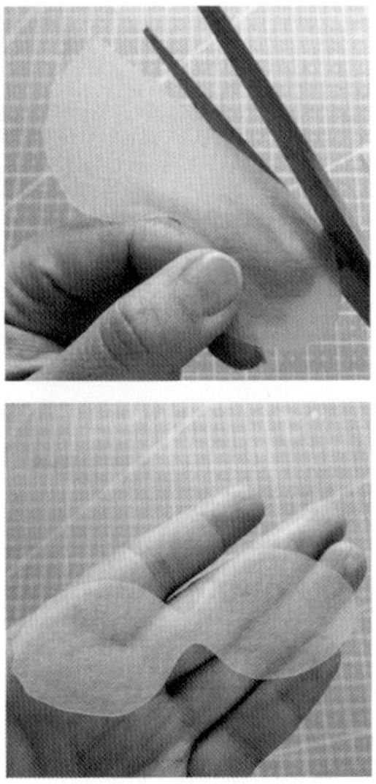

2　用剪刀剪下半透明热缩片上的花型图样。

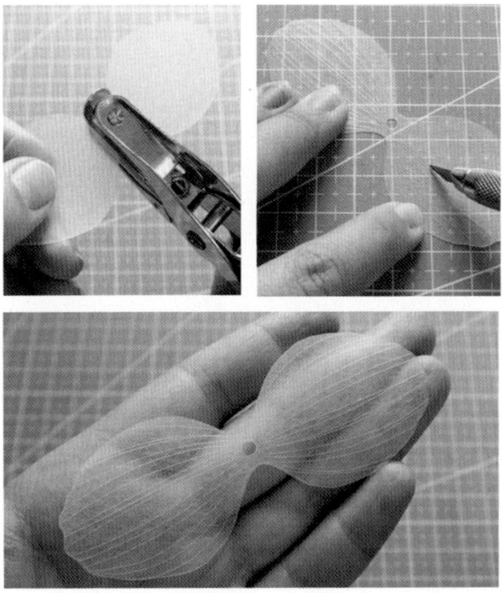

3　用 3mm 打孔器在花片中心打孔，再用刻刀划出花瓣上的纹路。

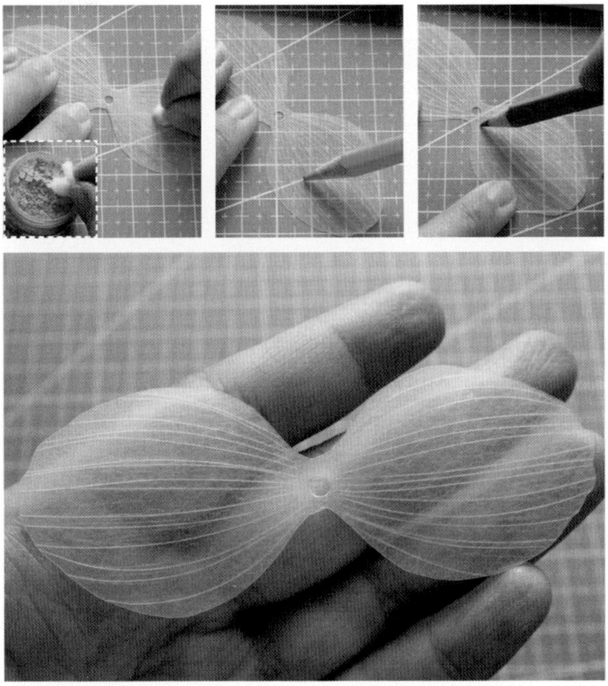

4　用棉团蘸取蓝色珠光粉在花片上晕染打底，颜色中间深、边缘浅，让花色有一些深浅变化。再用绿色和紫色彩铅依次沿花瓣上的纹路勾画，加深纹路的颜色。

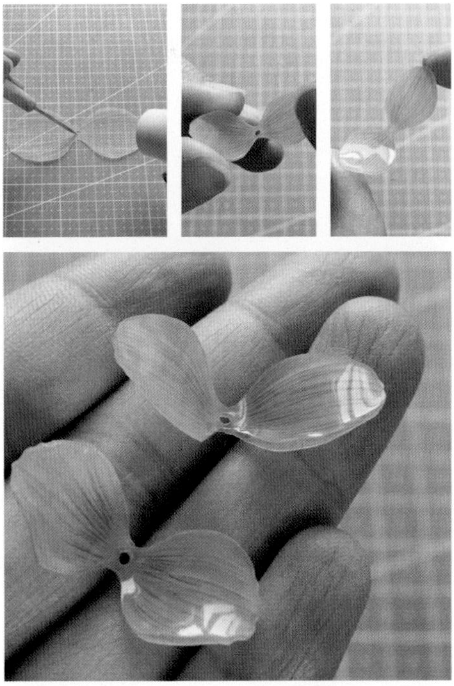

5　用锥子把花片固定在手工垫板上，然后用热风枪加热，使花片大致热缩成绿绒蒿花瓣的造型，并在花片冷却变硬前用手调整花瓣形状。用相同的方法再做出两片花瓣。

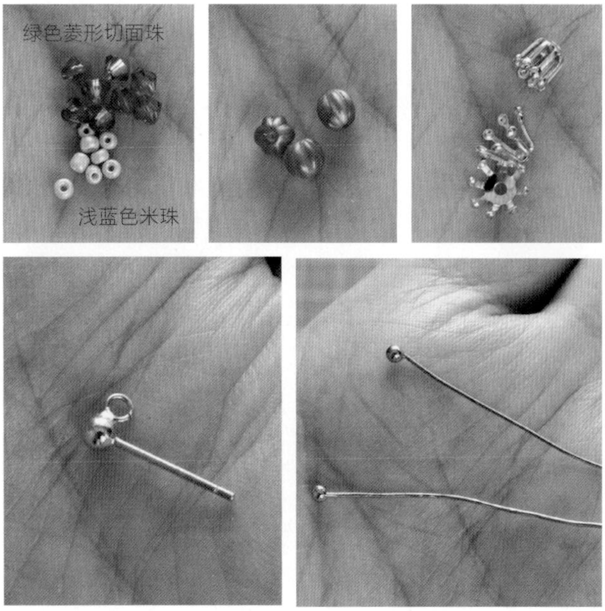

6 拿出绿色菱形切面珠和浅蓝色米珠、绿色南瓜珠、金属花蕊配件、耳钉配件、球针等，备用。

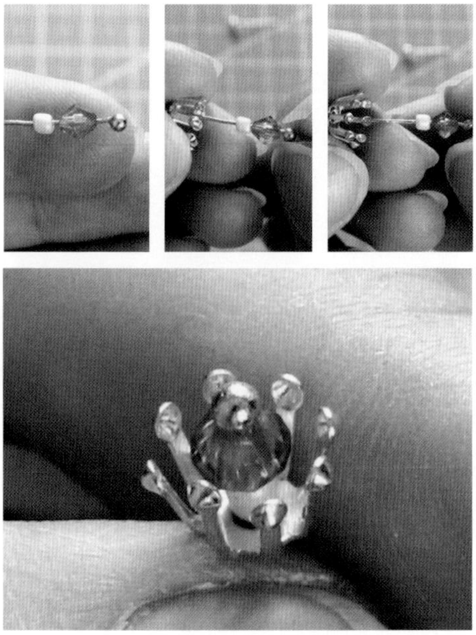

7 在一根球针上依次穿入绿色菱形切面珠和浅蓝色米珠，并将其组合到金属花蕊配件上，做出绿绒蒿花蕊。

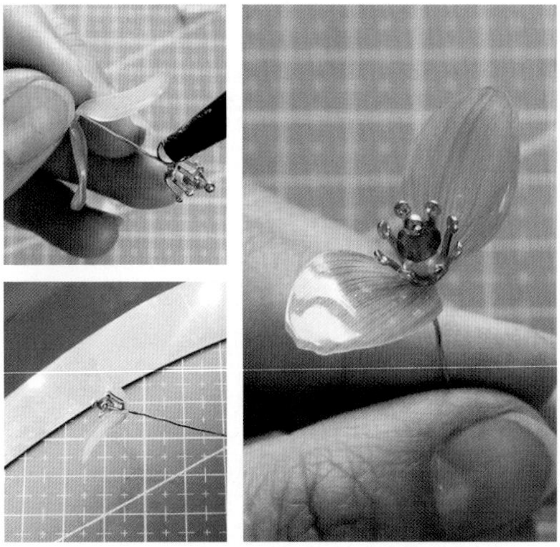

8 用 UV 胶把花蕊固定到其中一个花片上。

9 采用错位粘贴的方式，将另一个花片粘上，做出完整的绿绒蒿花朵。

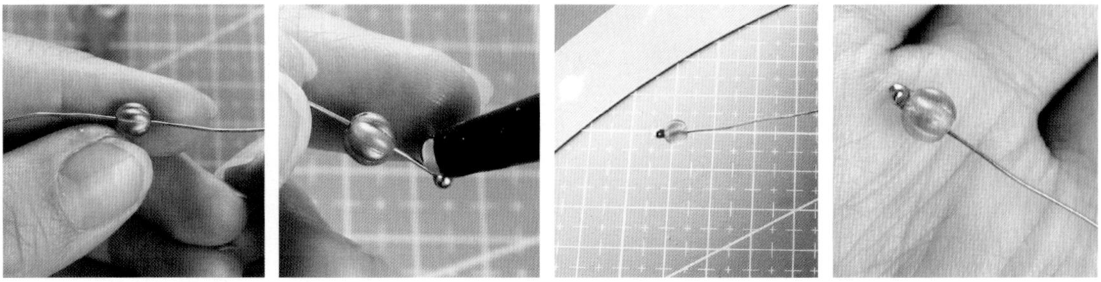

10 用另一根球针穿上绿色南瓜珠，用 UV 胶把南瓜珠固定在球针上，做出绿绒蒿的花苞。

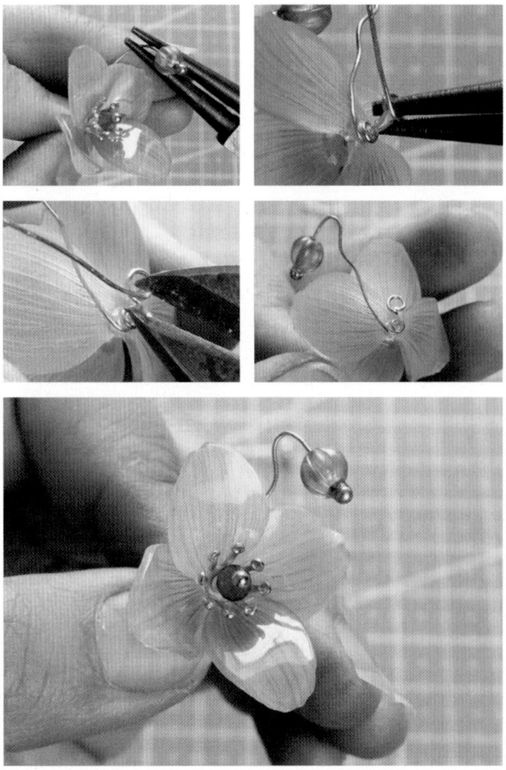

11 把绿绒蒿花苞缠绕在花杆上，在结合处涂上 UV 胶并放在紫外线灯下烤干、固定，然后用剪线钳剪去花苞上多余的金属线。

12 先用圆嘴钳调整花苞弯折的角度，再在花朵底部把花杆绕成一个圆环，最后用剪线钳剪去花杆上的多余的金属线。

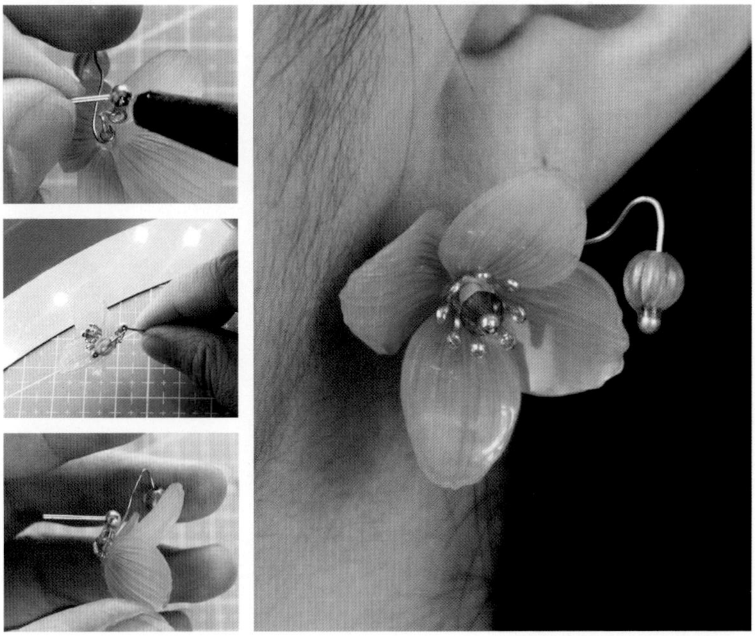

13 将花朵底部的圆环套入耳钉的挂钩，用圆嘴钳闭合圆环开口，即可把绿绒蒿花朵安在耳钉上。

14 调整花朵在耳钉上的位置后，在结合处涂上 UV 胶，随后放在紫外线灯下烤干固定。至此，绿绒蒿耳钉制作完成。

银莲花耳钉

银莲花，花型美观，花瓣为倒卵形，有细小的黄色花蕊，花色有白色和粉红色，有重瓣和单瓣等多个品种。春季开花时，花色艳丽，婀娜多姿，使人身心愉悦，被广泛应用于各种装饰。

所用工具与材料

- 半透明热缩片
- 彩铅
- 剪刀
- 3mm 打孔器
- 色粉
- 棉团
- 热风枪
- 锥子
- UV 胶
- 紫外线灯
- 金属线
- 绿色幻色车轮珠
- 黑色切面珠
- 异形淡水珍珠
- 耳钉配件
- 金属花蕊配件
- 剪线钳
- 圆嘴钳
- 手工垫板

制作

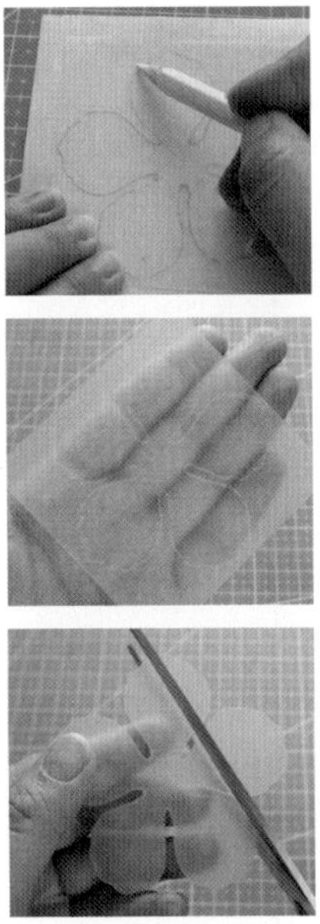

1 用白色彩铅在半透明热缩片上描出银莲花的花型图样，然后用剪刀将其剪下来。

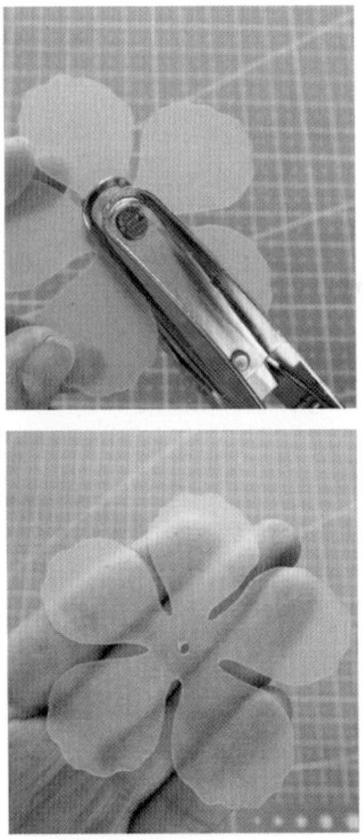

2 用3mm打孔器在花片中心打孔。

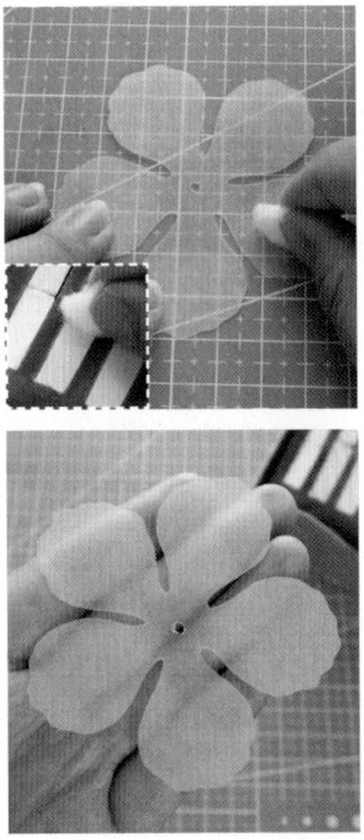

3 用棉团蘸取黄色色粉向花片中心晕染，给花片铺底色。

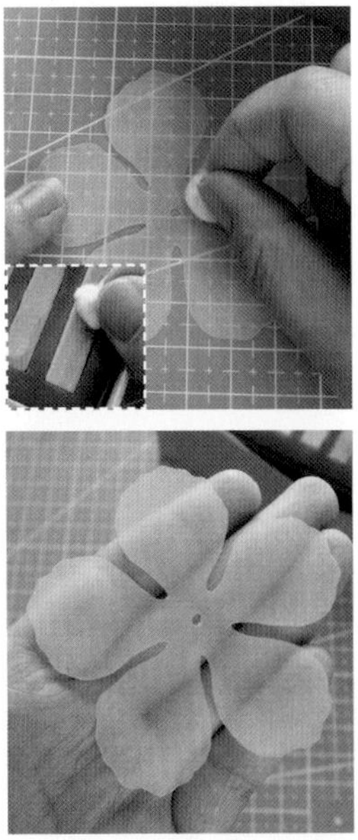

4 用棉团蘸取浅粉色色粉，由花片中心向外晕染。

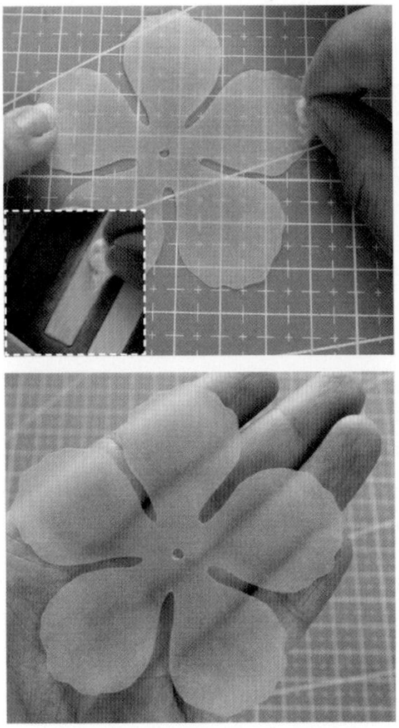

5 用棉团在花片边缘涂上少量绿色色粉。

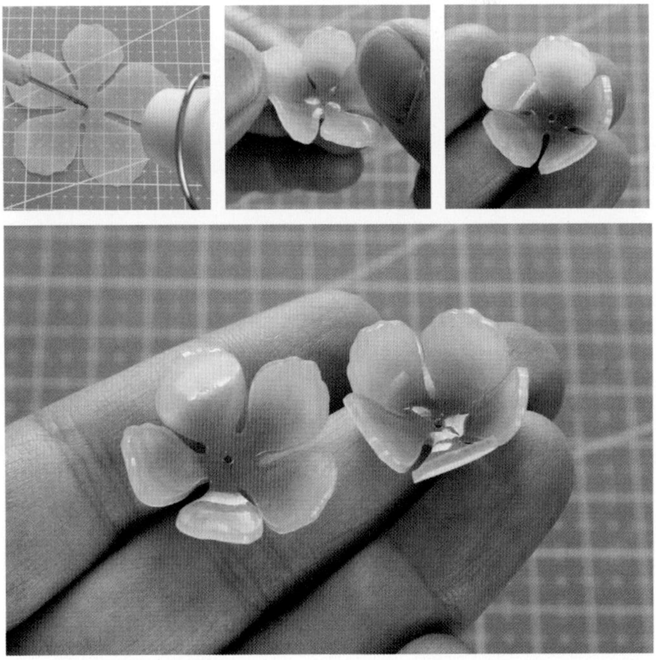

6 用锥子把花片固定在手工垫板上，然后用热风枪加热，使花片大致热缩成银莲花花瓣的造型，并在花片冷却变硬前用手调整花瓣形状。用相同的方法再做出一层小一点的银莲花花瓣。

7　拿出绿色幻色车轮珠、黑色切面珠、异形淡水珍珠、金属花蕊配件、耳钉配件等，备用。

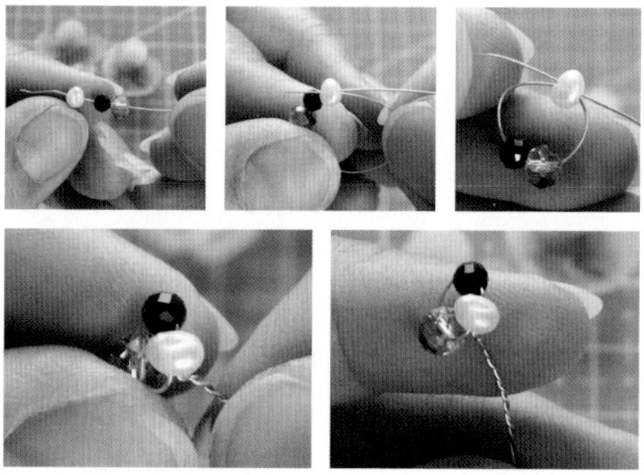

8　在金属线上依次穿入一颗绿色幻色车轮珠、一颗黑色切面珠和一颗异形淡水珍珠，然后把金属线的尾端穿回异形淡水珍珠，以拧麻花的方式固定珠子，做出一个串珠配件。

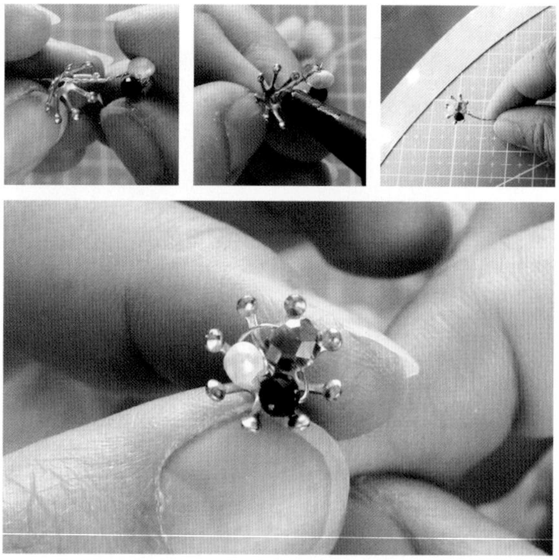

9　在串珠配件上穿入金属花蕊配件，在衔接处涂上 UV 胶并放在紫外线灯下烤干固定，做出花蕊配件。

10　用 UV 胶把花蕊配件粘在小一点的花片上，再采用错位的花瓣呈现形式粘上外层花瓣。

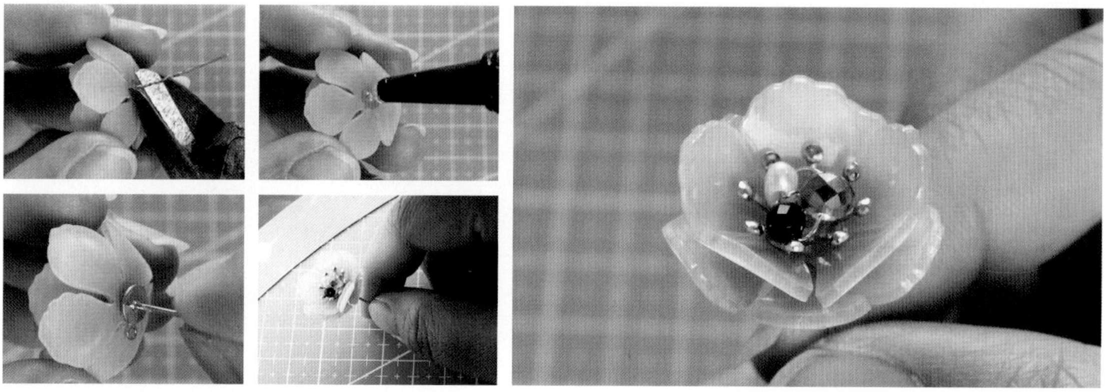

11　用剪线钳沿花朵底部剪去花杆，涂上 UV 胶后粘在耳针配件顶部的平面上，再放在紫外线灯下烤干固定。至此，银莲花耳钉制作完成。

胸针

胸针，也叫胸花，是固定在衣服的胸部区域的一种饰品，分为纯装饰性的胸针和有固定衣物功能的胸针。本节制作的是纯装饰性的胸针饰品。

选择花卉的思路

日常穿搭中可能会需要一些饰品来点缀造型，胸针便是不可或缺的一种饰品。那么，胸针制作的花卉选择该从哪些方面入手呢？

花型选择

制作胸针时，可以选择本身带有特别含义的花卉，如蝴蝶兰，象征高洁清雅；也可以选用造型独特、美观的花卉，以突出胸针作为用来点缀造型的饰品的特性，比如广受人们喜爱的百合花。

蝴蝶兰

百合花

花型大小

通常，制作胸针这类尺寸不大的饰品时，要选用铁筷子、金露梅这类尺寸不大不小且花型好看的花卉，这样既不会掩盖整个穿搭造型的重点，也发挥了点缀造型的作用。

铁筷子

金露梅

百合花胸针

百合花，大型花朵，花色多为白色或粉色，花型呈漏斗状，开放时就像莲花一样，花瓣向外翻卷，且花瓣上有紫色斑点，花蕊为丝状，是一种适合室内、室外观赏的花卉，寓意百年好合。

所用工具与材料

半透明热缩片	球针
彩铅	一字胸针配件
剪刀	浅绿色枣形珠
3mm 打孔器	棕色米珠
色粉	剪线钳
棉团	圆嘴钳
热风枪	手工垫板
锥子	
UV 胶	
紫外线灯	
金属线	

制作

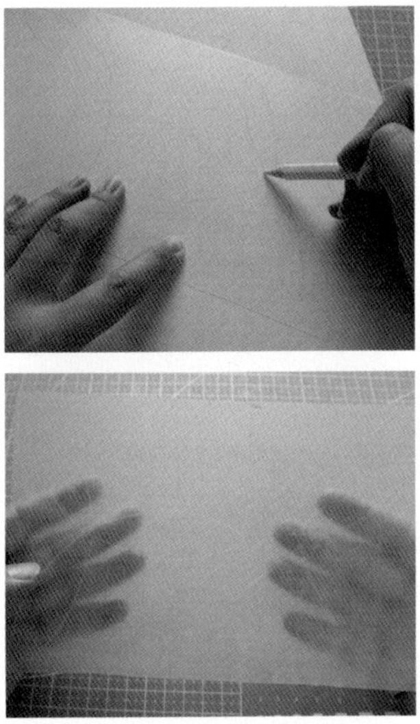

1　用白色彩铅在半透明热缩片上分别描出百合花花朵和花苞的花型图样。

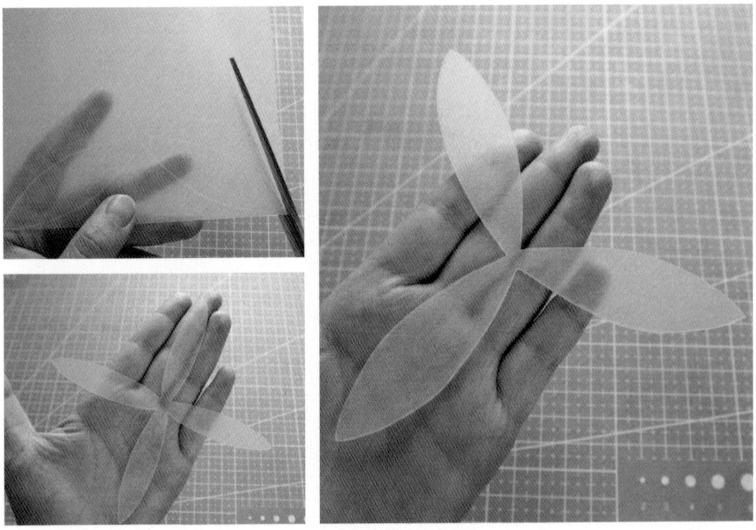

2　用剪刀剪下花型图样。注意：有 4 片花瓣的花片为花苞，有 3 片花瓣的花片为花朵。

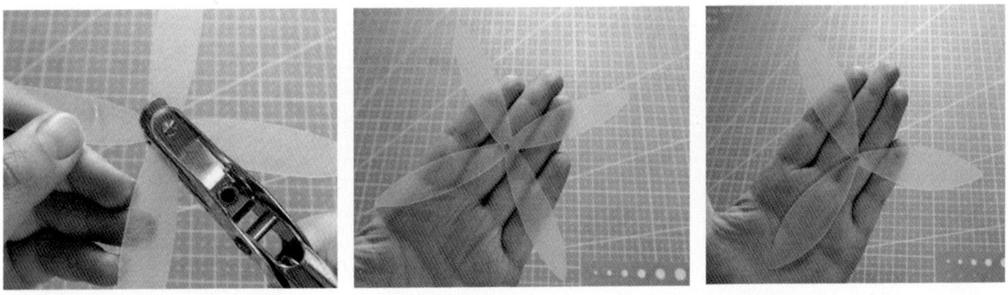

3　用 3mm 打孔器分别在两个花片的中心打孔。

4　用棉团蘸取白色色粉从花朵花片的中心向外晕染。

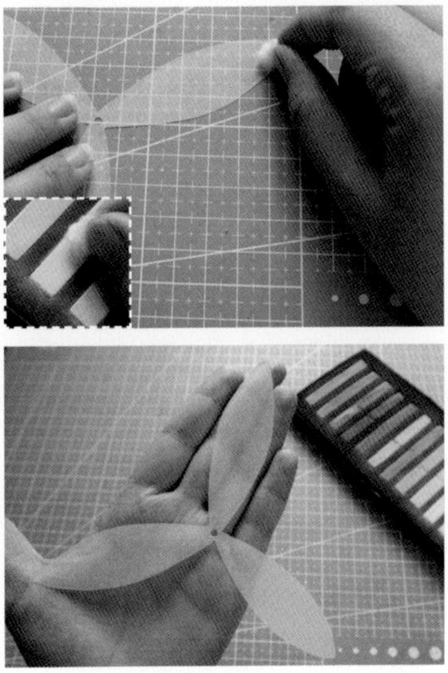

5　用棉团蘸取浅黄色色粉晕染花朵花片的花瓣尖。

6　用棉团蘸取明黄色色粉晕染花瓣花片。

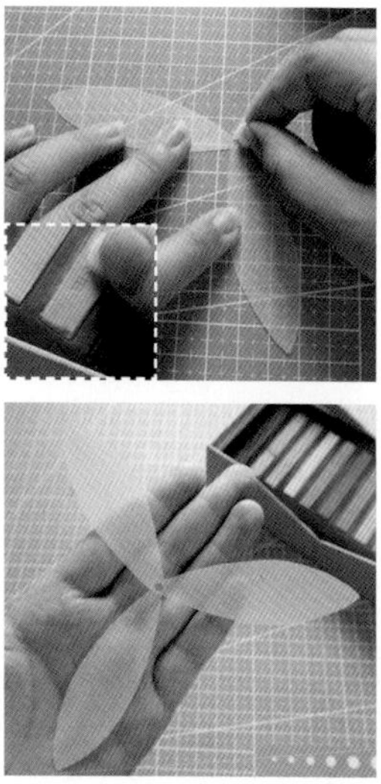

7 用棉团蘸取浅绿色色粉晕染花瓣花片中心。

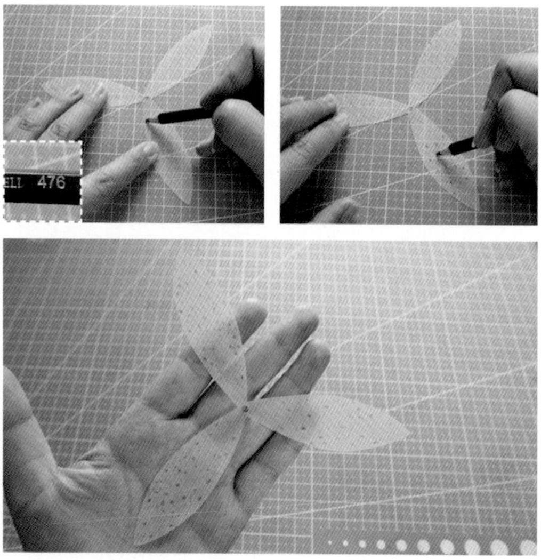

8 用棕色彩铅点画出花瓣花片上的斑点纹理。

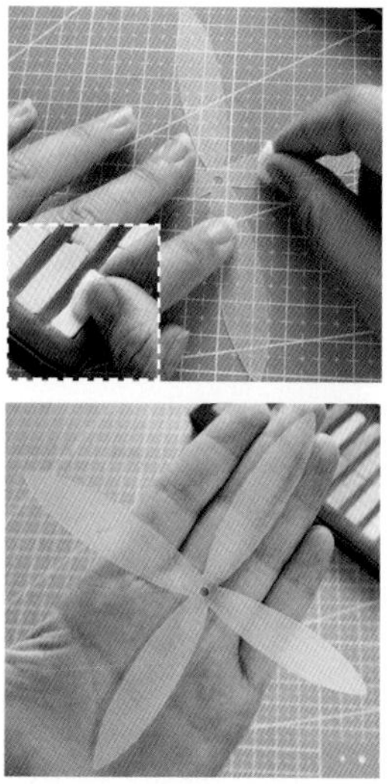

9 用棉团蘸取白色色粉从花苞花片的中心向外晕染。

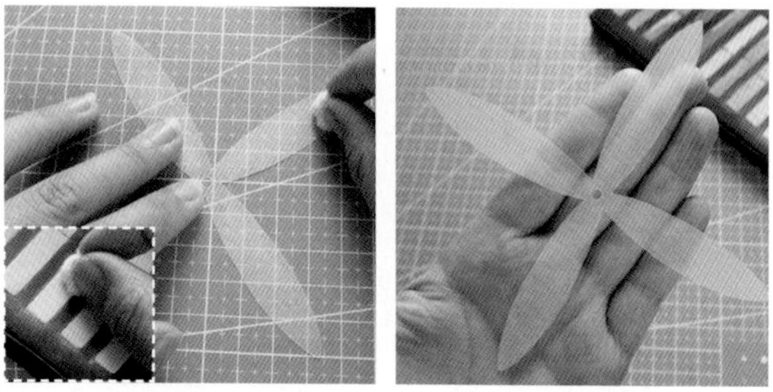

10 用棉团蘸取浅黄色色粉晕染花苞花片的顶部。

11 用棉团蘸取少量粉色色粉晕染花苞花片尖。

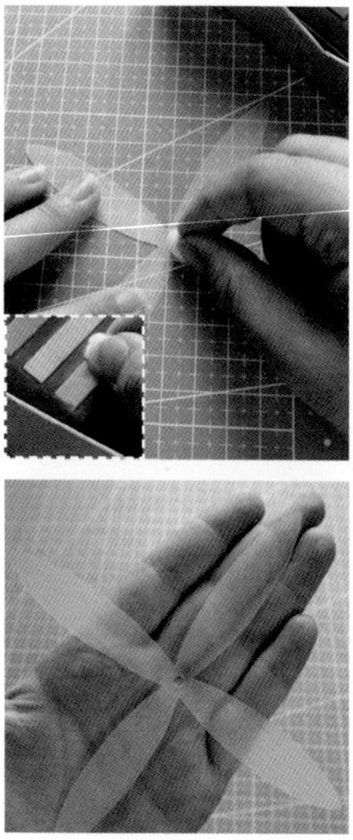

12 用棉团蘸取少量浅绿色色粉晕染花苞花片中心。

13 用锥子把花朵花片固定在手工垫板上后用热风枪加热，让花片热缩并用手给花瓣塑形。用相同的方法再做出另一个花朵花片，因为本案例需用到两个花朵花片。

14　拿出球针，在用热风枪加热热缩花苞花片后，将球针从孔穿入花苞花片。

15　继续加热花苞花片，然后用手把花片捏拢做出花苞。在球针与花苞的结合处涂上 UV 胶并放在紫外线灯下烤干固定。

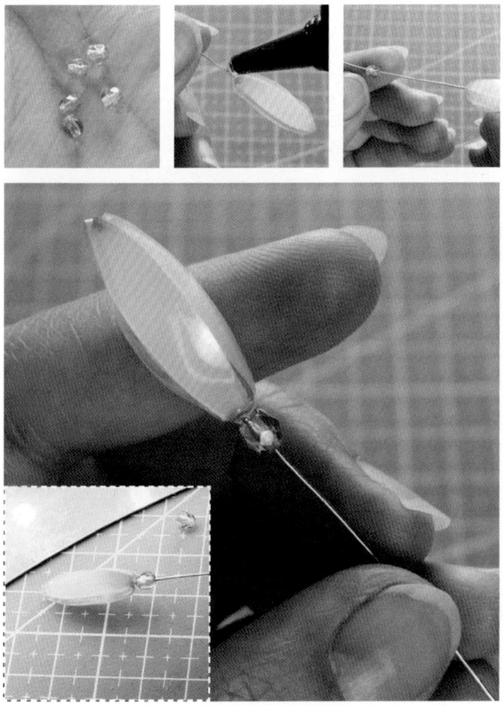

16　准备浅绿色枣形珠。在花苞底部涂上 UV 胶，再穿入一颗枣形珠，然后放在紫外线灯下烤干固定。

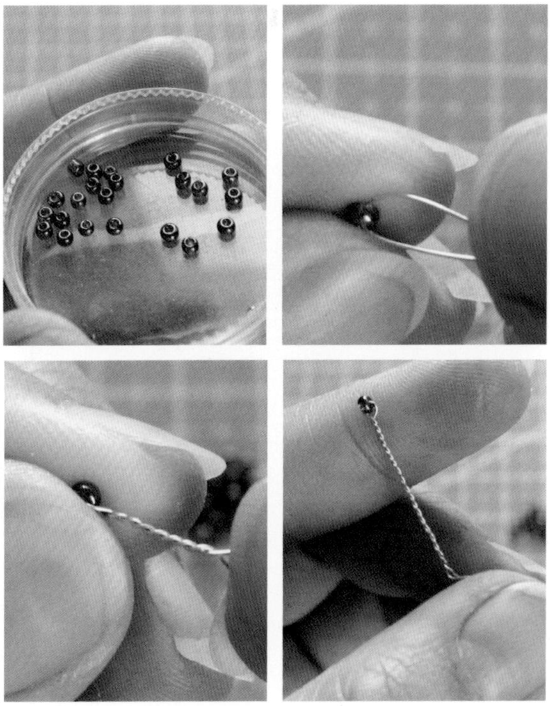

17　准备棕色米珠，用金属线穿入一颗米珠后把金属线扭成麻花状以固定米珠。

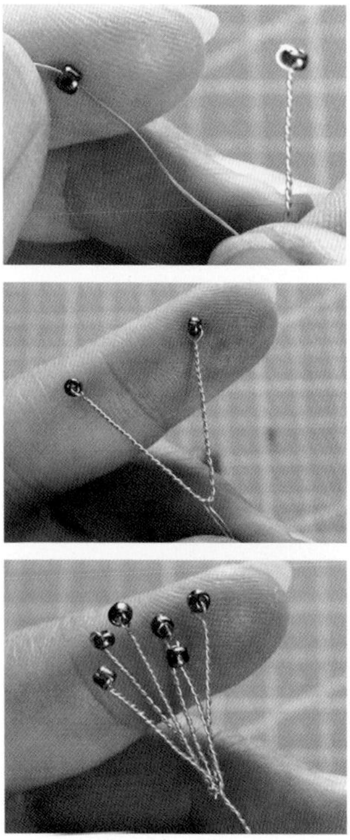

18 用相同的方法在该金属线上继续穿入米珠，扭出一簇做成花蕊。

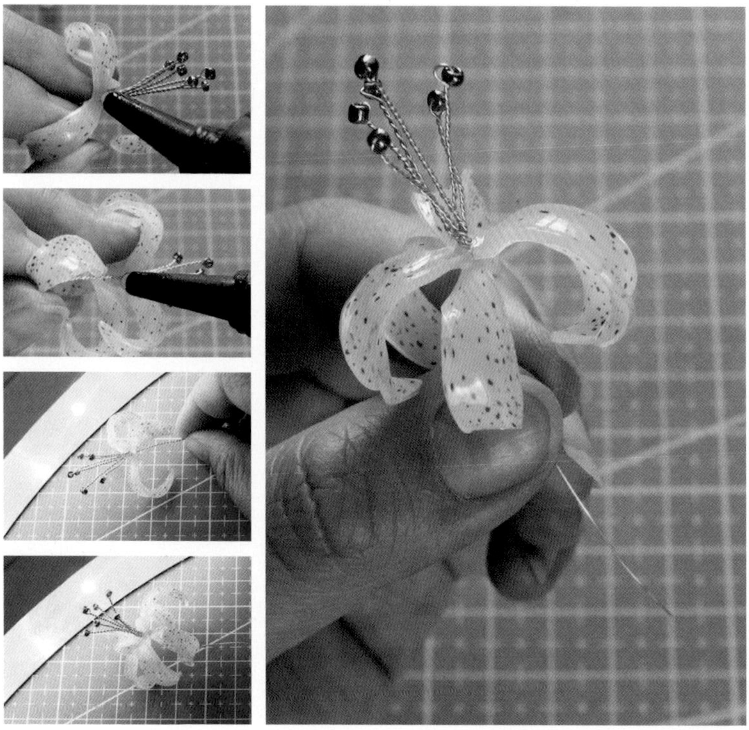

19 把做好的花蕊从孔穿入一个花朵花片，在结合处涂上 UV 胶并在紫外线灯下烤干固定后再穿入另一个花朵花片，使其错位粘在上一层花瓣下方。

20 用手调整花蕊的形状。

21 准备一个一字胸针配件、一个百合花苞、一朵百合花。

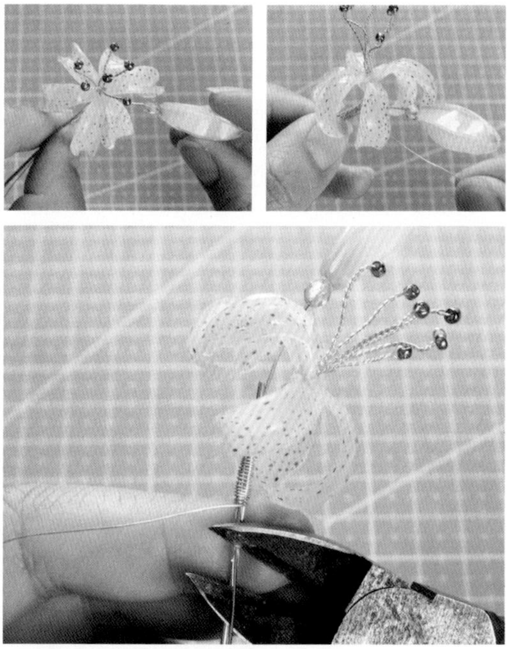

22　调整花朵和花苞的位置，然后用金属线将花朵和花苞绑在一字胸针配件上，再用剪线钳剪去花苞和花朵上的线头。

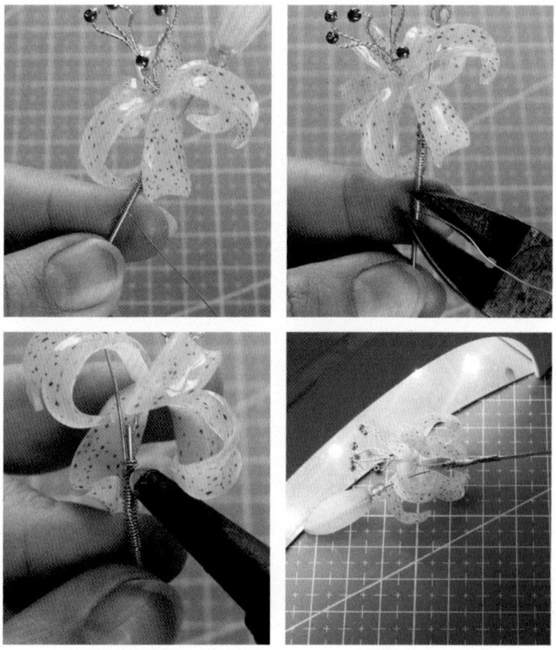

23　用金属线把花苞和花朵尾端包裹住，然后用剪线钳剪去线头，最后在结合处涂上 UV 胶并放在紫外线灯下烤干固定。

24　用手调整百合花胸针的形态。至此，百合花胸针制作完成。

铁筷子胸针

铁筷子，花瓣呈椭圆形或狭椭圆形，开放初期花色为粉红色，且花药为椭圆形，花丝为狭线形，有一定的观赏价值。

本案例制作的铁筷子胸针，在圆形托盘胸针配件与花朵之间，加入了绿色羊毛当作连接花杆与花朵的绿色花柄，同时也填补了胸针配件与花朵之间的空隙。

所用工具与材料

- 半透明热缩片
- 彩铅
- 剪刀
- 3mm 打孔器
- 刻刀
- 色粉
- 珠光粉
- 棉团
- 热风枪
- 锥子
- UV胶
- 紫外线灯
- 金属线
- 圆形托盘胸针配件
- 金属花蕊配件
- 绿色南瓜珠
- 剪线钳
- 圆嘴钳
- 棕色绒线
- 绿色羊毛
- 戳针
- 镊子
- 手工胶
- 手工垫板

制作

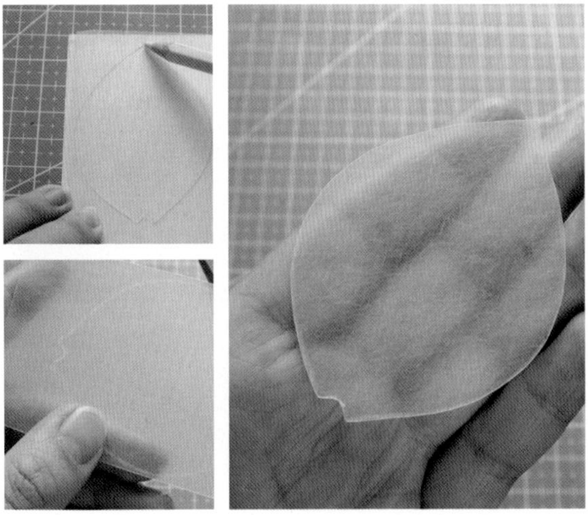

1　用白色彩铅在半透明热缩片上描出铁筷子花瓣的花型图样，然后用剪刀将其剪下来。

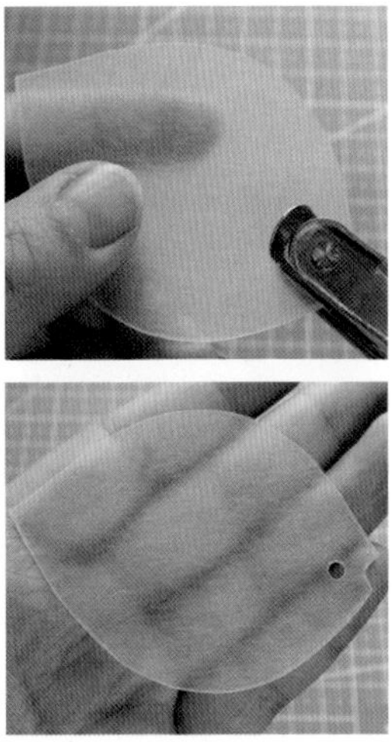

2　用 3mm 打孔器在花片有凹槽的一端的中心打孔。

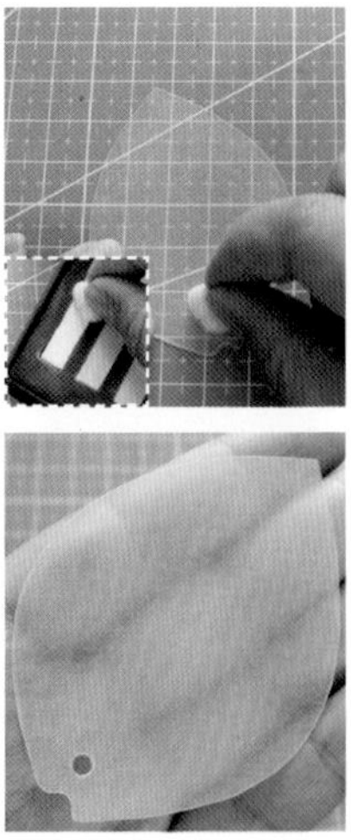

3　用棉团蘸取少量白色色粉从花片有孔的一侧开始晕染。

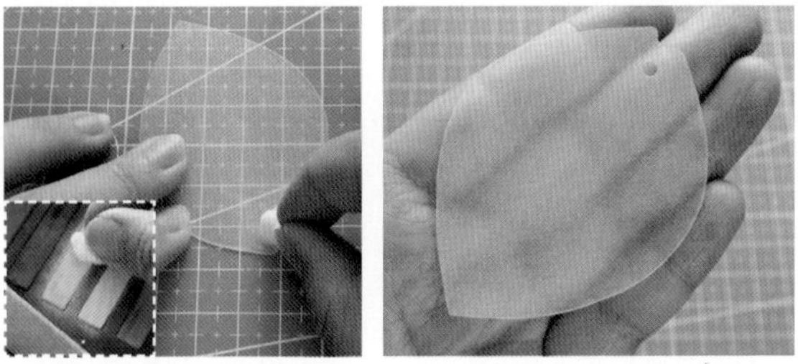

4　用棉团蘸取少量嫩绿色色粉晕染花片有孔的一端。

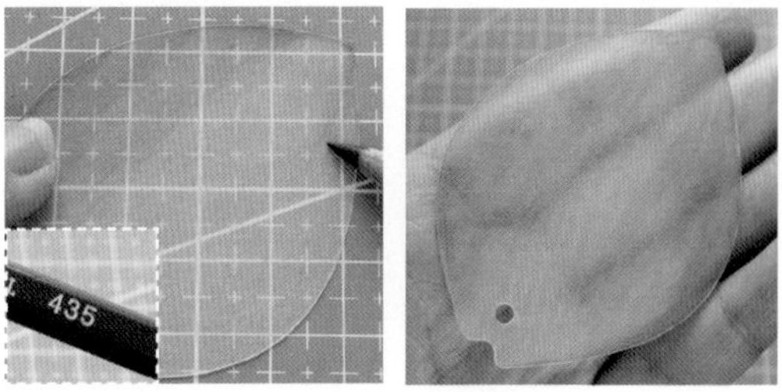

5　用紫色彩铅从花片边缘向内部涂色。

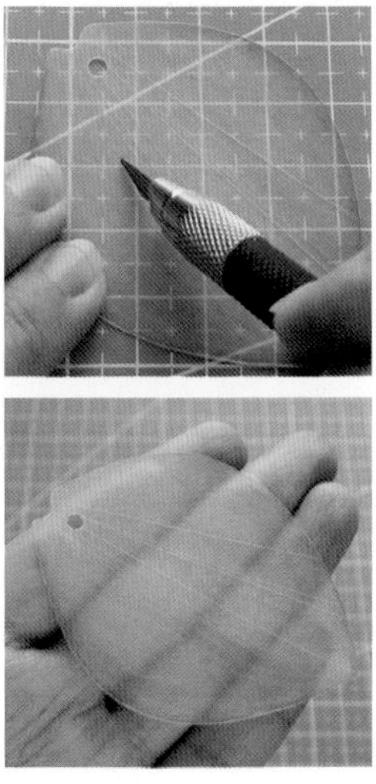

6　用刻刀划出花瓣的纹路。

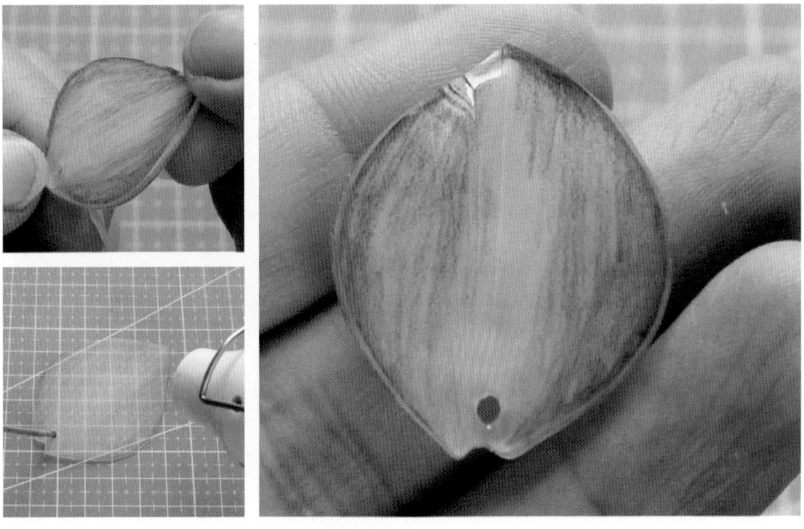

7　用锥子把花片固定在手工垫板上，然后用热风枪加热，使其大致热缩成铁筷子花瓣的造型，并用手调整花瓣的形状。

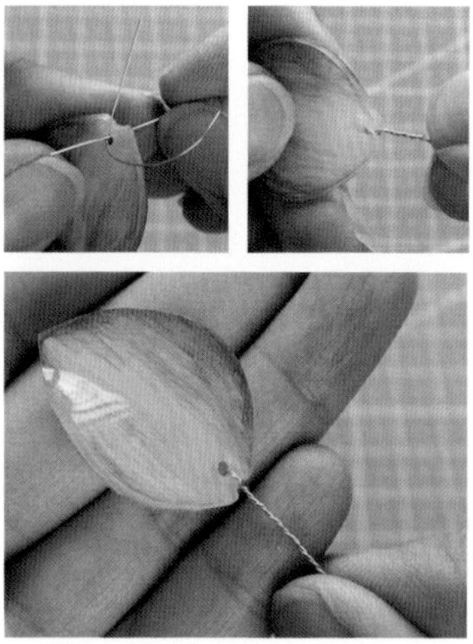

8　给花瓣穿入金属线并扭紧固定。

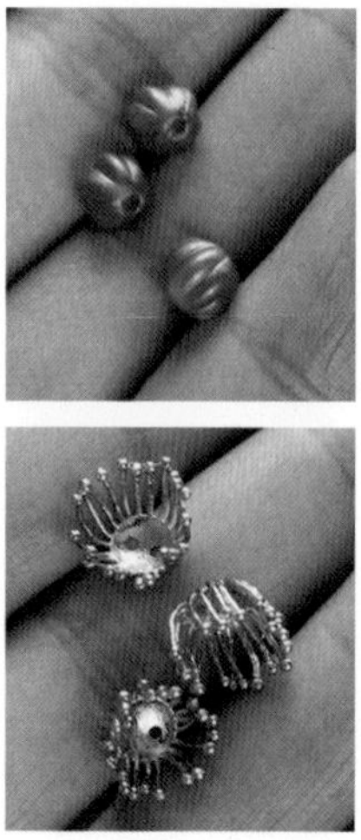

9　拿出绿色南瓜珠和金属花蕊配件，备用。

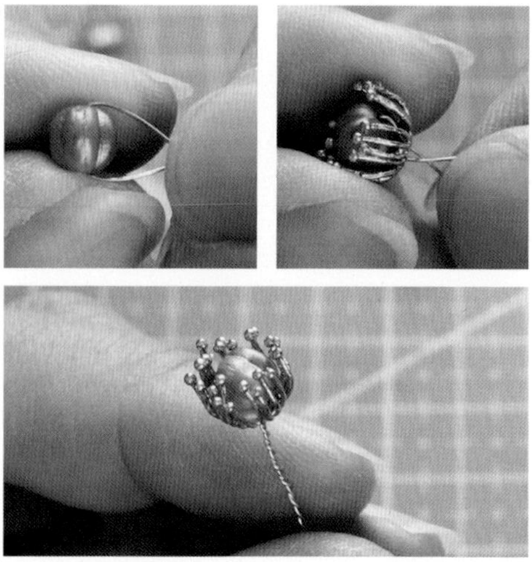

10　给绿色南瓜珠穿入金属线，将其和金属花蕊配件绑在一起，然后扭紧金属线固定。

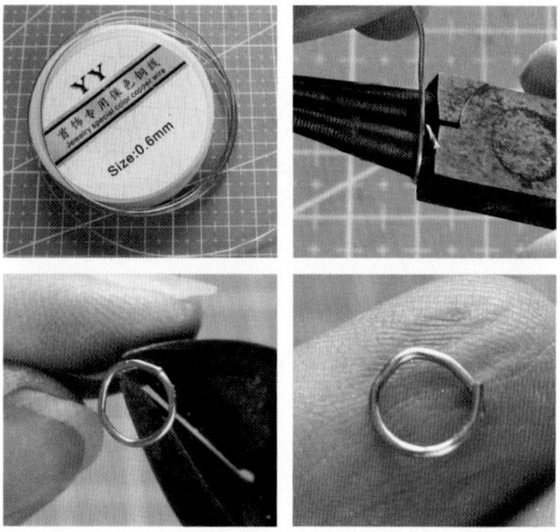

11　拿出 0.6mm 的金属线，将其绕在圆嘴钳上制作一个开口圈。

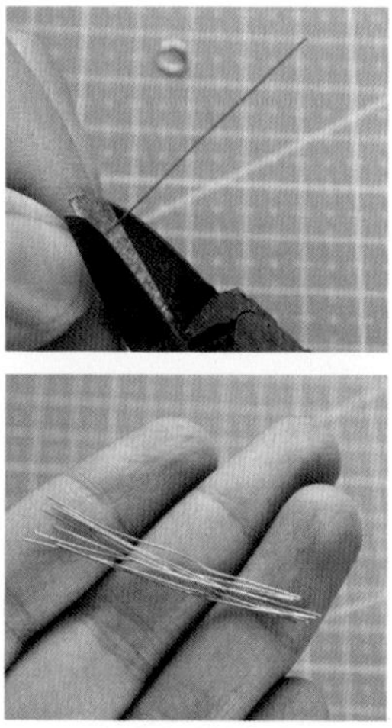

12　剪下一撮相同长度的细金属线（0.3mm）。

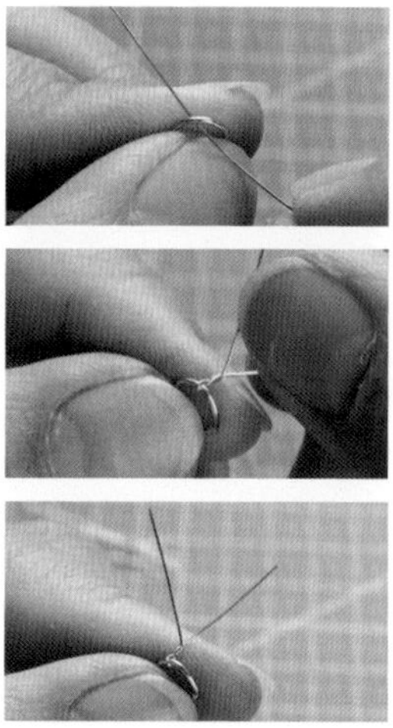

13　把一根细金属线绕在开口圈上。

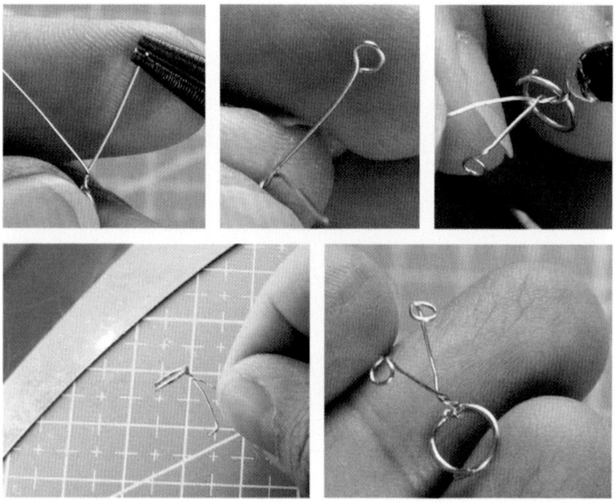

14　用圆嘴钳把细金属线末端拧成圈，再用UV胶把制作的金属线配件粘在开口圈上。

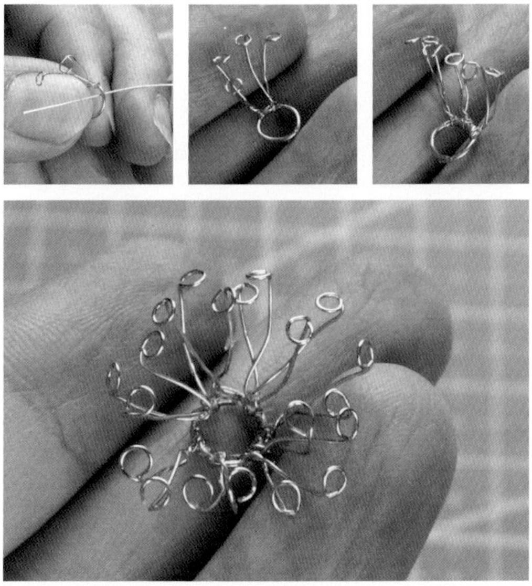

15　用同样的方法在开口圈上制作一圈金属线配件。

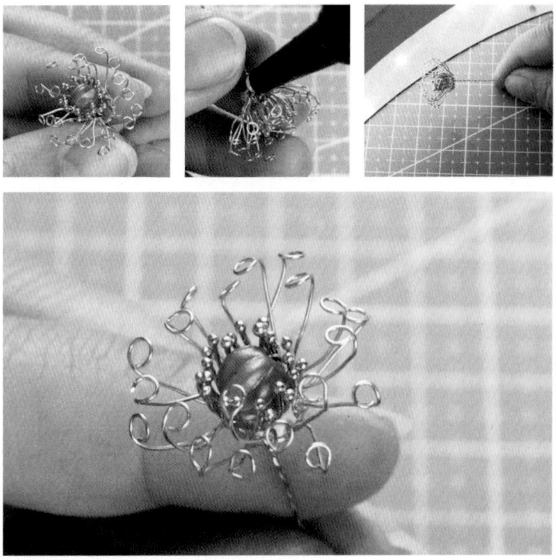

16　把制作的南瓜珠和金属花蕊配件组成的配件穿入做好的开口圈中，再在结合处涂上 UV 胶并放在紫外线灯下烤干。

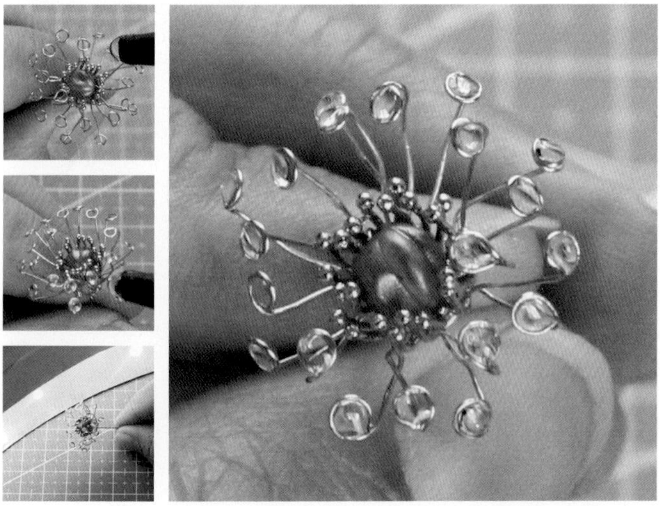

17　在金属线的小圈里填涂 UV 胶，然后放在紫外线灯下烤干，花蕊基本上就做好了。

18　在花蕊顶部粘上黄色珠光粉。

19　准备 1 个圆形托盘胸针配件、5 片铁筷子花瓣、1 个花蕊配件。

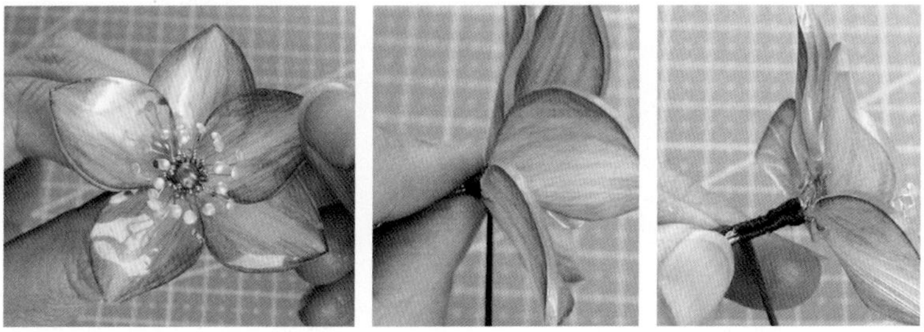

20　用棕色绒线把花瓣和花蕊绑在一起。

21　在棕色绒线收尾处涂上 UV 胶，剪断绒线后把花杆放在紫外线灯下烤干，以固定绒线收尾处，随后再用剪线钳把花杆剪至合适的长度。

22　用圆嘴钳把花杆弯折至 90° ，涂上 UV 胶后粘上圆形托盘胸针配件，再放在紫外线灯下烤干固定。

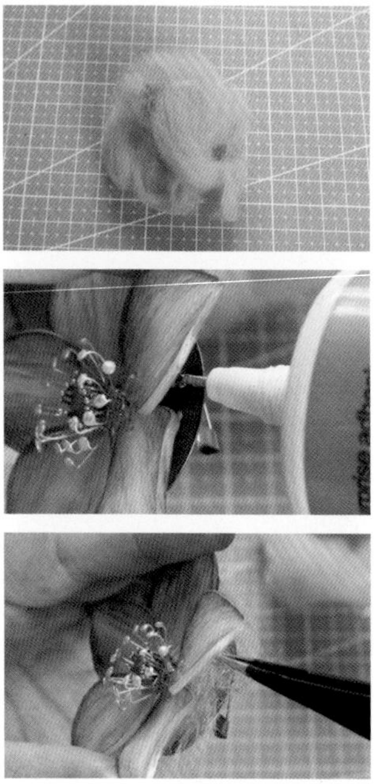

23　拿出绿色羊毛，备用。在花朵底部、胸针背面涂上手工胶，用镊子把羊毛塞入花朵与胸针配件之间的空隙。

24　用戳针把羊毛戳刺平整，至此，完成铁筷子胸针的制作。

发梳

发梳的主体配件呈梳子状，可以看作是在梳子上添加装饰的一种饰品。发梳饰品的主体配件样式丰富，常见的有四齿、七齿、十齿等，且各自有大小差别。

选择花卉的思路

对于制作发梳所选用的花卉类型，要结合使用的发梳主体配件的样式去考虑哪些花型以及花型大小是适宜的。

花型选择

制作发梳这类饰品时，可以选择花瓣多且花型饱满的花卉，比如芍药、牡丹、牵牛花、绣线菊等；或者选择簇状的花枝。下图展示了牵牛花发梳与婆婆纳发梳。因此，在发梳饰品的制作中，是使用饱满的单支花朵还是簇状的花枝，就看各自的喜好了，大家可以都尝试一下。

牵牛花发梳

婆婆纳发梳

花型大小

一般来说，选用的花型要比发梳主体配件的宽度要宽一些，使其能遮挡住饰品主体配件的顶部，让发梳整体保持和谐。另外，当使用多朵或多种花时，花型的大小要有变化，突出主体花朵，做出饰品的层次感。比如，下图展示的成品，就有大小差异的效果设计。

芍药发梳

栀子蓝雪花发梳

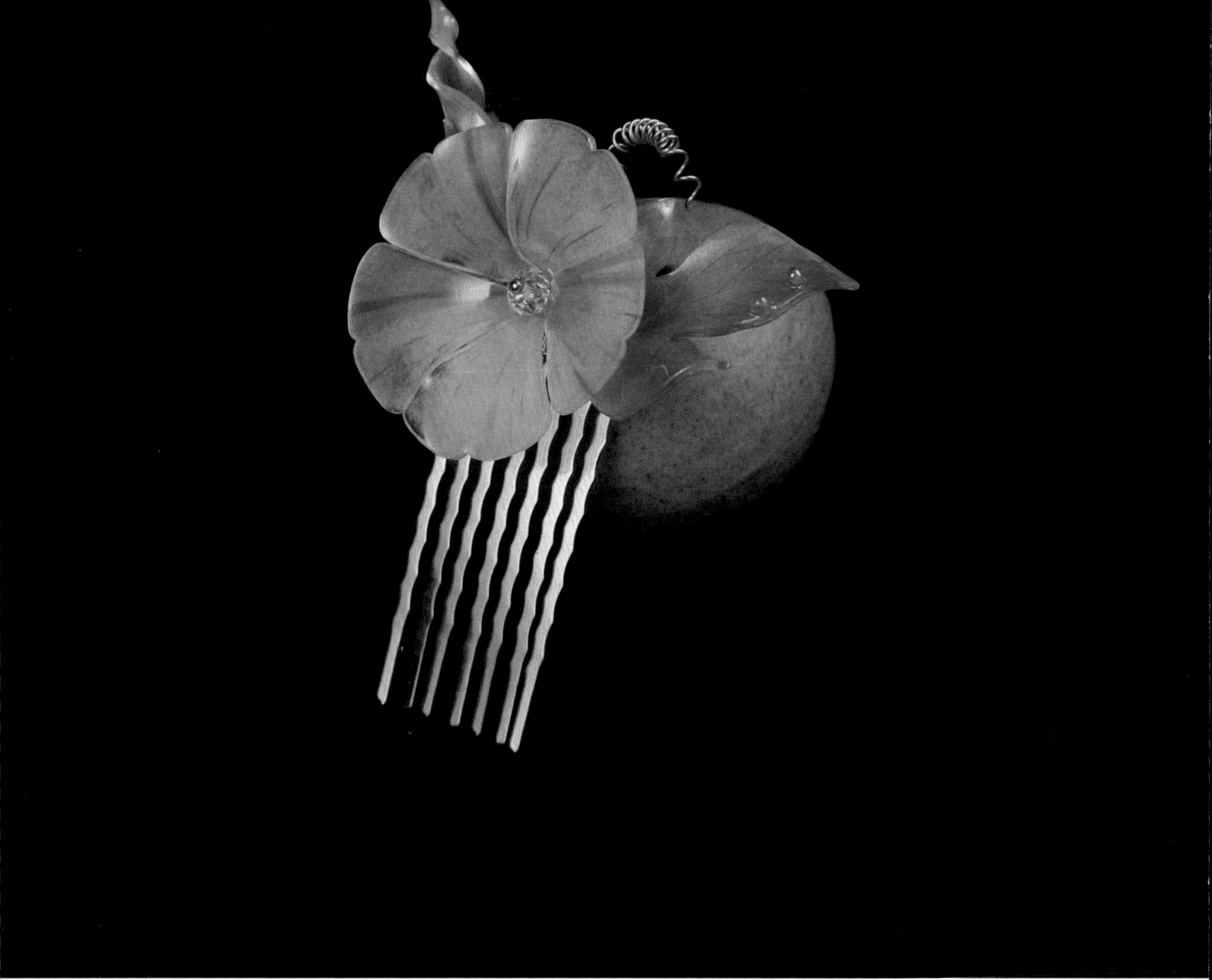

牵牛花发梳

牵牛花，花朵造型与喇叭类似，因此也叫喇叭花。其品种众多，有蓝色、绯红色、桃色、紫色等纯色花色，也有混色花色，是常见的观赏性植物。注意，牵牛花的花瓣形似三角形，叶片呈三裂状，叶片底部为心形。

所用工具与材料

- 半透明热缩片
- 彩铅
- 剪刀
- 3mm 打孔器
- 刻刀
- 马克笔
- 珠光粉
- 棉团
- 热风枪
- 锥子
- UV胶
- 紫外线灯
- 金属线
- 车轮切面珠
- 气泡珠
- 球针
- 七齿发梳
- 剪线钳
- 圆嘴钳
- 镊子
- 手工垫板

制作

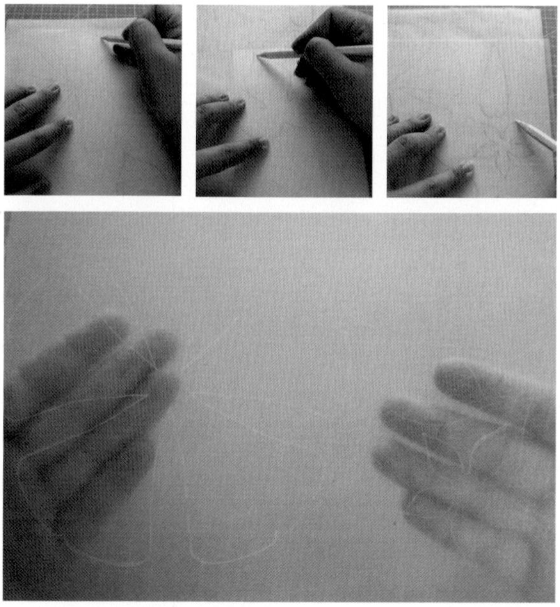

1　用白色彩铅在半透明热缩片上分别描出牵牛花花瓣、叶子、花苞、萼片的图样。

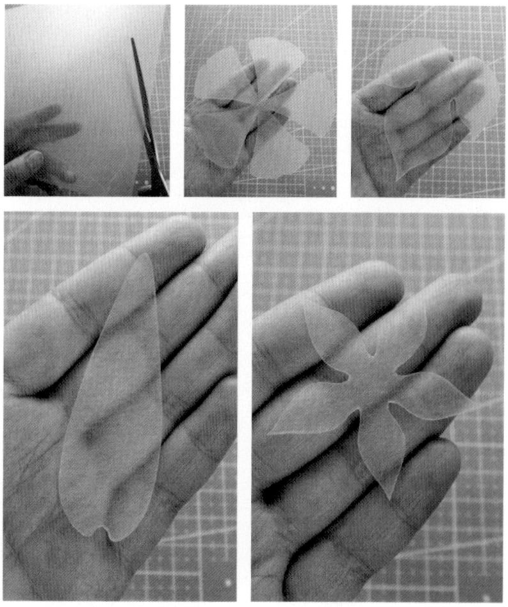

2　用剪刀剪下半透明热缩片上的图样。

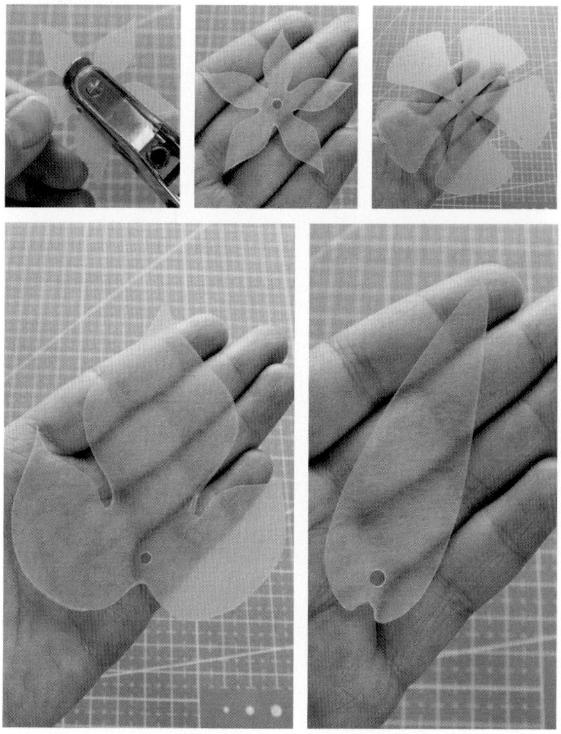

3　用 3mm 打孔器在萼片和花瓣的中心打孔，在叶子和花苞的底部中心打孔。

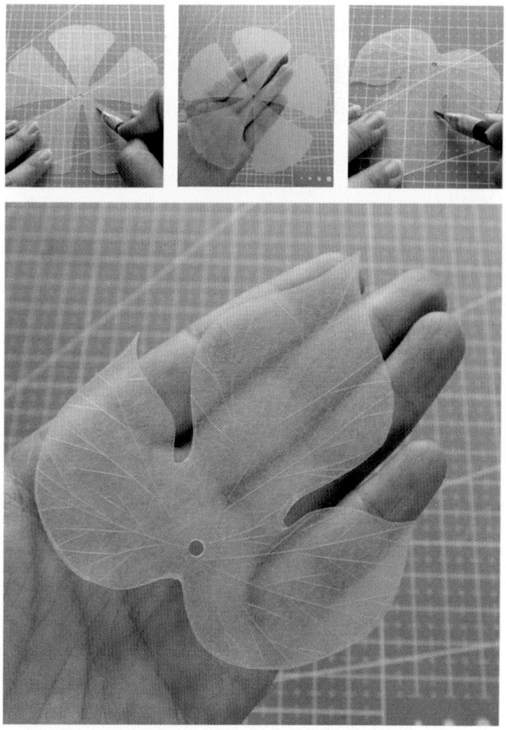

4　用刻刀分别划出花瓣和叶子上的植物纹路。

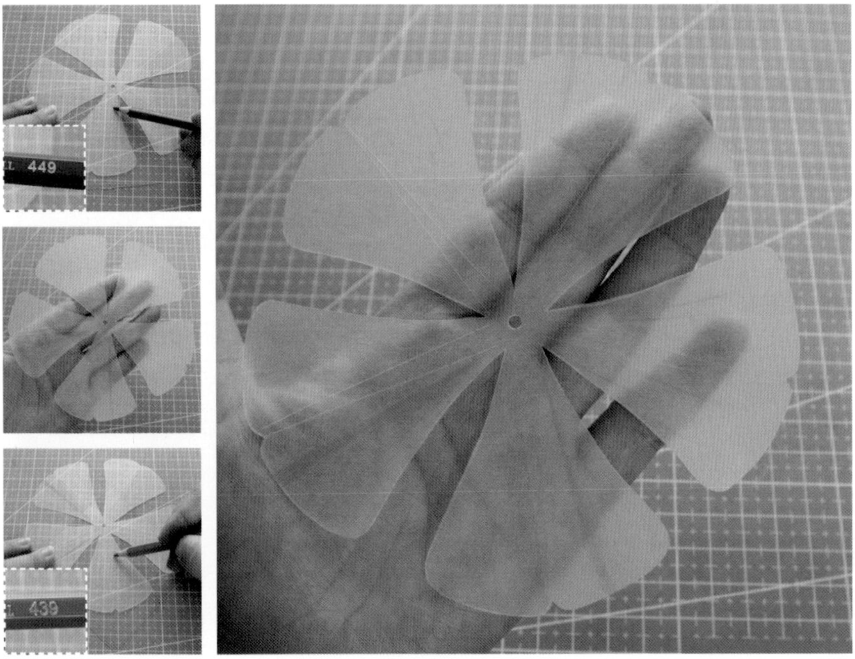

5　用蓝色和紫色彩铅分别勾画出花瓣上的色彩效果，并加深纹理颜色。

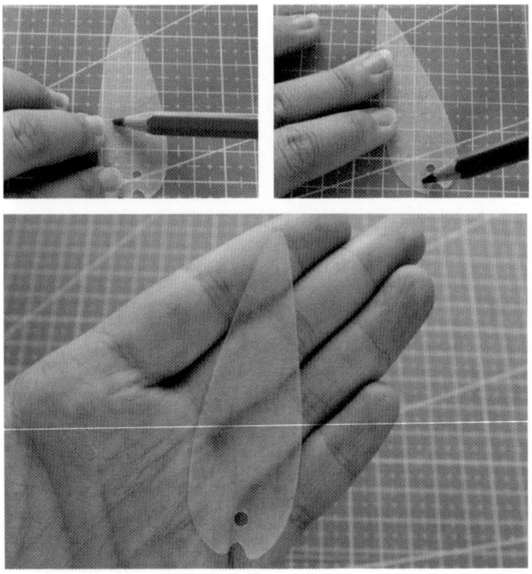

6　用同样的蓝色和紫色彩铅勾画出花苞上的色彩和纹理效果。

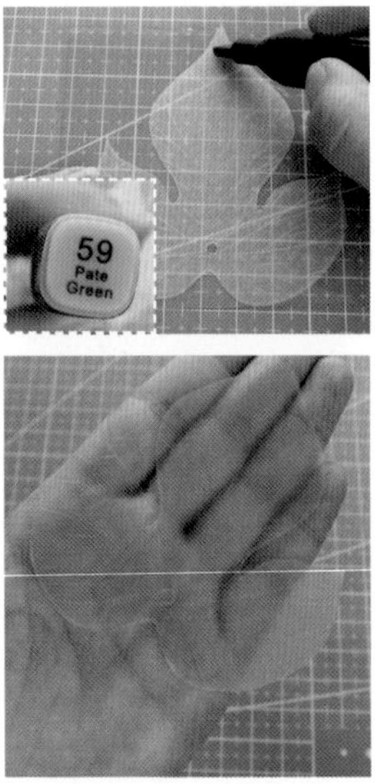

7　用绿色马克笔给叶片上一层底色。

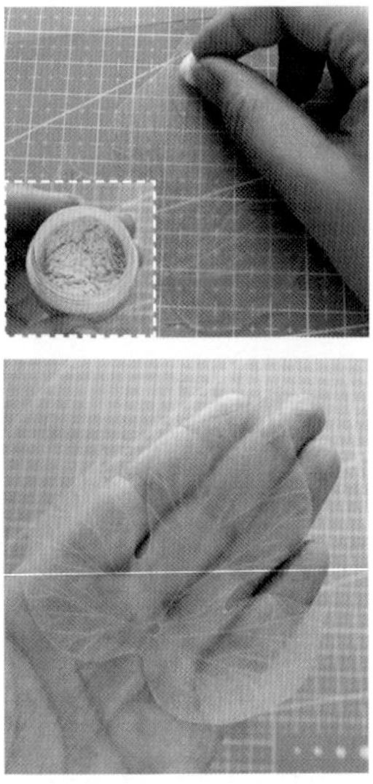

8　用棉团蘸取少量黄色珠光粉晕染叶片顶部。

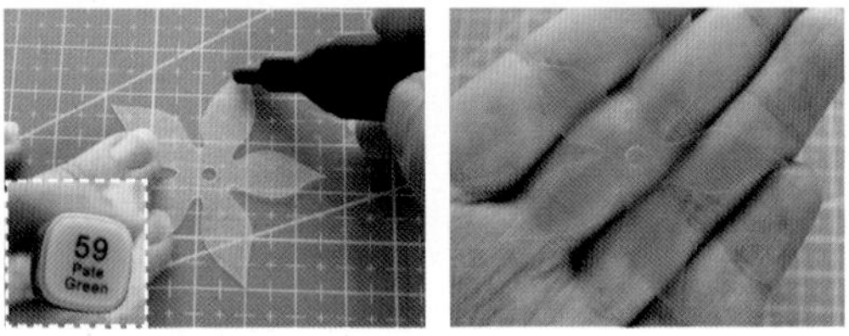

9　用绿色马克笔给萼片上色。

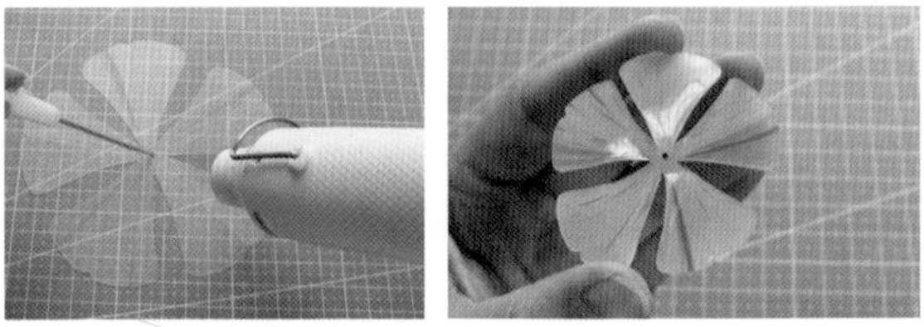

10　在用锥子把花片固定在手工垫板上后用热风枪加热，让花片热缩。

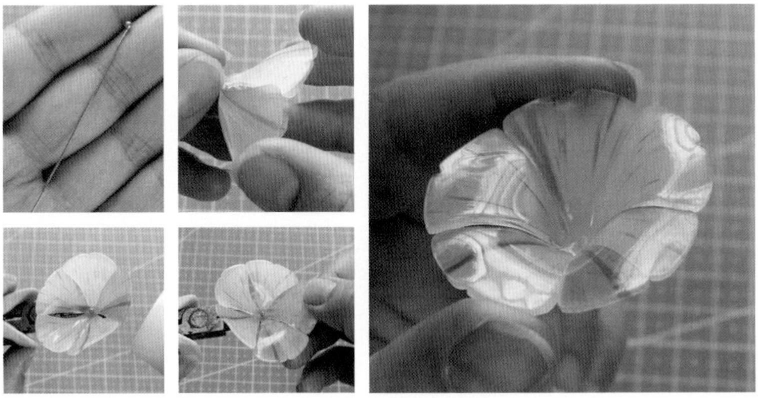

11　给热缩后的花片穿入球针，用圆嘴钳夹住花片底部，然后继续用热风枪加热花片，随后用手调整花片的形状做出牵牛花花朵的造型。

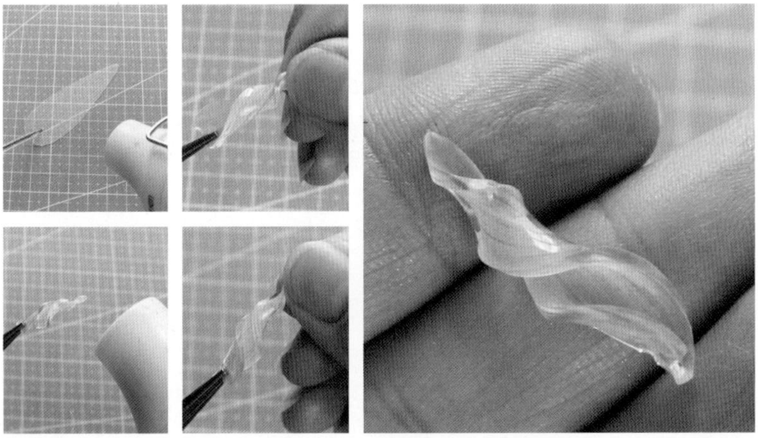

12　用锥子把花苞固定在手工垫板上，然后用热风枪加热花苞，待花苞热缩后利用圆嘴钳夹住花苞，用手把花苞扭成螺旋状。

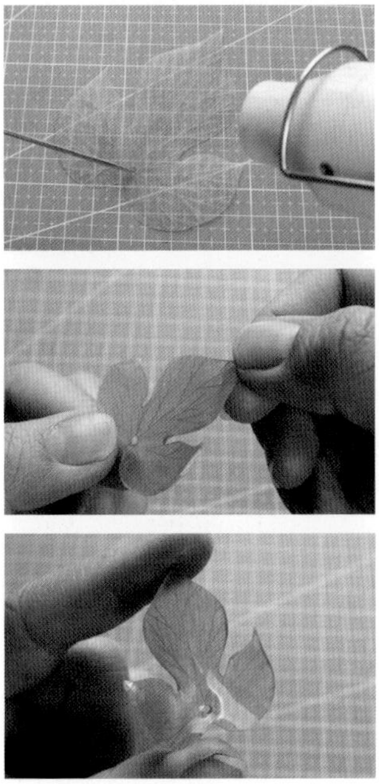

13　用锥子把叶片固定在手工垫板上，然后用热风枪加热，并用手调整叶片的形状。

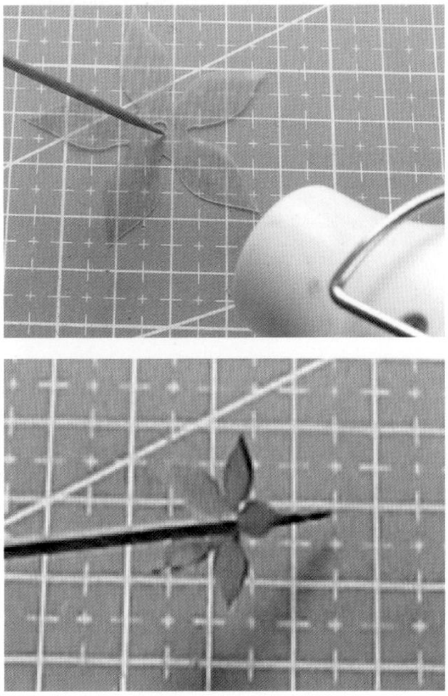

14　用锥子把萼片固定在手工垫板上，然后用热风枪加热，让萼片热缩。

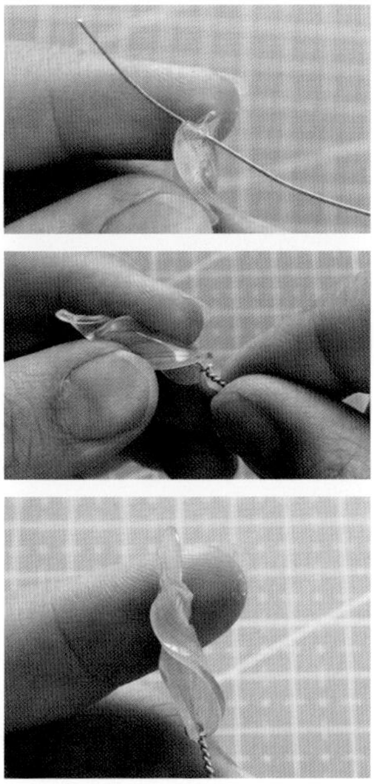

15　将 0.6mm 的金属线从孔中穿过花苞，并扭紧固定。

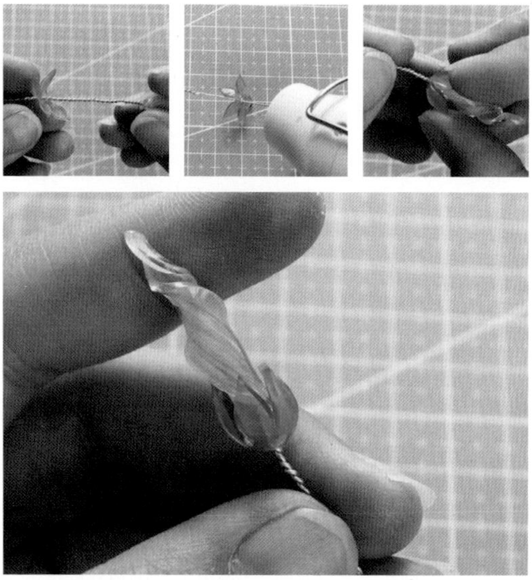

16　在穿入花苞的金属线上穿入萼片，再用热风枪加热萼片，用手调整萼片的形状使其包裹住花苞底部。

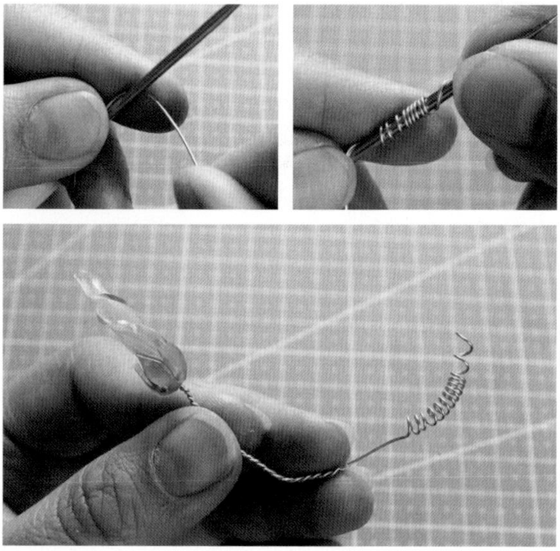

17　将花苞上剩余的金属线用锥子绕成弹簧状。

18　给叶片穿入 0.3mm 金属线，并把金属线扭成麻花状以固定叶片。

19　将球针穿入车轮切面珠再穿入牵牛花的花瓣，接着在花瓣底部涂上 UV 胶，并放入紫外线灯下烤干固定。

20　准备一片叶子、一个花苞、一朵牵牛花以及一个七齿发梳。

21　把花苞和叶子等部件依次缠绕捆绑在七齿发梳的顶端，用剪线钳剪去线头。

22　在发梳顶端的中心位置处缠上一朵牵牛花，并剪去线头。

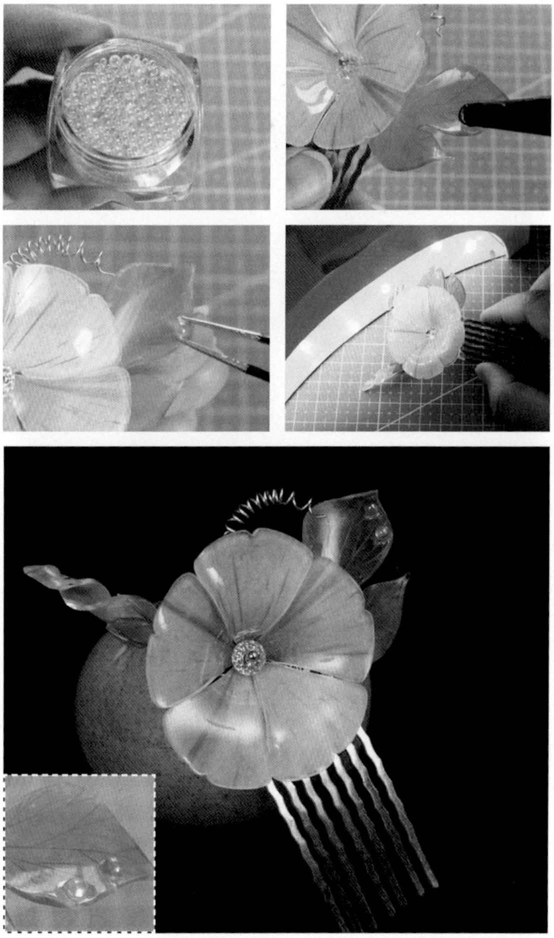

23　在叶子上涂上 UV 胶，然后用镊子将气泡珠放在叶子上并用紫外线灯烤干，做出露珠效果。至此，牵牛花发梳制作完成。

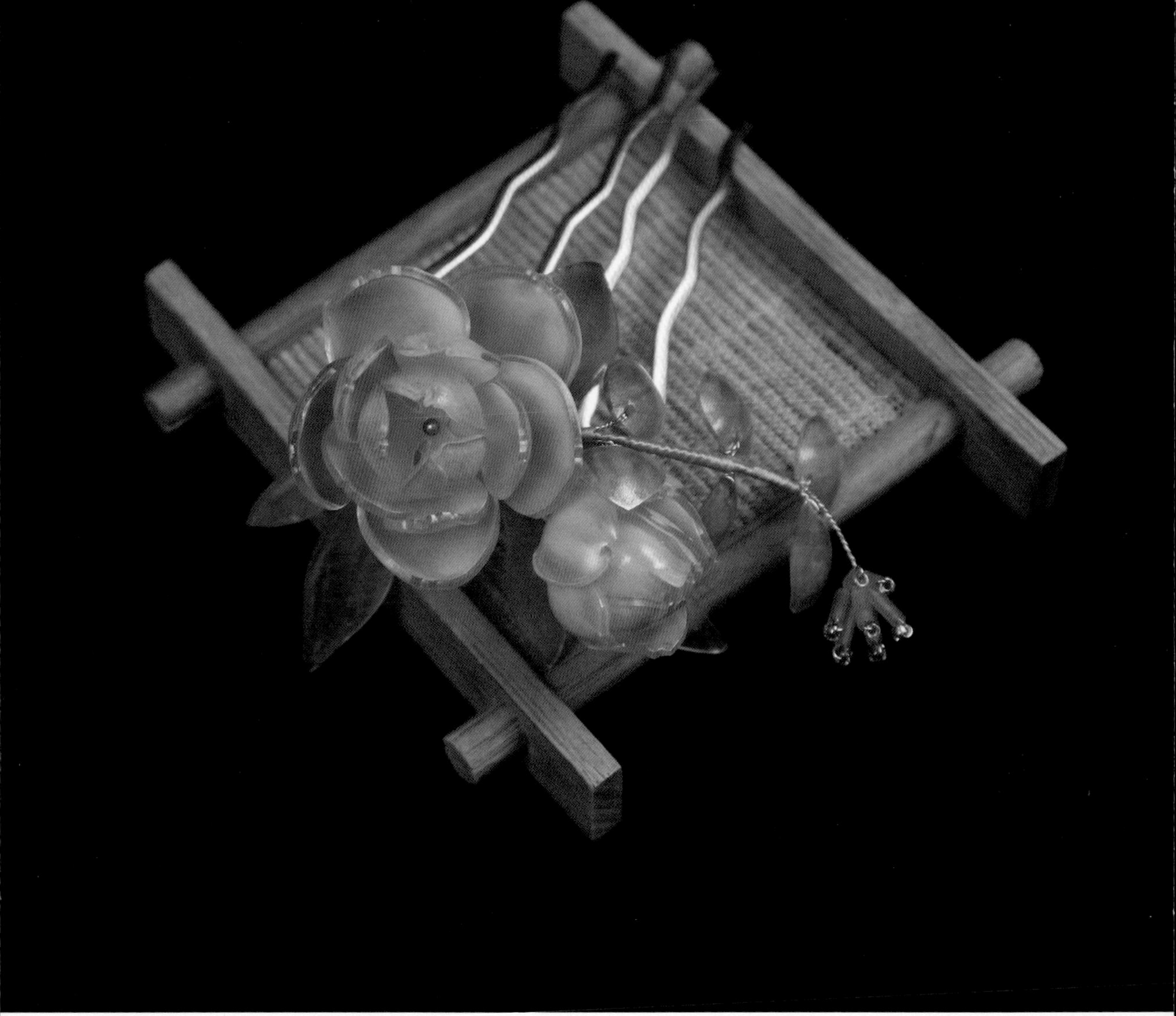

芍药发梳

芍药，十大名花之一，具有较高的观赏价值。其花色丰富多样，有白色、粉色、红色、紫色、黄色、绿色、黑色等。本案例制作的芍药发梳选用了粉色芍药作为饰品设计元素。

所用工具与材料

- 半透明热缩片
- 紫外线灯
- 彩铅
- 金属线
- 剪刀
- 球针
- 3mm 打孔器
- 圆叶玉荷包叶枝配饰
- 马克笔
- 四齿发梳
- 色粉
- 剪线钳
- 棉团
- 圆嘴钳
- 热风枪
- 浅绿色绒线
- 锥子
- 手工垫板
- 丸棒
- 海绵垫
- UV 胶

制作

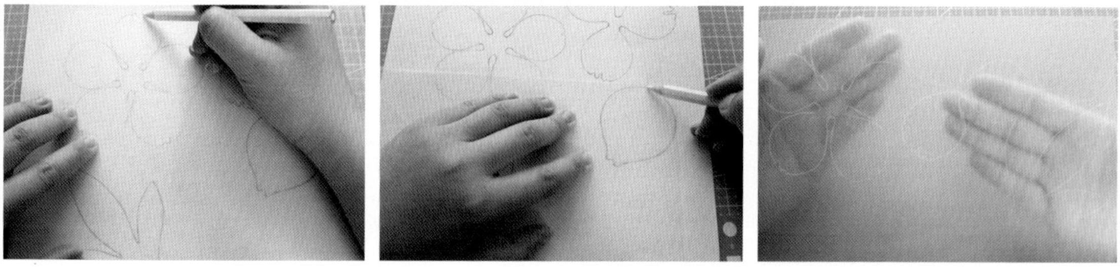

1　用白色彩铅在半透明热缩片上分别描出芍药的内层多片花瓣的两个图样以及叶片、外层单片花瓣的图样。

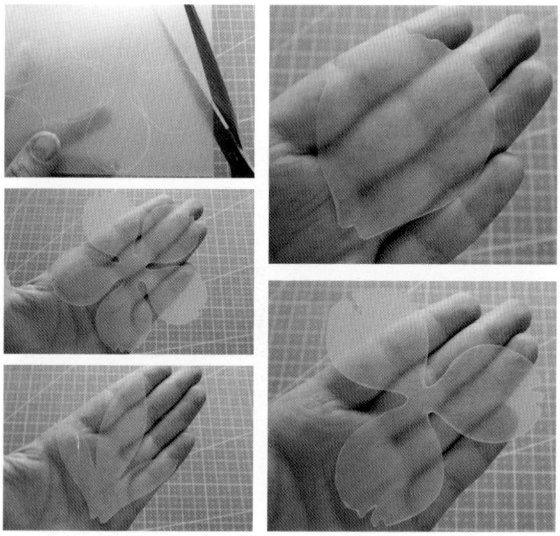

2　用剪刀一一剪下制作芍药需要的图样。

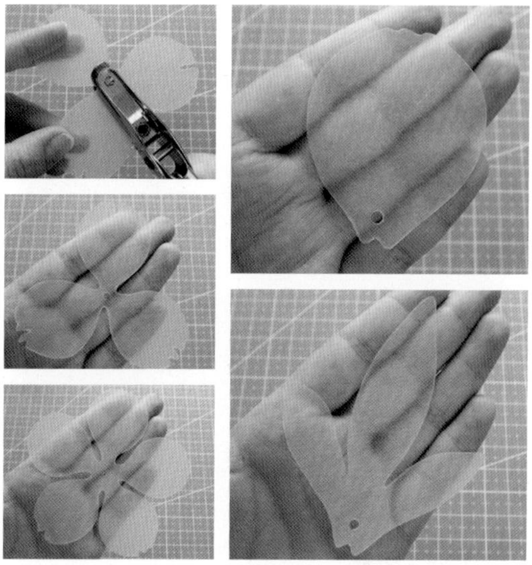

3　用 3mm 打孔器分别在两个内层花瓣花片的中心打孔，在外层花瓣花片和叶片的底部中心打孔。

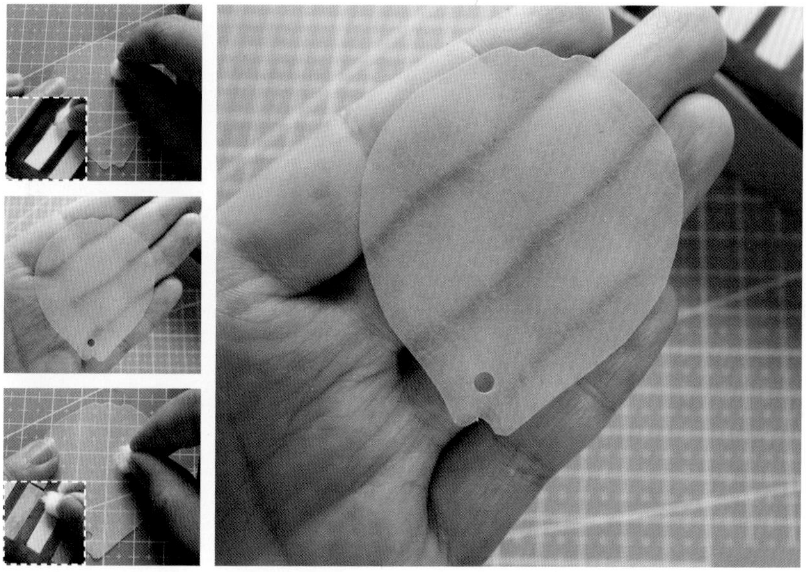

4　用棉团分别蘸取少量白色和浅粉色色粉，依次涂在外层花瓣花片的中间。

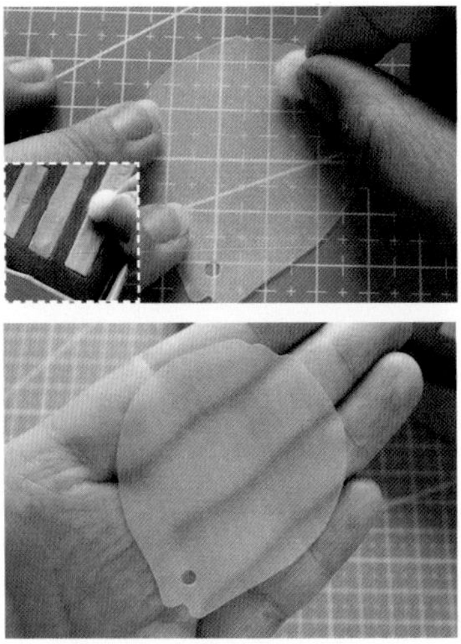

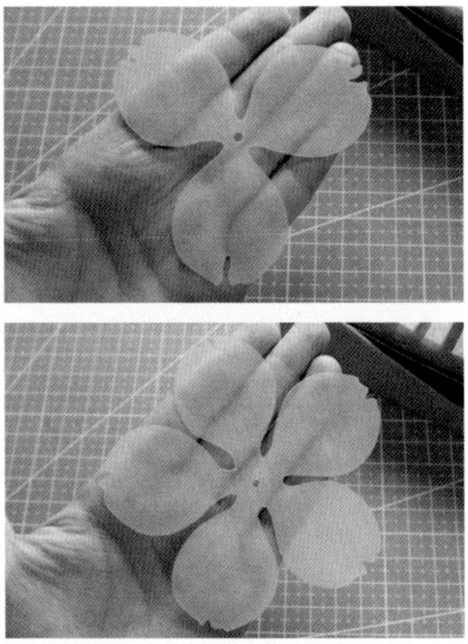

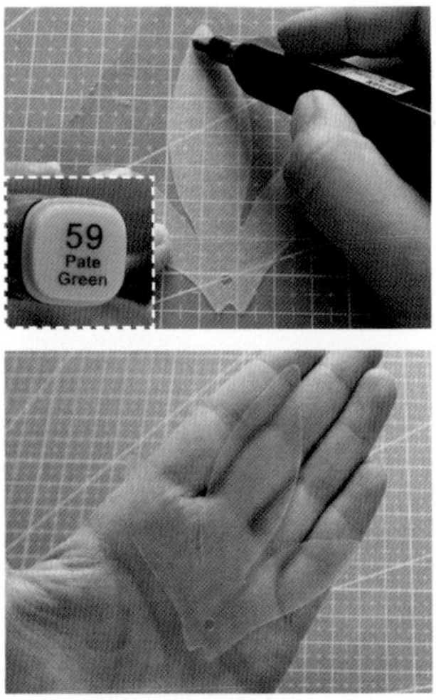

5　用棉团蘸取少量深粉色色粉，在外层花瓣花片的边缘晕染。

6　用与外层花瓣花片相同的上色方法与色粉颜色，给内层花瓣花片上色。

7　用绿色马克笔给叶片上色。

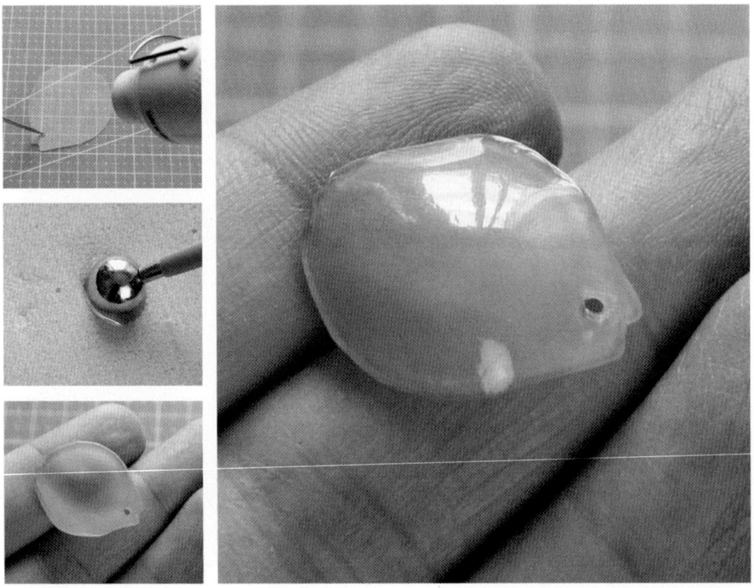

8　用锥子把外层花瓣花片固定在手工垫板上，然后用热风枪加热使花片热缩，热缩后将花片放在海绵垫上利用丸棒给花片塑形，做出芍药外层花瓣的造型。

9　用同样的方法热缩内层花瓣花片，用丸棒和圆嘴钳给花瓣塑形。由于制作的是还未完全开放的芍药（带有花苞），因此在用丸棒塑形后需要用手将花瓣合拢。

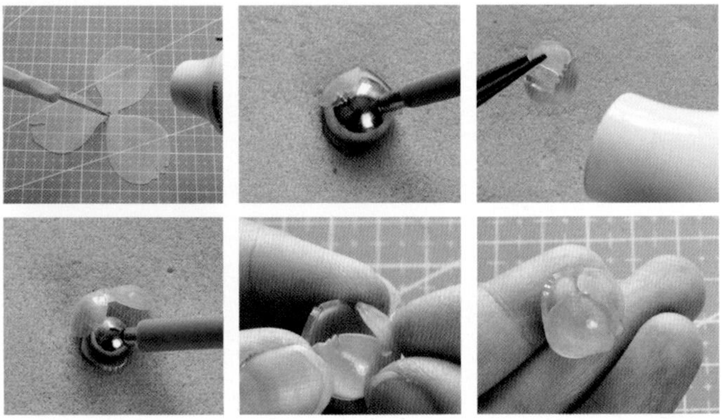

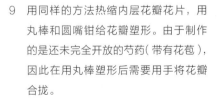

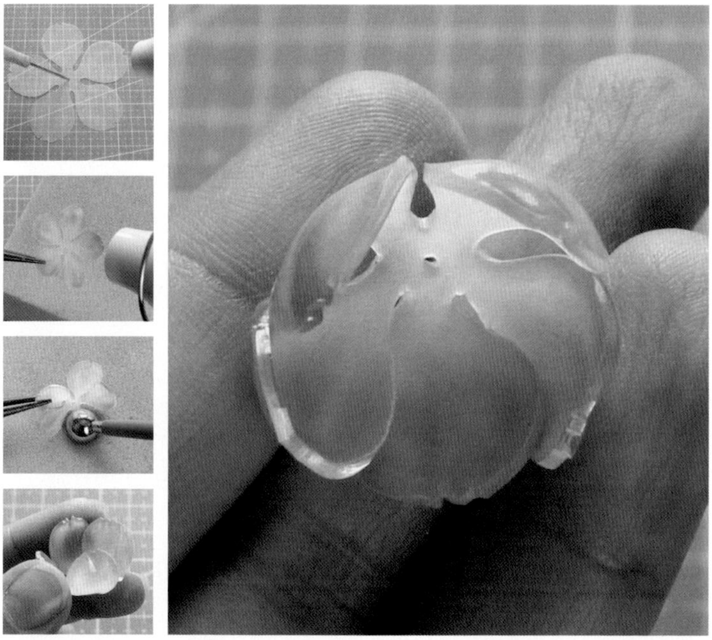

10　用相同的方法热缩另一个内层花瓣花片，用丸棒和圆嘴钳辅助塑形，做出芍药中间的那层花瓣。

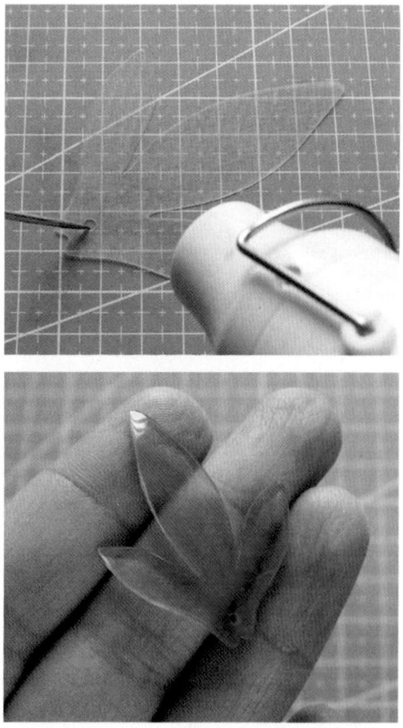

11　热缩叶片，注意把握叶片的形态。

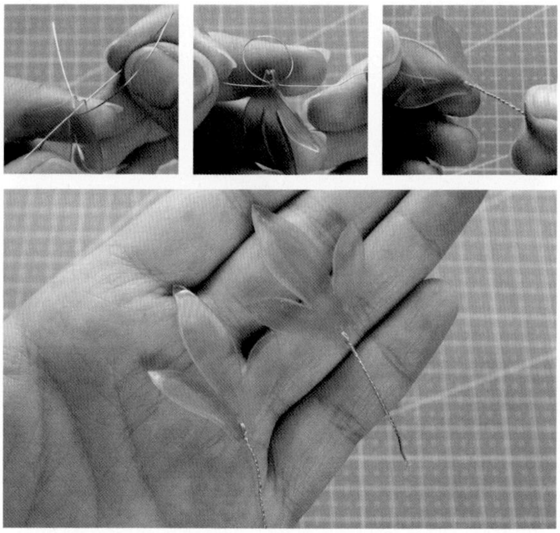

12　给叶片穿入金属线，以扭麻花的方式固定。用相同的方法再做出一片新的叶片。

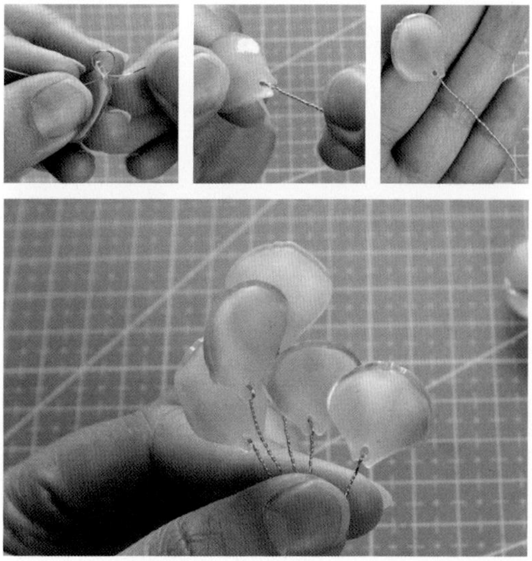

13　给外层花瓣花片穿入金属线，以扭麻花的方式固定。用相同的方法再做出另外 4 个外层花瓣花片。

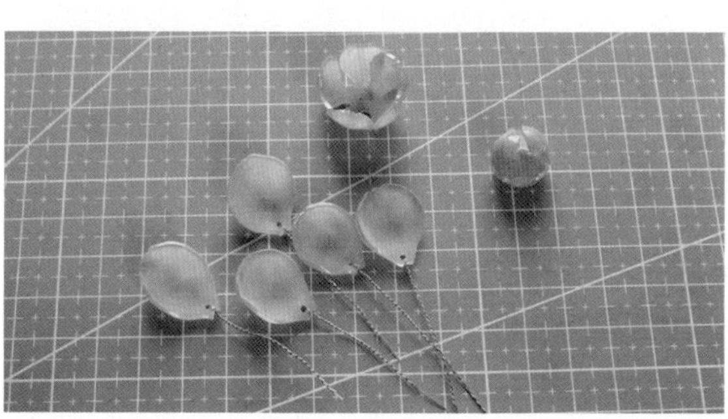

14　准备 5 个外层花瓣花片、1 个撑开的内层花瓣花片、1 个小一点的合拢的内层花瓣花片。

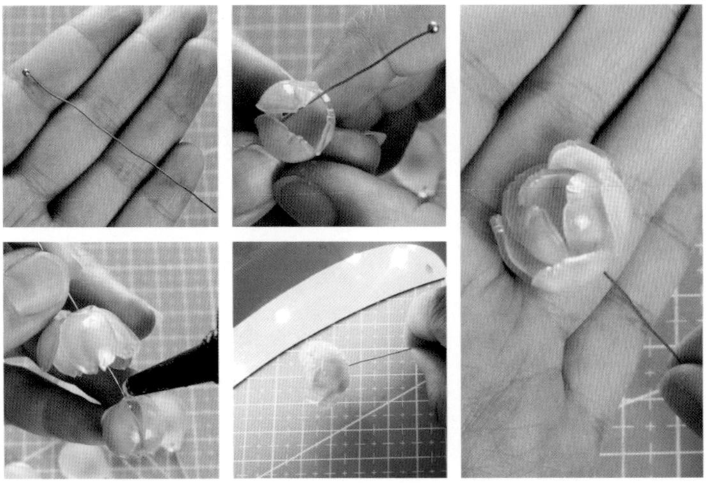

15 用球针依次穿入并粘上两个内层花瓣花片，注意花瓣之间要错开。注意：此处粘上的小一点的内层花瓣花片就是一个花苞。

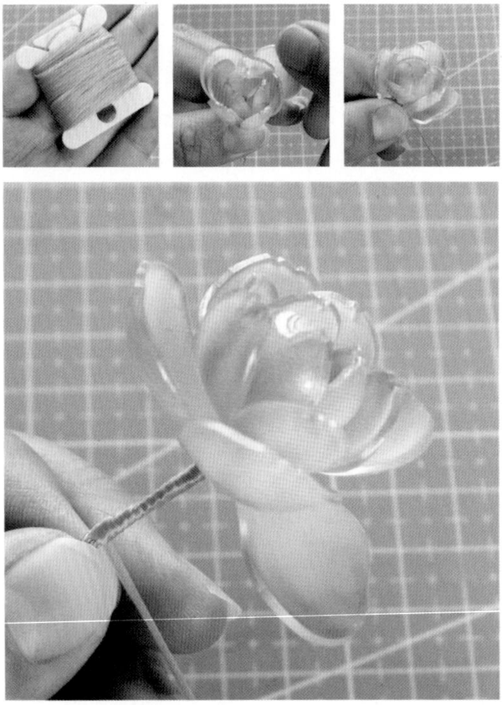

16 拿出浅绿色绒线备用。把制作的 5 个外层花瓣花片组装在内层花瓣花片外围，并用浅绿色绒线缠绕固定，做出一朵盛开中的芍药花。

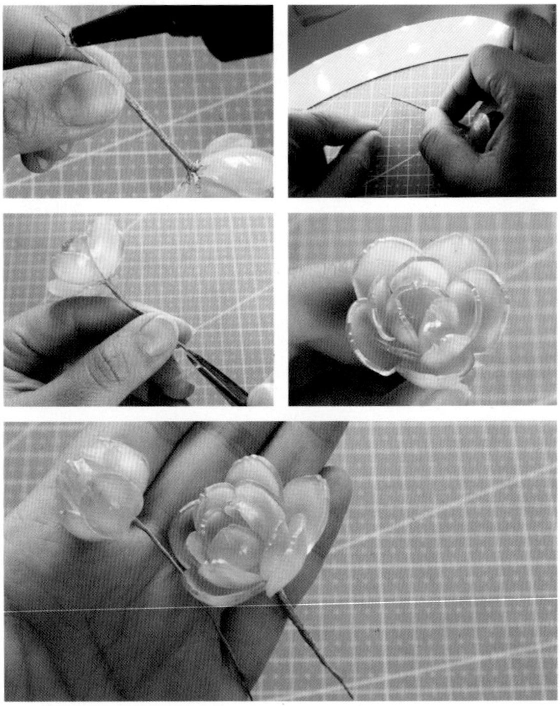

17 在绒线收尾处涂上 UV 胶，放在紫外线灯下烤干固定后，剪去线头即可。随后，用相同的方法再做出一朵小一点的芍药。

18 准备一个圆叶玉荷包叶枝配饰（此配饰的制作方法见 2.5.3 小节）、一大一小两朵芍药花、两片叶子、一个四齿发梳。

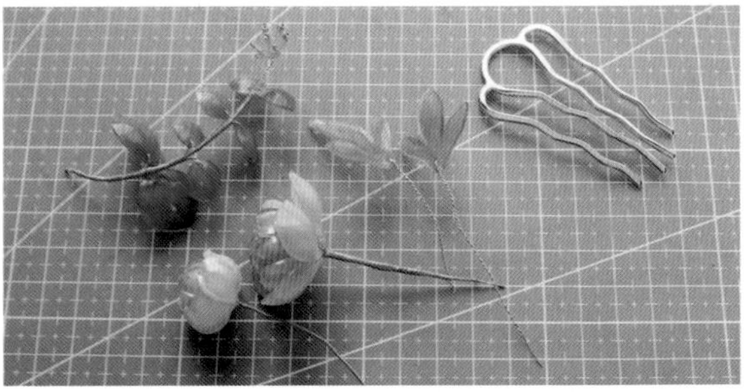

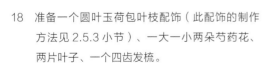

19　用浅绿色绒线把芍药花、圆叶玉荷包叶枝配饰以及叶子组合并绑在一起，注意调整造型。

20　用 UV 胶粘住绒线收尾处，再放在紫外线灯下烤干固定，接着用剪线钳把花杆修剪到合适的长度。

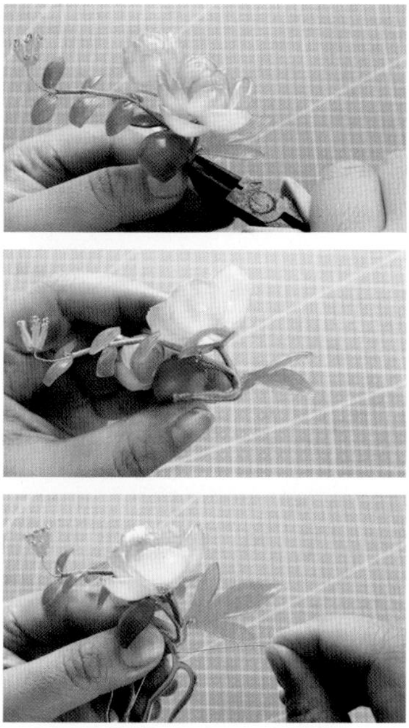

21　用圆嘴钳调整花杆的形状，让其贴合四齿发梳。

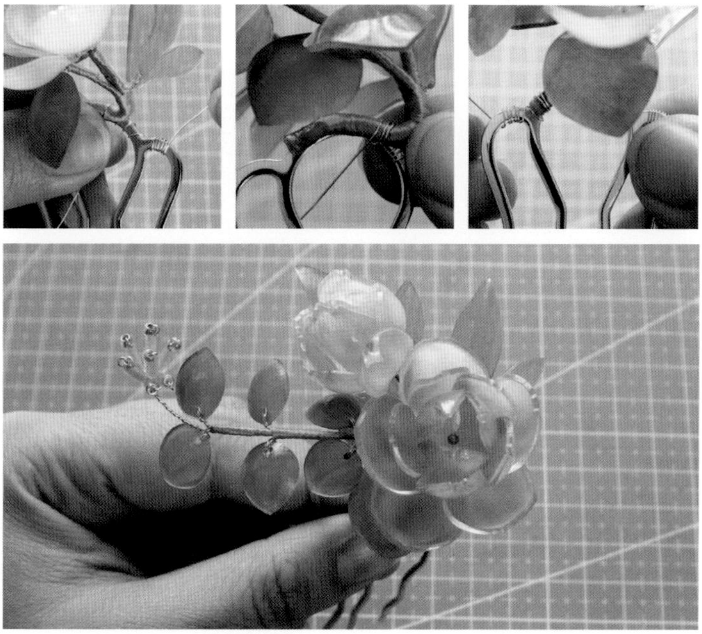

22　用金属线把花杆捆绑固定在四齿发梳上，此处一定要绑紧，以免后期松动。至此，芍药发梳制作完成。

发簪与发钗

发簪和发钗都有固定发髻的功能。发簪是发饰中最基础的饰品，而发钗则是在发簪的基础上变化而来的，由两股发簪合成。因此，它们的装饰元素是可以共用的。

选择花卉的思路

关于制作发簪与发钗的花卉选择，在花型以及大小上没有具体的要求，只需要考虑如何把握做出的成品效果。

花型选择

由下面的成品展示图可知，发簪和发钗在花型选择上较为自由，只要是具有较强观赏性的花型则都可以使用，建议大家多去尝试，感受不同花型在发簪和发钗上各自呈现出的效果。

吊金钟发簪

山茶花发钗

杏花簪

花型大小

用来制作发簪与发钗的花型可大可小，花瓣数量可多可少。在下面的发钗与发簪的成品展示图中，樱花和玉兰花的花型都不大且花瓣数少，制作的发钗和发簪仍然美观精致；天竺葵花型大，且花朵数量多，制作的发簪饱满大气，更能展示出饰品的细节。

樱花发钗

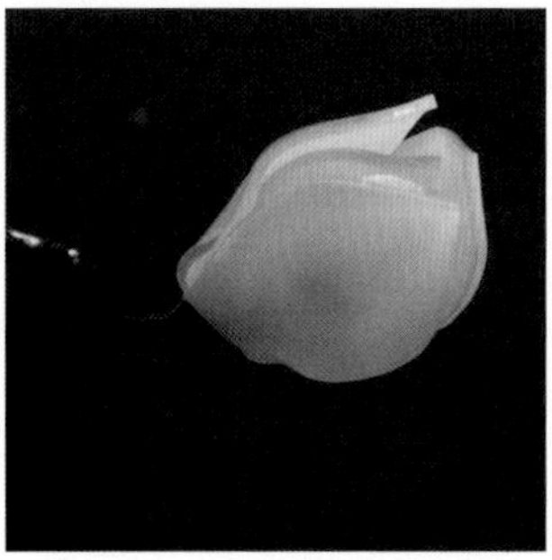
玉兰簪

天竺葵发簪

吊金钟发簪

吊金钟，也叫灯笼花，因其花朵倒挂在细长的花柄上而得名。单朵花由5片萼裂片和3片花瓣组成，花色为粉红色或红色。因吊金钟悬垂的特点，以其做成的吊盆或花瀑都有极高的观赏性。

所用工具与材料

- 半透明热缩片
- 彩铅
- 剪刀
- 3mm 打孔器
- 色粉
- 棉团
- 刻刀
- 热风枪
- 锥子
- UV胶
- 紫外线灯
- 金属线
- 球针
- 水滴珠
- 绿色南瓜珠
- 银色金属米珠
- 簪棍
- 剪线钳
- 圆嘴钳
- 手工垫板

制作

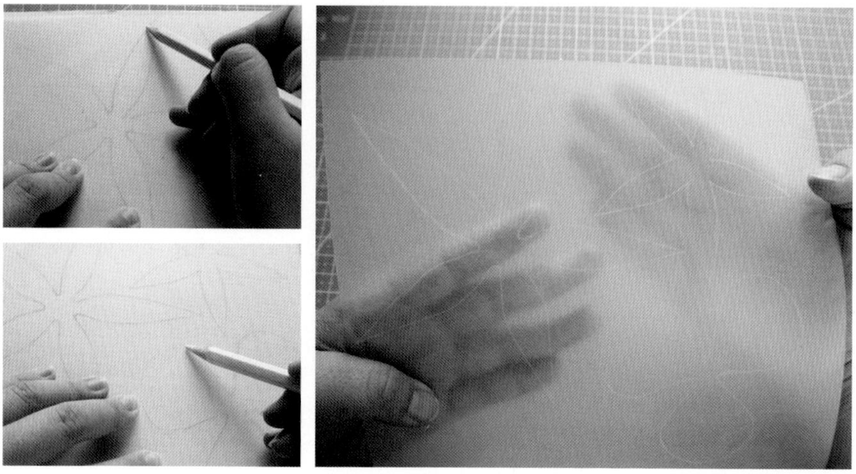

1 用白色彩铅在半透明热缩片上分别描出吊金钟的花苞、萼裂片、花瓣的花型图样。

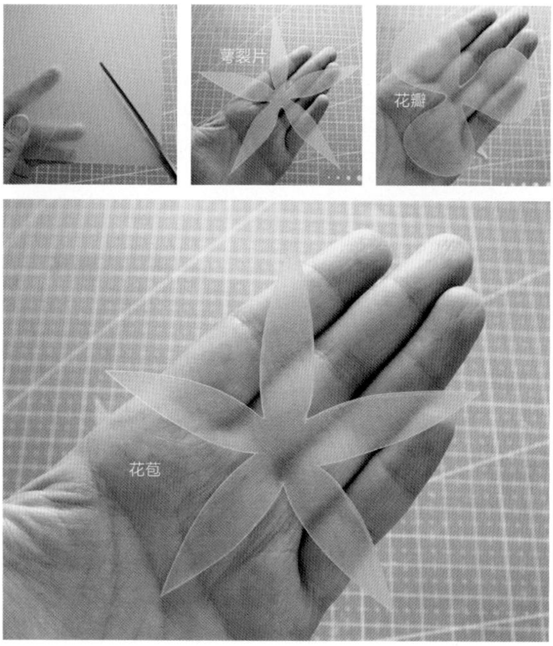

2 用剪刀剪下萼裂片、花瓣以及花苞的花型图样。

3 用 3mm 打孔器分别在各个花片的中心打孔。

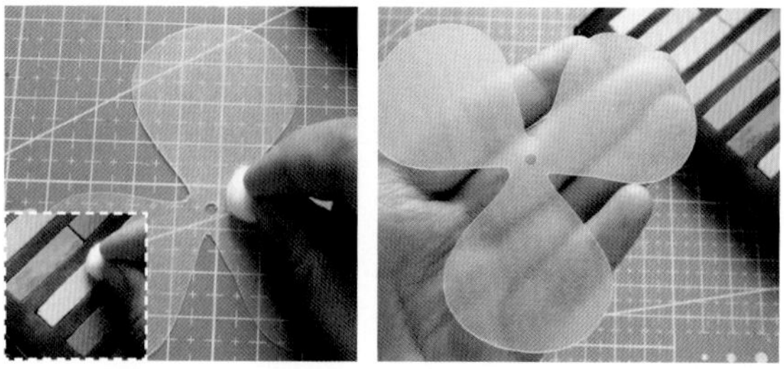

4 用棉团蘸取浅粉色色粉，由花片中心向外晕染，给花瓣上色。

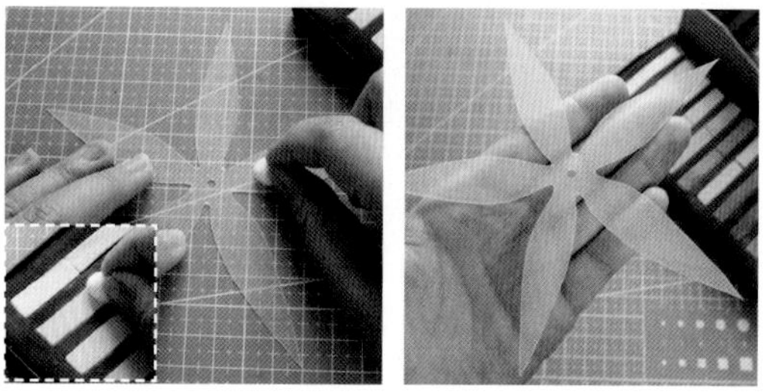

5 用棉团蘸取浅黄色色粉，给萼裂片上色。

6 用棉团蘸取浅粉色色粉，在萼裂片中心晕染上色。

7 用棉团蘸取嫩绿色色粉，在萼裂片尖部晕染上色。

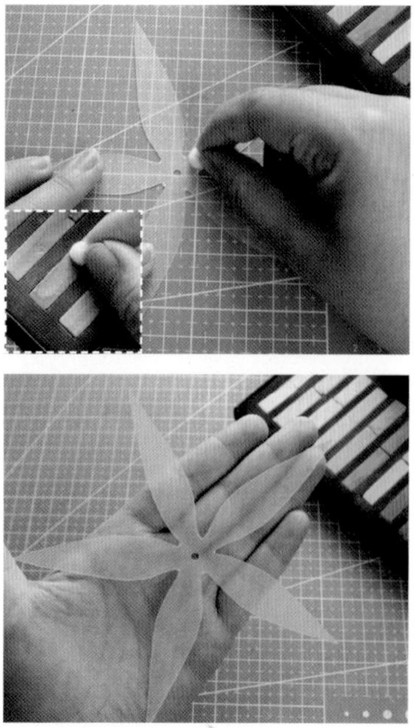

8 用棉团蘸取少量粉色色粉，从萼裂片中心向外晕染上色。

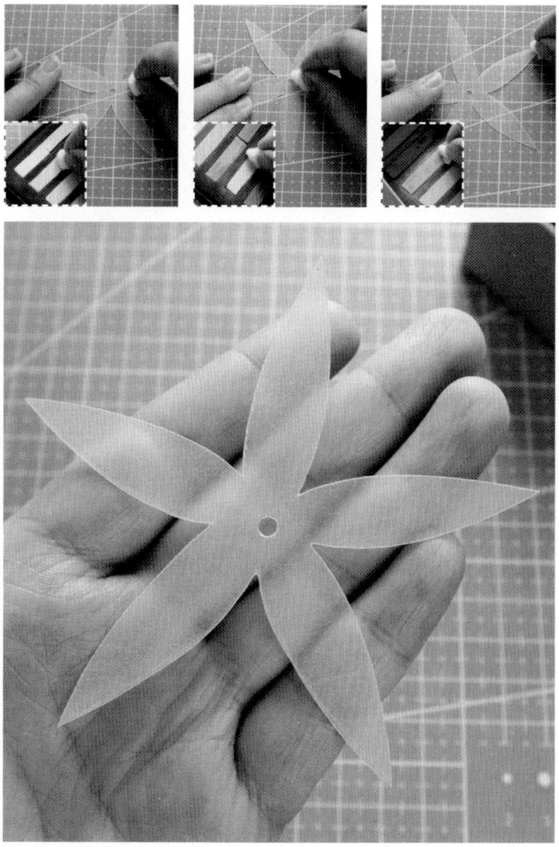

9 与给萼裂片上色的方法一样，用棉团分别蘸取浅黄色、浅粉色、嫩绿色等色粉，依次在花苞的整个花片、花片中心、花片尖部等位置晕染上色。

10 用刻刀分别在花瓣、萼裂片、花苞等花片上划出纹理。

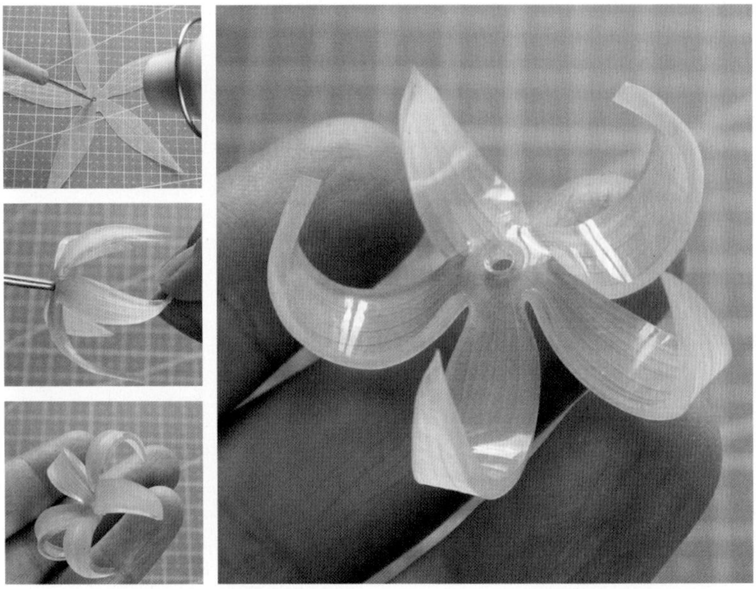

11　用锥子把萼裂片花片固定在手工垫板上，然后用热风枪加热塑形，同时用手调整吊金钟萼裂片的形状。

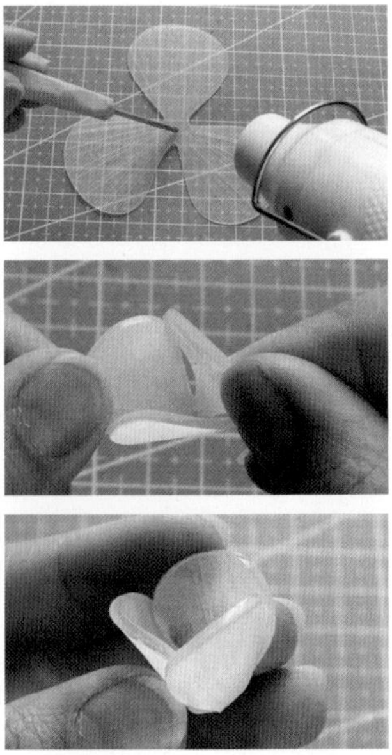

12　用同样的方法加热花瓣花片，用手调整吊金钟花瓣的造型。

13　拿出水滴珠和银色金属米珠，备用。

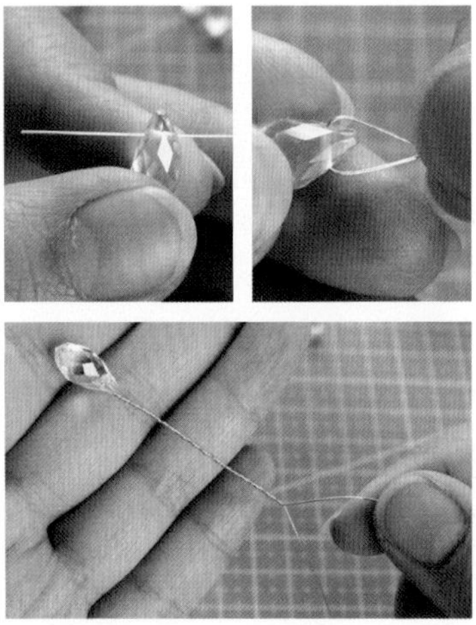

14　用金属线穿一颗水滴珠并扭紧固定。

15　将穿入水滴珠的金属线扭出一段长度后分开金属线，在其中一根金属线上穿入一颗银色金属米珠，同样扭紧固定。

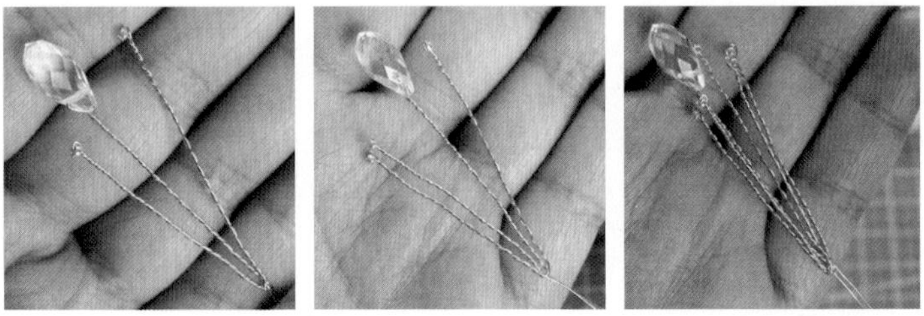

16　用同样的方法再分别穿入几颗银色金属米珠，并扭紧固定，做出花蕊配件。

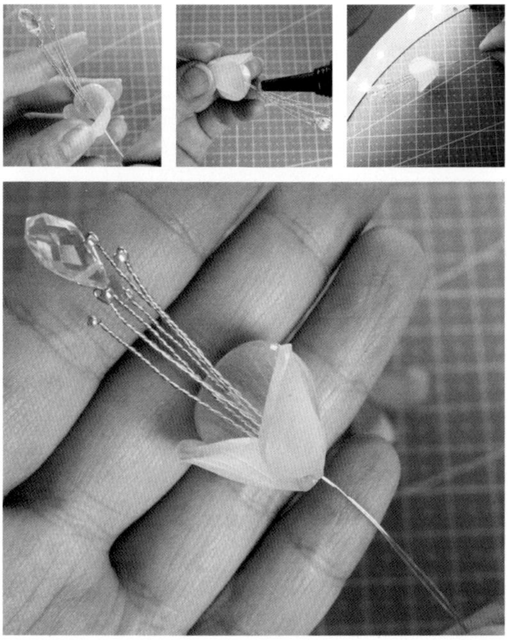

17 将花蕊配件从孔穿入花瓣花片，在结合处涂上 UV 胶并放在紫外线灯下烤干固定，做出花朵部件。

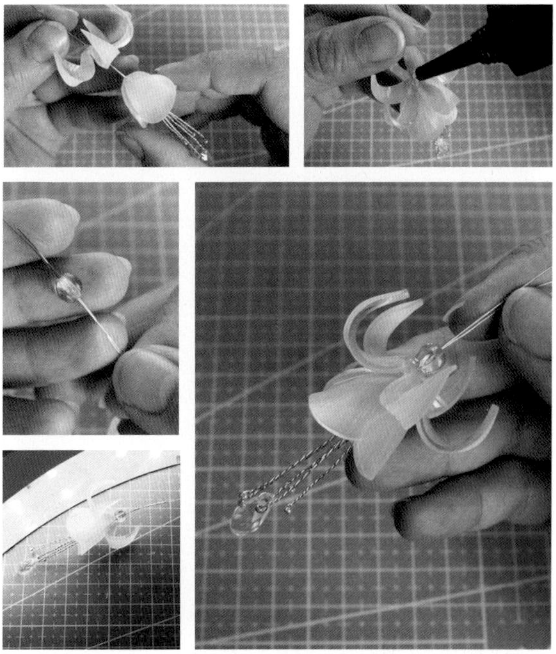

18 把花朵部件穿入外层的萼裂片中，给底部涂上 UV 胶后再穿入一颗绿色南瓜珠，然后放在紫外线灯下烤干固定。

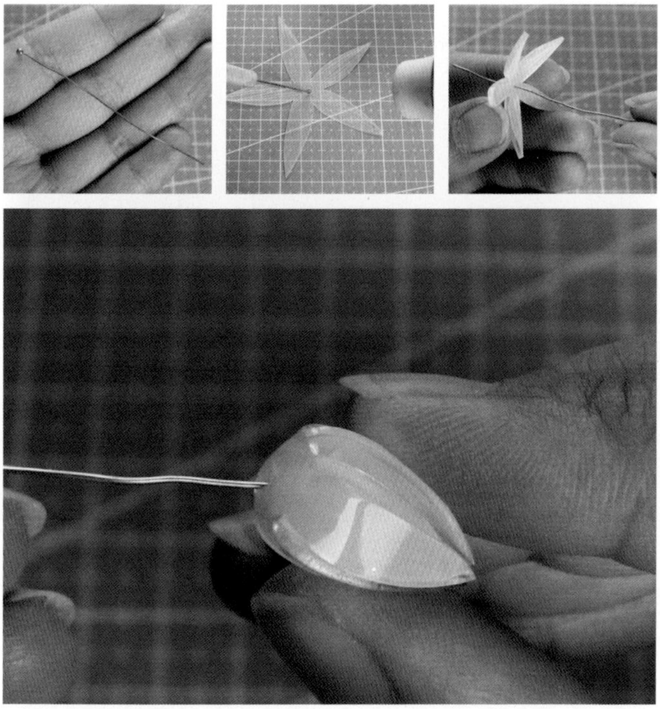

19 拿出球针备用。用锥子将花苞花片固定在手工垫板上，然后用热风枪加热，在花苞花片热缩后穿入球针，同时用手把花片合拢做出花苞。

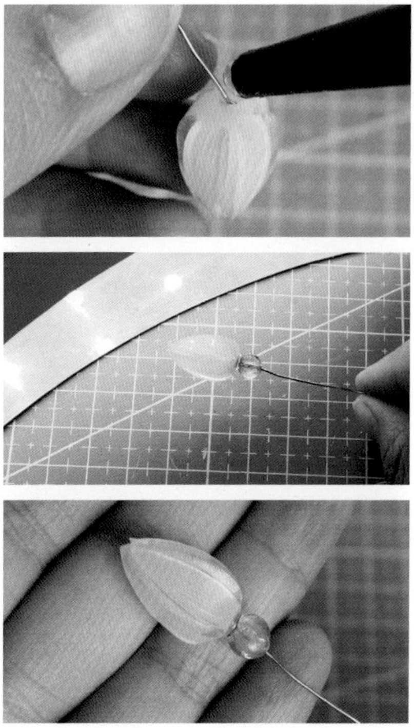

20 在花苞底部涂上 UV 胶后再穿入一颗绿色南瓜珠，然后放在紫外线灯下烤干固定。

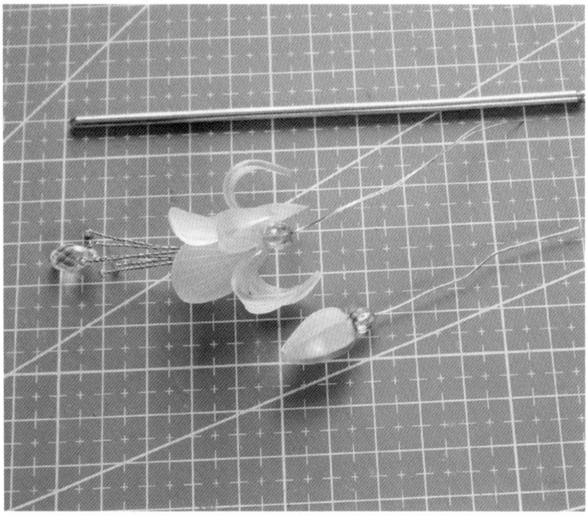

21　准备一根簪棍、一个吊金钟花部件、一个花苞部件。

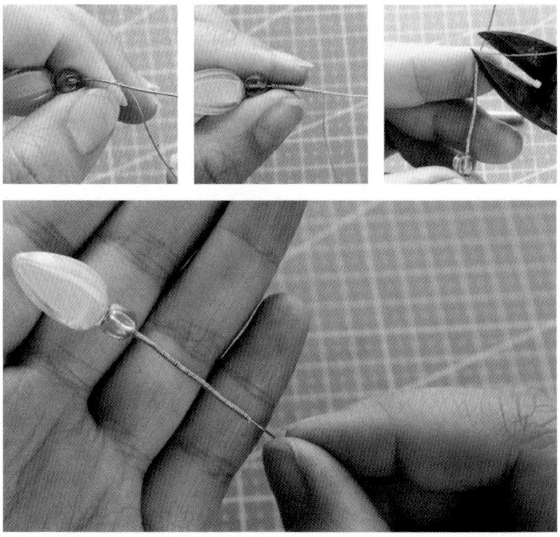

22　在花苞杆上绕金属线，绕出想要的长度后用剪线钳剪去线头。

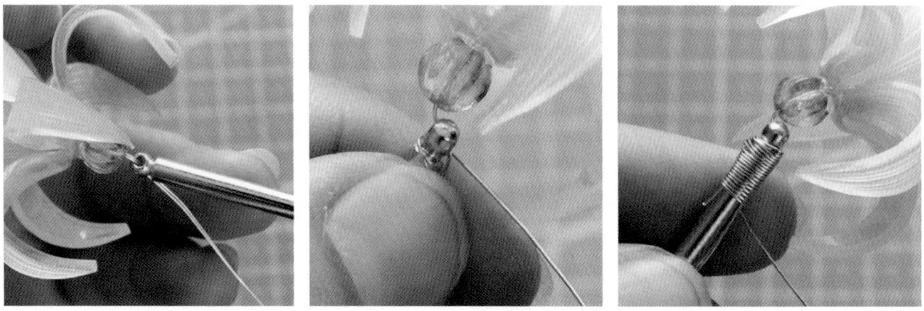

23　把吊金钟花的花杆缠绕固定在簪棍上。

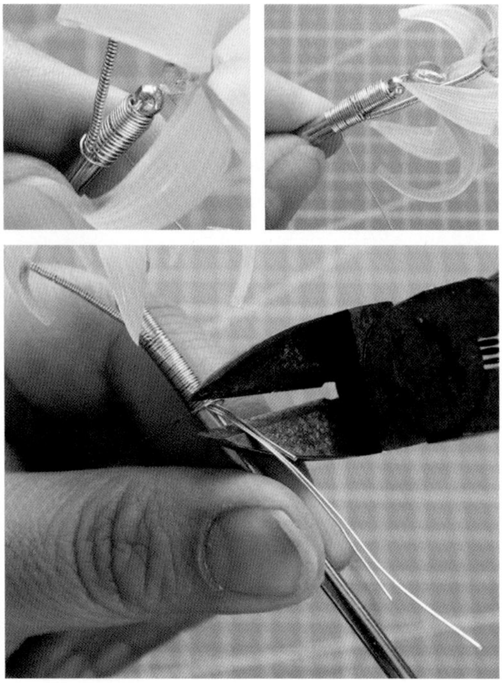

24　用金属线把花苞固定在簪棍上，用剪线钳剪去部分花苞杆。

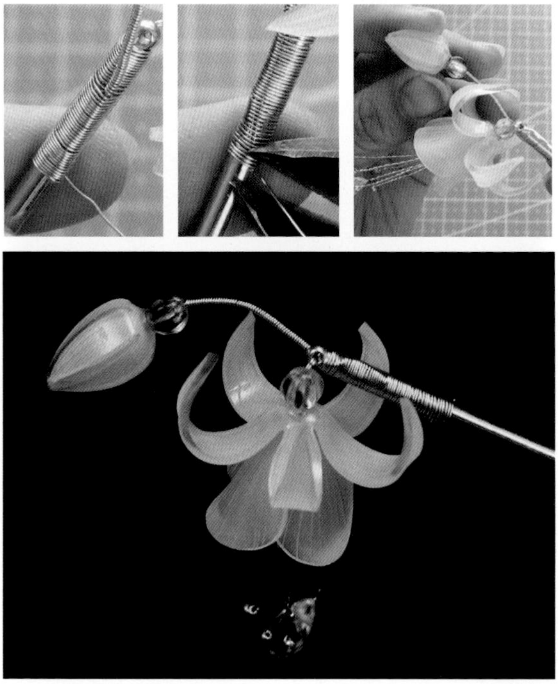

25　用金属线继续捆绑固定花杆，随后剪去线头并调整发簪的造型。至此，吊金钟发簪制作完成。

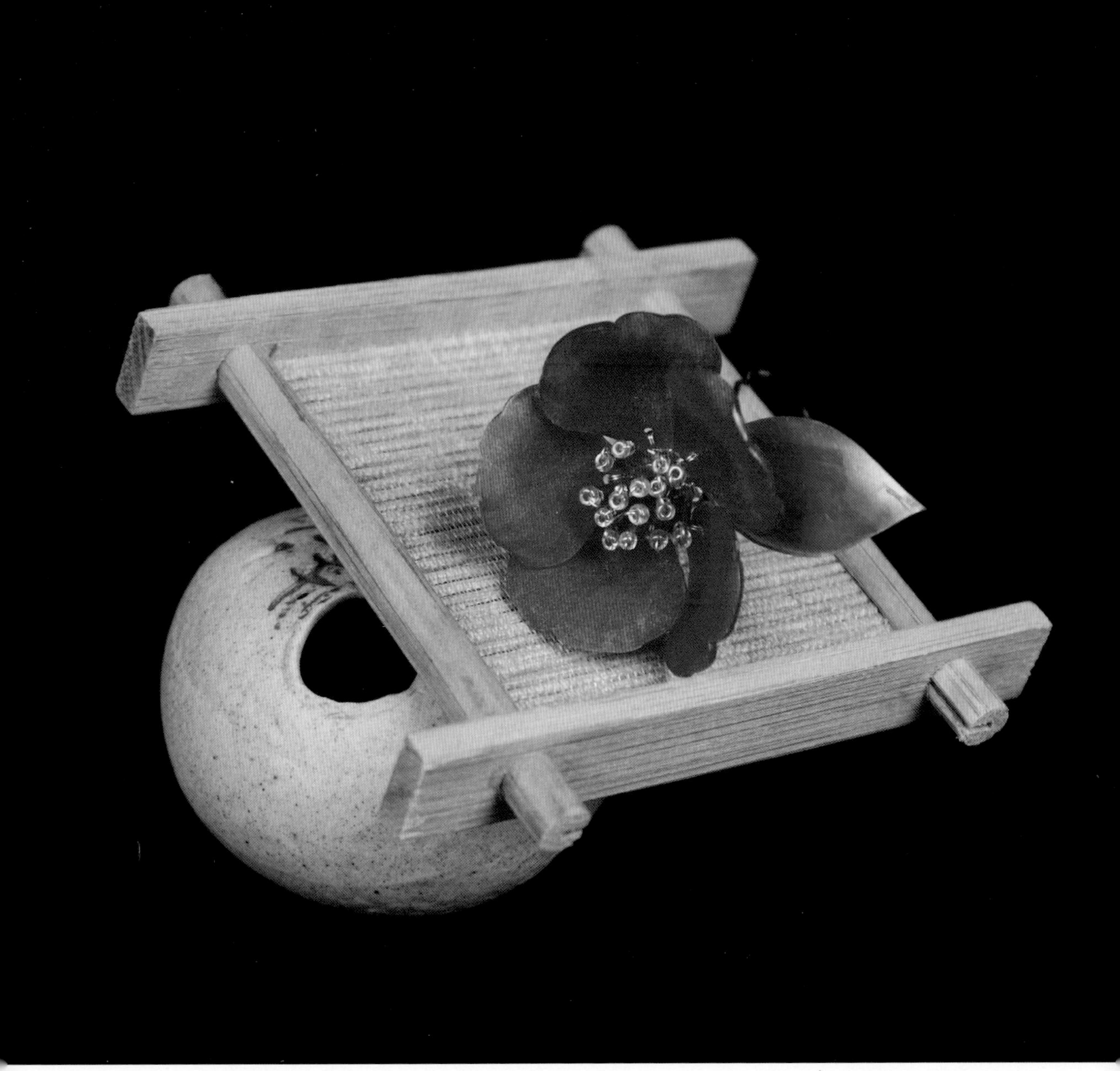

山茶花发钗

山茶花，为传统观赏花卉，品种极多，花为大红色，花瓣有5～7片，花瓣顶端有凹口。其叶形为椭圆形或卵形，叶片为革质叶，所以较厚实，叶表面呈亮绿色。

所用工具与材料

半透明热缩片	UV胶
彩铅	紫外线灯
剪刀	金属线
3mm打孔器	平头小发钗配件
马克笔	橙红色米珠
珠光粉	金色管珠
棉团	剪线钳
热风枪	圆嘴钳
锥子	手工垫板
海绵垫	
丸棒	

制作

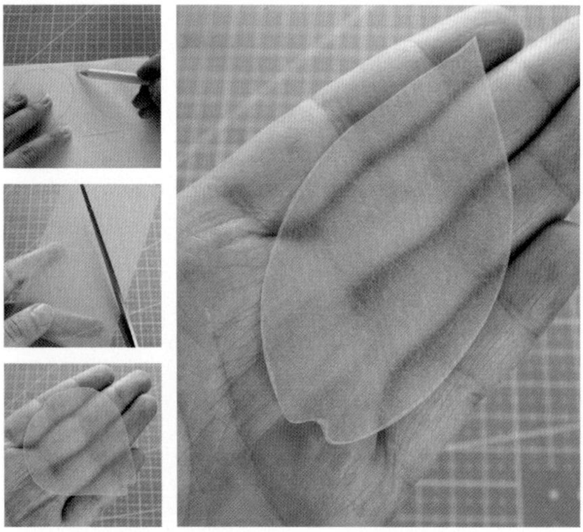

1　用白色彩铅在半透明热缩片上描出山茶花花瓣和叶子的图样，再用剪刀将其剪下来。

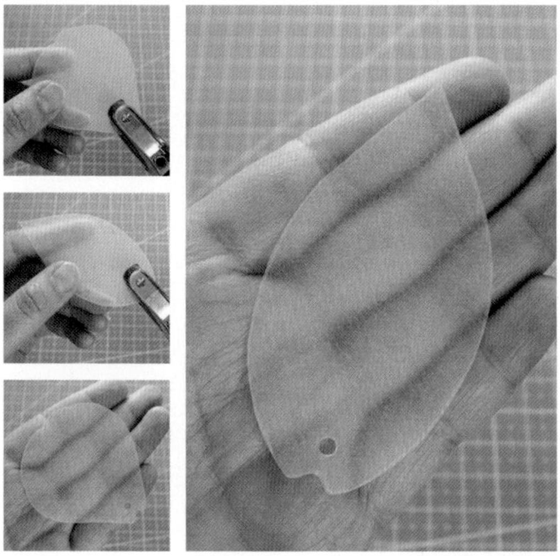

2　用 3mm 打孔器依次在花片和叶片的底部中心打孔。

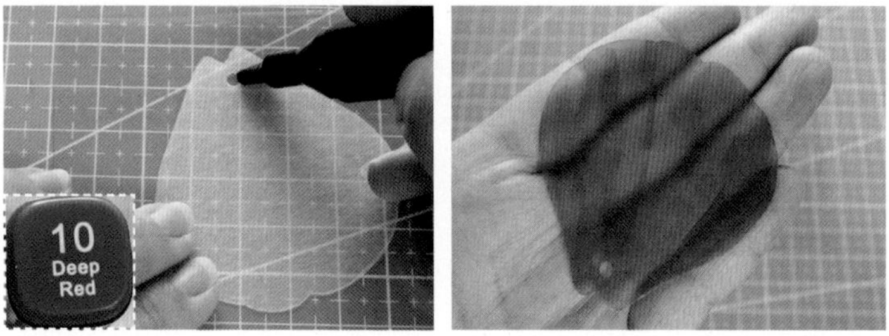

3　用深红色马克笔给花片上底色。

4　准备红色（左）和玫红色（右）珠光粉。

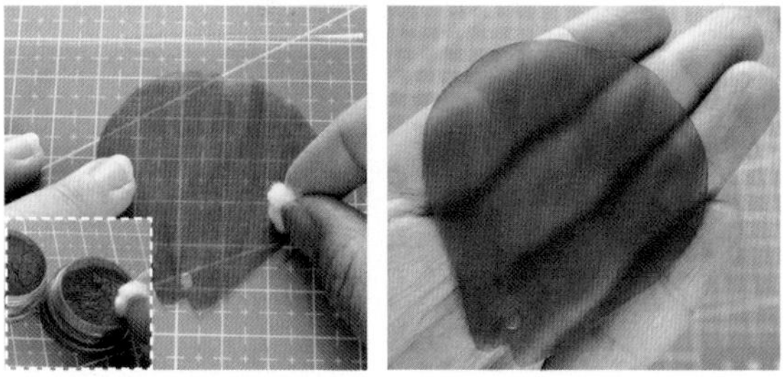

5　用棉团蘸取少量红色珠光粉在花片上进行局部晕染。

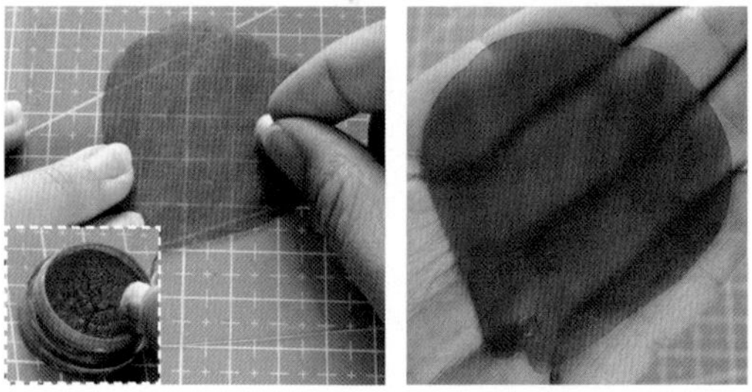

6　用棉团蘸取少量玫红色珠光粉继续晕染花片。

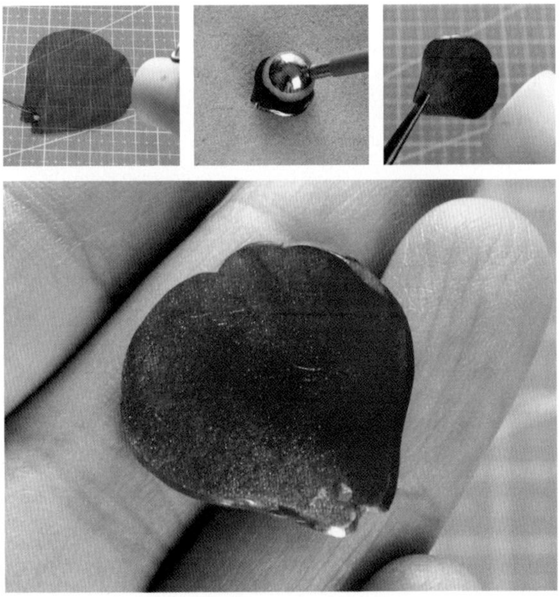

7　用锥子把花片固定在手工垫板上，然后用热风枪加热，再将花片置于海绵垫上，用丸棒给花片辅助塑形。塑形后用圆嘴钳夹起花片，用热风枪再次加热，使花片热缩成山茶花花瓣的造型。

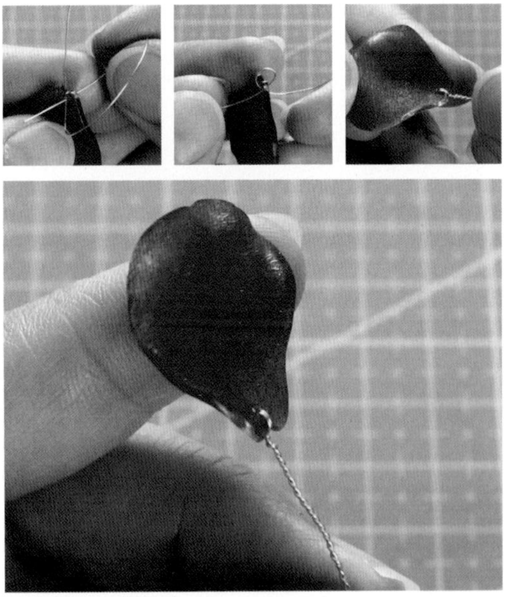

8　在花瓣上穿入金属线并把金属线扭成麻花状，方便之后组合成花。

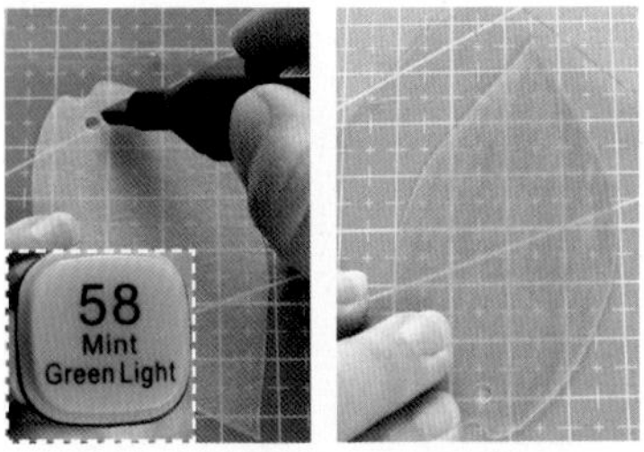

9　用绿色马克笔给叶片上底色。

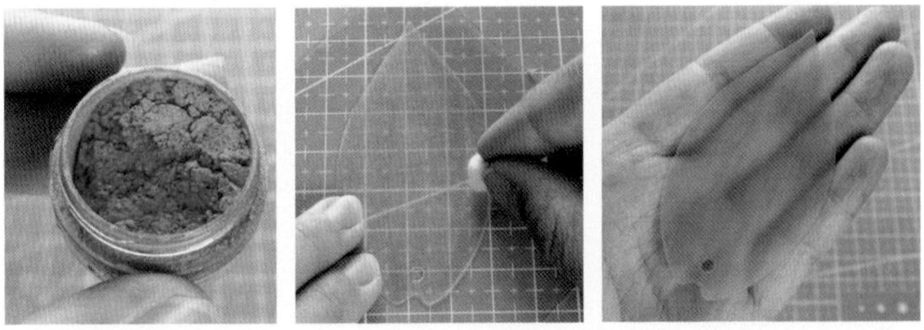

10　用棉团蘸取蓝色珠光粉在叶片上进行局部晕染，增加叶片的颜色层次。

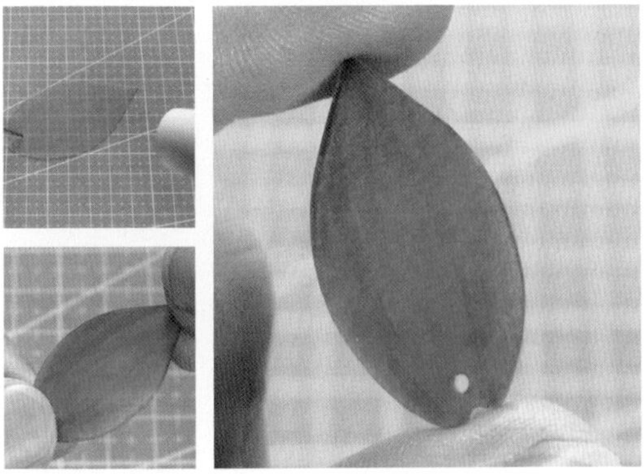

11　用热风枪加热叶片使其热缩。

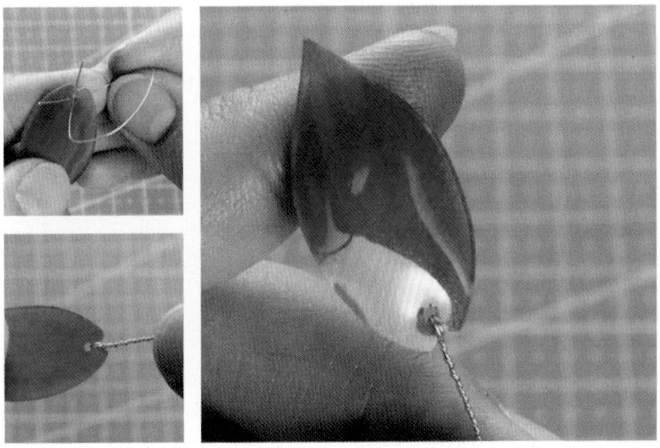

12　在叶片上穿入金属线，并将金属线扭成麻花状以固定叶片。

13　拿出橙红色米珠和金色管珠，备用。

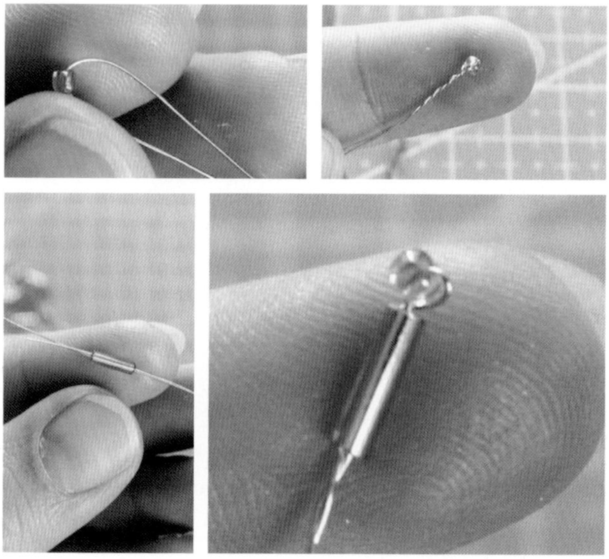

14　在金属线上穿一颗橙红色米珠，扭紧后再穿入金色管珠。

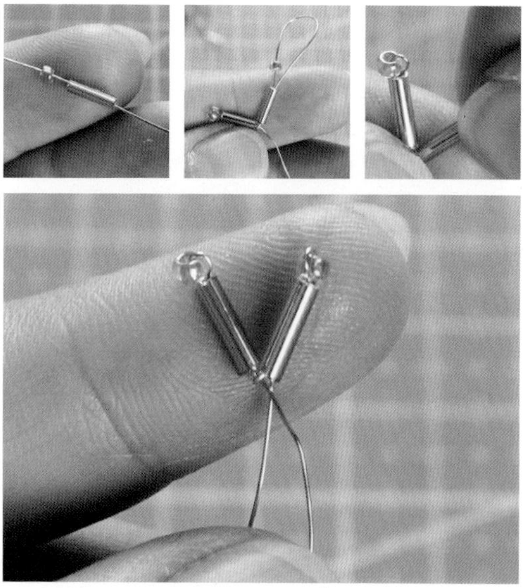

15　在该金属线上继续穿入金色管珠和橙红色米珠，把金属线的尾端回穿过金色管珠并拉紧。

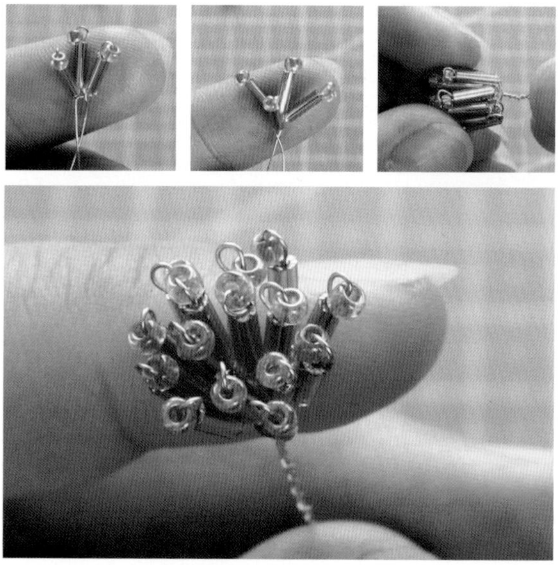

16　用相同的方法继续做出橙红色米珠与金色管珠组成的配件，然后扭成一簇做出山茶花的花蕊。

17　准备一个山茶花的花蕊配件、5 片山茶花花瓣、一片叶子和一个平头小发钗配件。

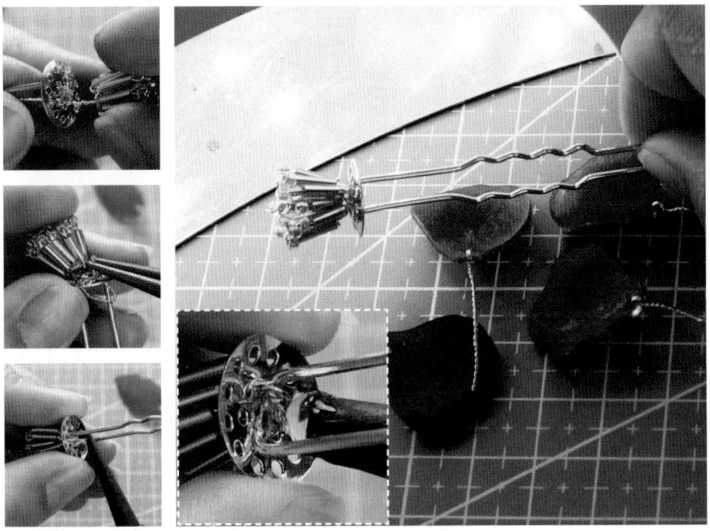

18　将花蕊配件缠绕捆绑在平头小发钗配件上，再在结合处涂上UV 胶并放在紫外线灯下烤干固定。

19　在发钗上继续穿入叶片，捆绑固定后用剪线钳剪去线头。

20　穿入一片花瓣，利用圆嘴钳将其固定在发钗上后剪去线头，再结合处涂上 UV 胶并放在紫外线灯下烤干固定。

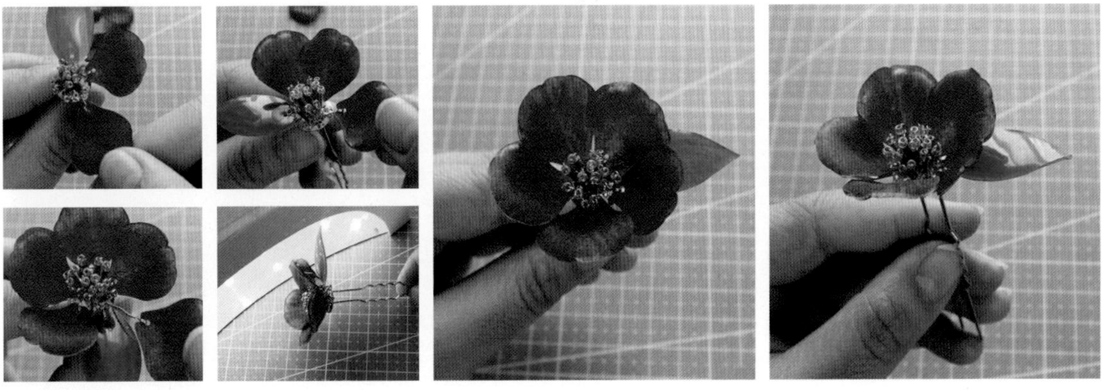

21　用相同的方法把余下的花瓣依次固定在发钗上，修剪线头后涂上UV胶并放在紫外线灯下烤干固定，增强牢固性。至此，山茶花发钗制作完成。

小巧饰品

本节制作的小巧饰品有发夹、戒指以及吊坠，这类饰品在任何场合均可佩戴，有提升佩戴者魅力的作用。

选择花卉的思路

花型选择

制作小巧饰品选用的装饰元素可以是造型美观的单朵花或者花瓣较少的花型，比如角堇、天鹅绒花，像玉兰花这类花型较大的花卉也可以将其缩小，用来制作比较小的饰品。

角堇

天鹅绒花

花型大小

制作小巧饰品时，通常会选用小型花卉比如水仙花、海棠花，这样既能点缀饰品的造型，也不会给人带来一种不和谐的视觉效果。

水仙花

海棠花

香雪球蓝翅草发夹

本案例以香雪球和蓝翅草组合制作而成，操作简单，只需在制作时注意饰品整体呈现的效果。

所用工具与材料

半透明热缩片
彩铅
剪刀
3mm 打孔器
色粉棉团
刻刀
热风枪
锥子
UV 胶
紫外线灯
球针管珠
金色金属米珠
金属线
金属鸭嘴夹剪线钳
圆嘴钳
手工垫板
深绿色绒线
香雪球花成品
蓝翅草配饰

制作

1 参考 2.2.3 小节中香雪球单支花朵的制作方法，准备两朵制作好的香雪球花，两个在 3.1.5 小节中制作的蓝翅草配饰，以及一个金属鸭嘴夹。

2 用深绿色绒线把蓝翅草配饰和香雪球花组合捆绑起来，在绒线收尾处涂上 UV 胶并放在紫外线灯下烤干固定，然后用剪线钳把花杆剪至合适的长度。

3 把做出的香雪球蓝翅草部件用 UV 胶粘在金属鸭嘴夹上，即可完成香雪球蓝翅草发夹的制作。

天鹅绒花戒指

天鹅绒花，花朵为纯白色，花苞为透亮的绿色，色泽艳丽，十分美观，有极高的观赏价值。其可用来插花，同时也是制作饰品的首选花材之一。

所用工具与材料

- 半透明热缩片
- 彩铅剪刀
- 3mm 打孔器
- 马克笔
- 热风枪
- 锥子
- UV胶
- 紫外线灯
- 金属线球针
- 黑色米珠
- 彩虹珠
- 绿色枣形珠
- 米形珍珠金色
- 金属米珠
- 戒指配件
- 金属花蕊配件
- 剪线钳
- 圆嘴钳
- 手工垫板
- 镊子

制作

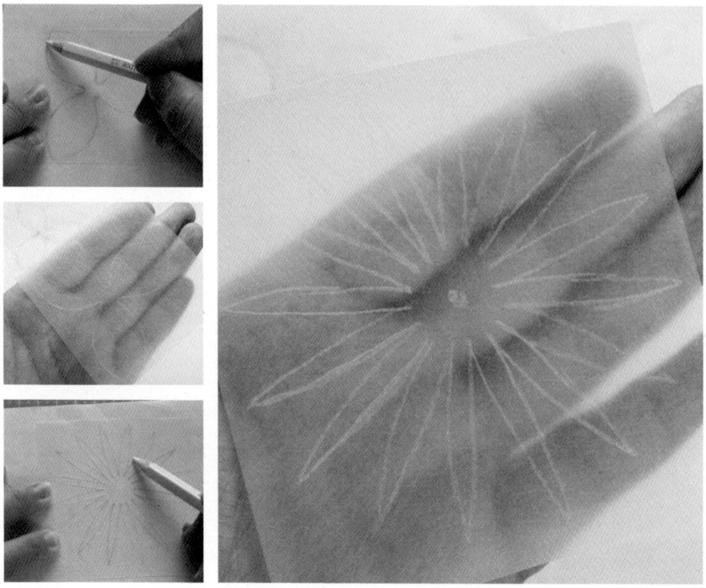

1　用白色彩铅在半透明热缩片上描出天鹅绒花花瓣与花苞的花型图样。

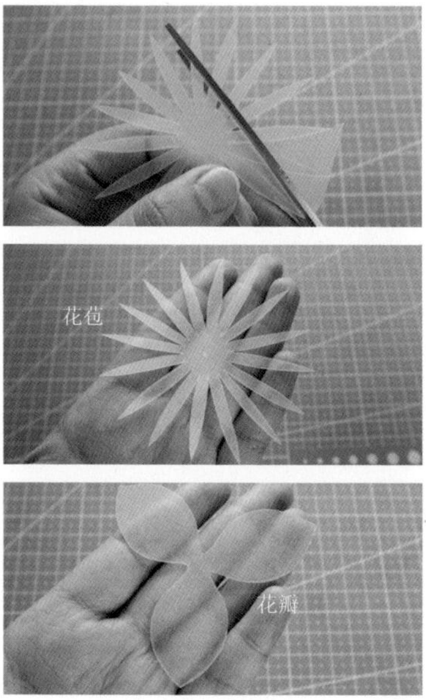

2　用剪刀剪下半透明热缩片上花苞和花瓣的花型图样。

3　用 3mm 打孔器在花瓣花片的中心打孔，接着用锥子把花瓣花片固定在手工垫板上，然后用热风枪加热，让花片热缩成天鹅绒花花瓣的造型。用相同的方法做出另一个花瓣花片。

4　拿出黑色米珠、金属花蕊配件和球针，备用。

5　把球针穿入黑色米珠和金属花蕊配件，将 UV 胶涂在结合处并放在紫外线灯下烤干固定。

6　用 UV 胶把两个花瓣花片按照错位粘贴的方式粘在花蕊配件上。

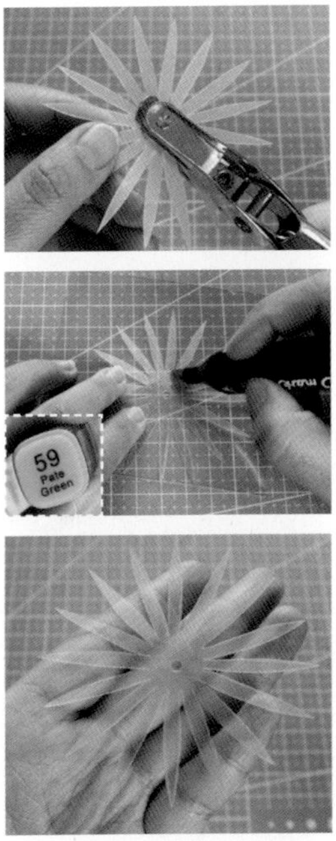

7　先用 3mm 打孔器在花苞花片的中心打孔，再用绿色马克笔给花苞花片上色。

8　用锥子把花苞花片固定在手工垫板上，然后用热风枪加热，等花片热缩到一定程度后用手调整花片；接着用锥子固定花片，继续用热风枪加热，并用手简单调整造型。

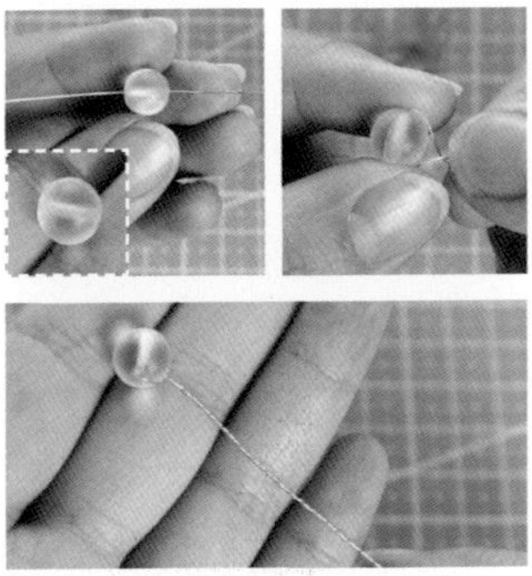

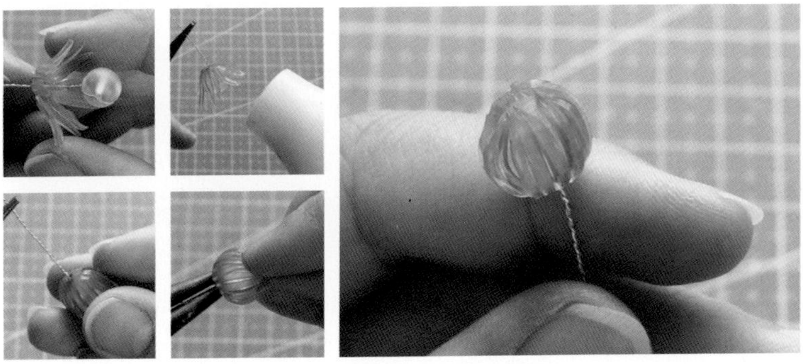

9　用金属线穿一颗彩虹珠后以扭麻花的形式进行固定。

10　将穿入彩虹珠的金属线穿入花苞花片，用圆嘴钳夹住金属线以便用热风枪加热花苞花片，然后用手捏紧花片让其包裹在珠子上，做出天鹅绒花的花苞。

11　用相同的制作方法再做出 2 个大一点的绿色花苞花片。

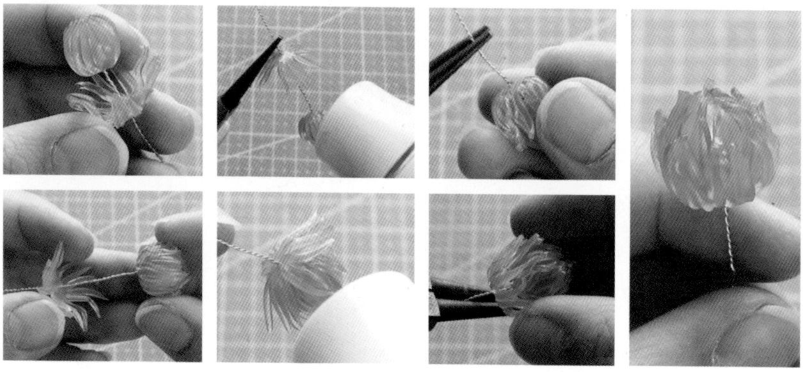

12　在花苞上粘上 2 个新做出的花苞花片，让花苞变得饱满。

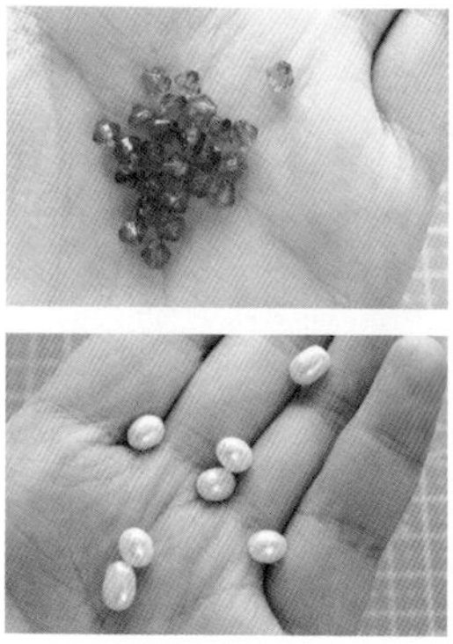

13　拿出绿色枣形珠和米形珍珠，备用。

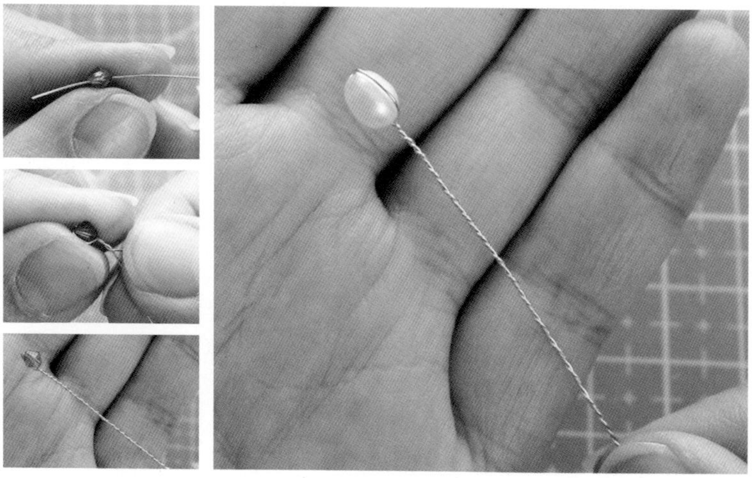

14　用金属线穿一颗绿色枣形珠，然后以扭麻花形式进行固定。用相同的方法给米形珍珠穿上金属线。

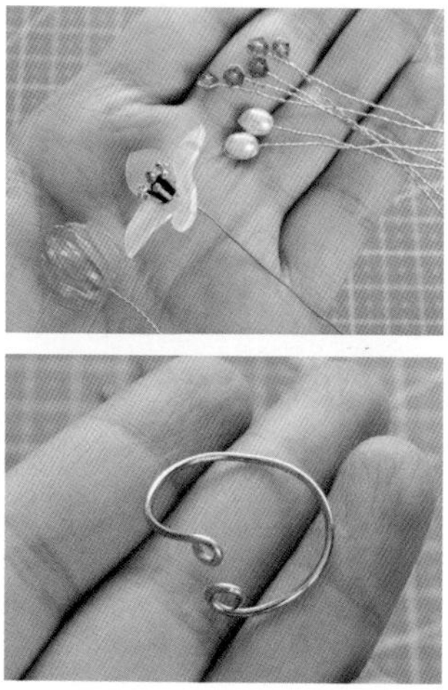

15　准备 1 个花苞、1 朵天鹅绒花、2 个珍珠配件、5 个枣形珠配件、1 个戒指配件。

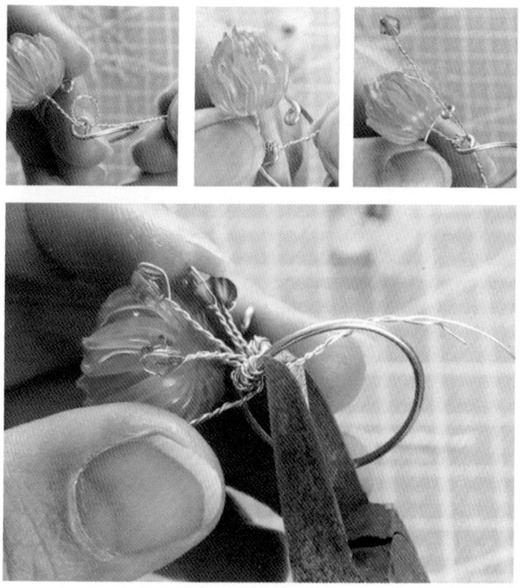

16 依次把花苞、枣形珠配件等缠绕到戒指配件上，再用剪线钳剪去多余的金属线。

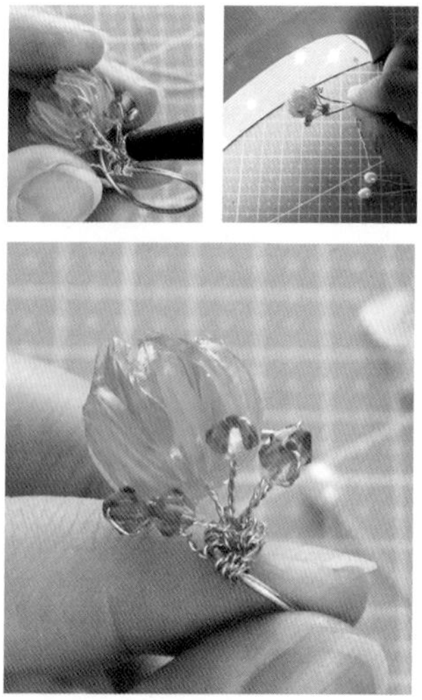

17 在结合处涂上金属线 UV 胶，再放在紫外线灯下烤干，让花苞等配件牢牢地固定在戒指配件上。

18 用同样的方法把珍珠配件固定在戒指配件上。

19 把天鹅绒花固定在戒指配件上，并用剪线钳剪去多余的金属线，在结合处涂上 UV 胶后放在紫外线灯下烤干固定。

20 拿出金色金属米珠备用。先在其中一片花瓣上涂上 UV 胶，然后用镊子夹住金色金属米珠将其粘在该片花瓣上，放在紫外线灯下烤干固定后，即可完成天鹅绒花戒指的制作。

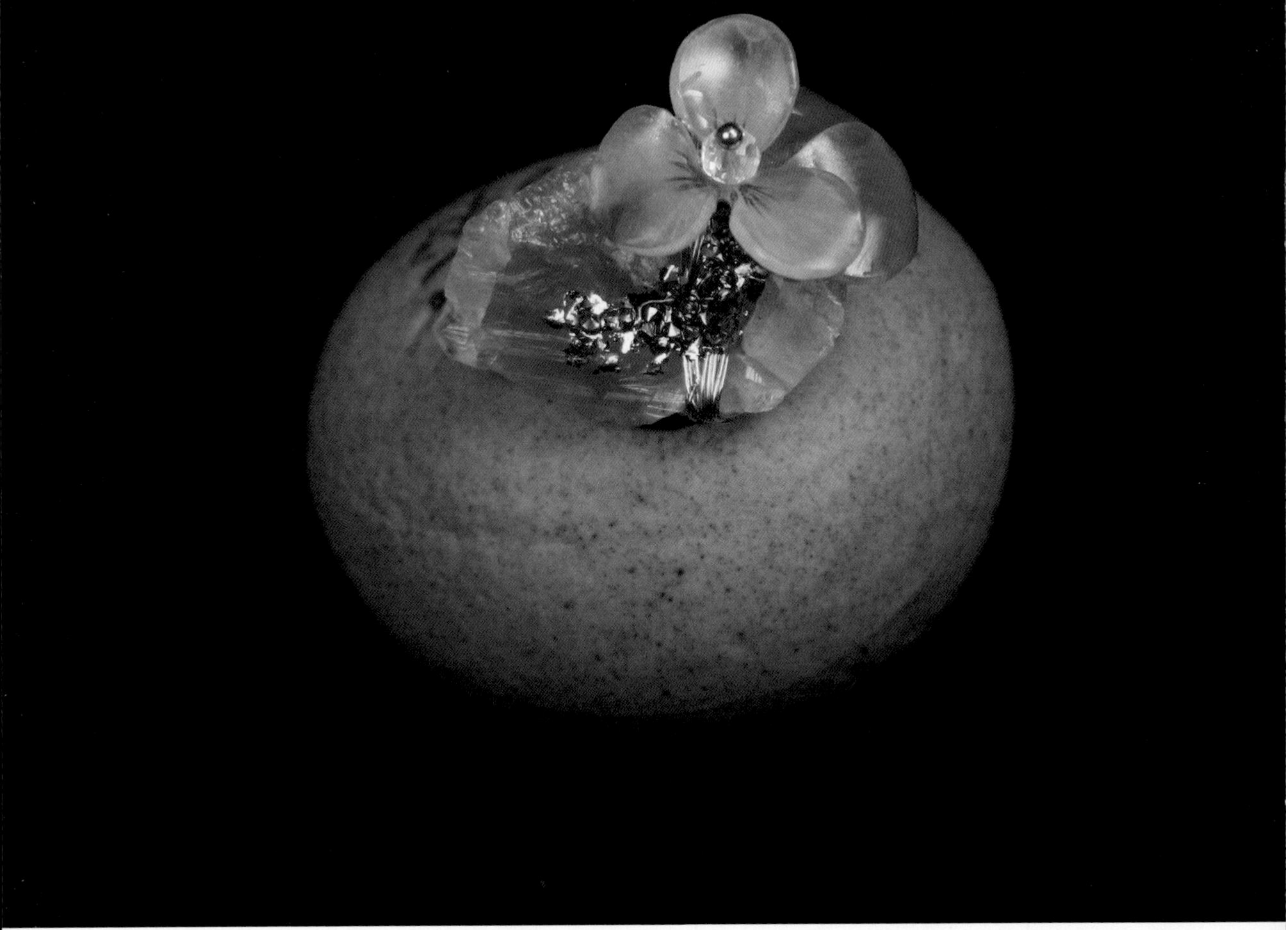

角堇水晶原石吊坠

角堇，花色丰富，有红色、白色、黄色、紫色、蓝色等颜色；花瓣共5片，整个花型分为上层（3片）和下层（2片），且上下两层花瓣会呈现出不同的颜色。角堇的观赏价值很高，常用于园林景观装饰，也可种植在容器中，放于床边或窗台上。

所用工具与材料

- 半透明热缩片
- 彩铅
- 剪刀
- 3mm 打孔器
- 色粉
- 棉团
- 棉签
- 刻刀
- 热风枪
- 锥子
- UV胶
- 紫外线灯
- 金属线
- 球针
- 开口圈
- 偏光粉
- 刷子
- 幻色车轮珠
- 黑色金属钻
- 紫水晶原石
- 仿金箔
- 剪线钳
- 圆嘴钳
- 手工垫板

制作

1　用白色彩铅在半透明热缩片上描出角堇上下两层花瓣的花型图样，上层有 3 片，下层有 2 片。

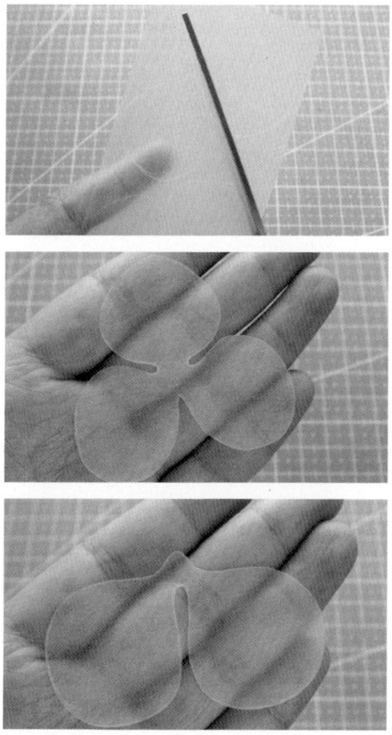

2　用剪刀将半透明热缩片上的花型图样一一剪下来。

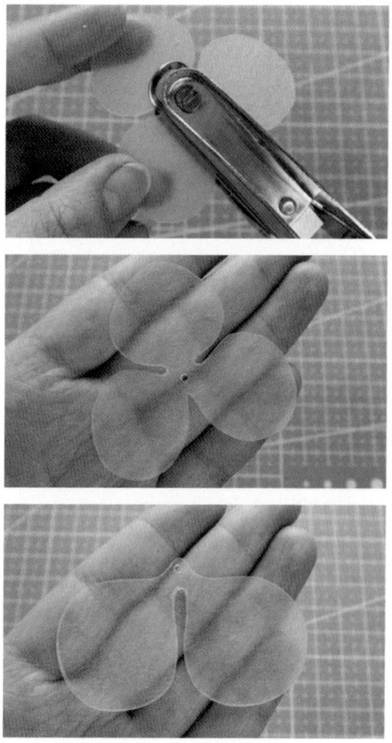

3　用 3mm 打孔器分别在上层花瓣花片的中心和下层花瓣花片凸起处的中心打孔。

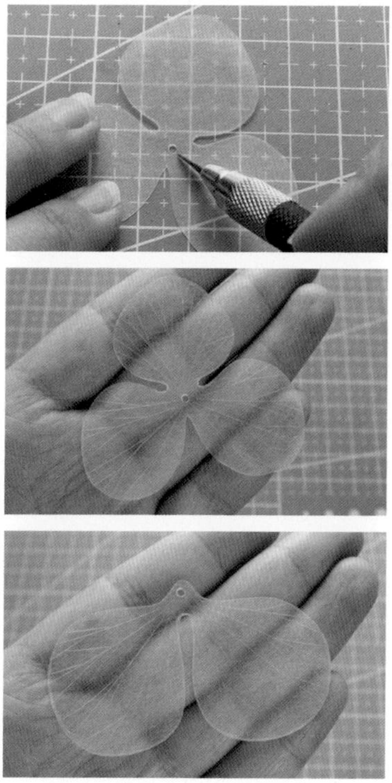

4　用刻刀划出角堇花瓣上的纹路。

5　用棉团蘸取浅黄色色粉给有上层花瓣的其中一片花瓣晕染上色。

6　用棉团蘸取黄色色粉加深浅黄色花瓣靠近花片中心处的颜色。

7　用棉签蘸取紫色色粉，晕染浅黄色花瓣尖。

8　用棉团蘸取白色色粉，给上层花瓣的其他两片花瓣上色。

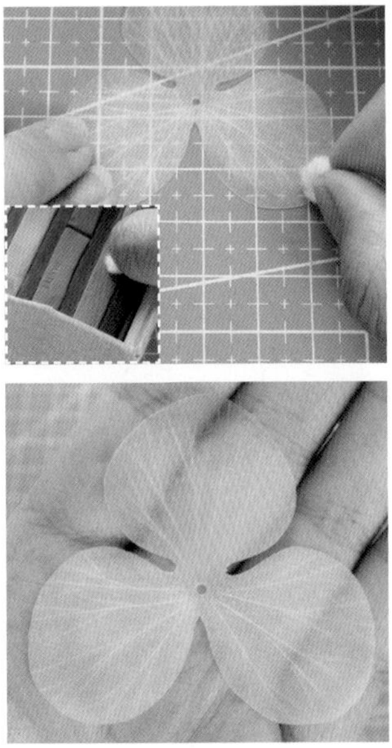

9　用棉团蘸取紫色色粉，晕染两片花瓣的边缘。

10　分别用橙色彩铅和紫色彩铅，依次勾画出浅黄色花瓣和其他两片花瓣靠近花片中心处的线状纹路。

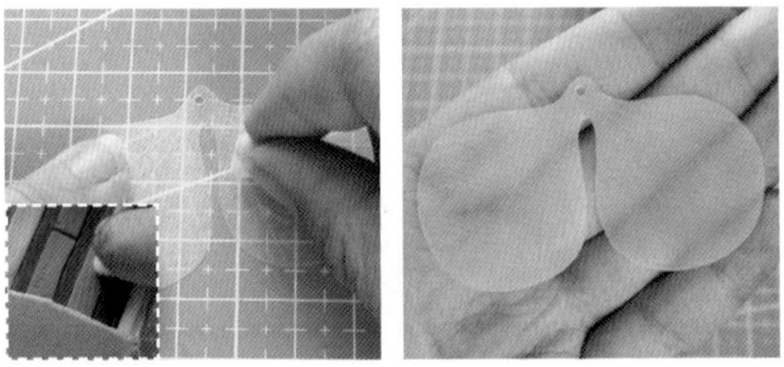

11　用棉团蘸取紫色色粉，给下层花瓣花片上色。

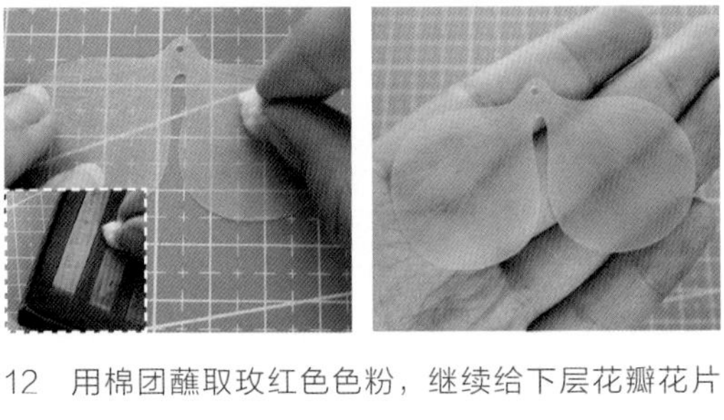

12　用棉团蘸取玫红色色粉，继续给下层花瓣花片上色，增加其颜色层次。

13 用锥子把上层花瓣花片固定在手工垫板上并用热风枪加热，使其热缩，然后用手调整花瓣形状。

14 用热风枪加热下层花瓣花片使其热缩，然后用手调整花瓣造型。

15 用球针穿入幻色车轮珠，然后用 UV 胶使其与上层花瓣花片粘在一起。

16 将球针穿入下层花瓣花片，在结合处涂上 UV 胶后放在紫外线灯下烤干固定。

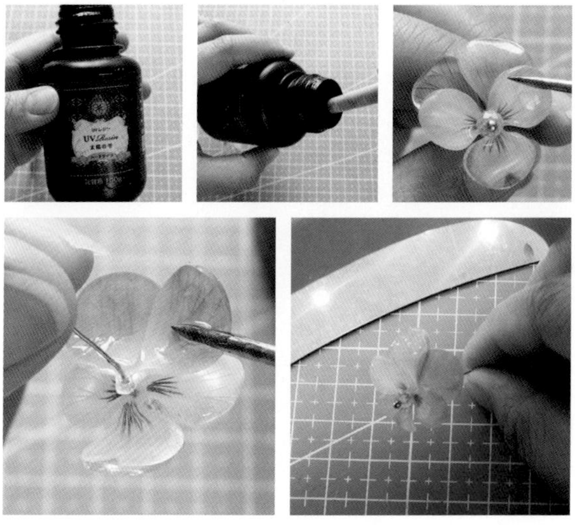

17 拿出大瓶装的 UV 胶，用锥子蘸取 UV 胶后将其均匀地涂抹在角堇花瓣的正反面，然后将花放在紫外线灯下烤干。

18 拿出偏光粉，用刷子将偏光粉扫在角堇的花瓣上。

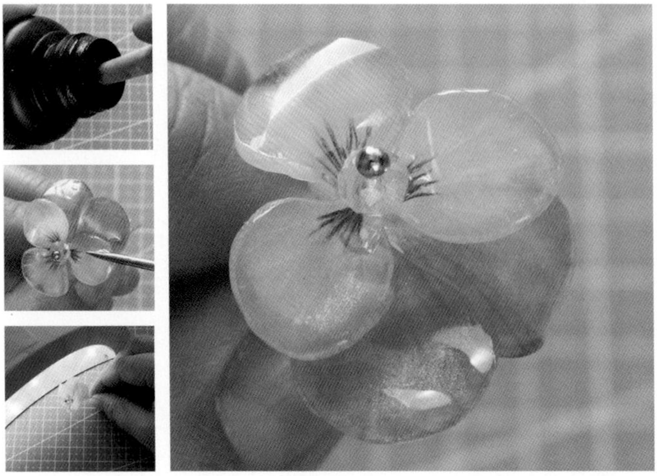

19　在花瓣表面用锥子再涂一层 UV 胶并在紫外线灯下烤干。

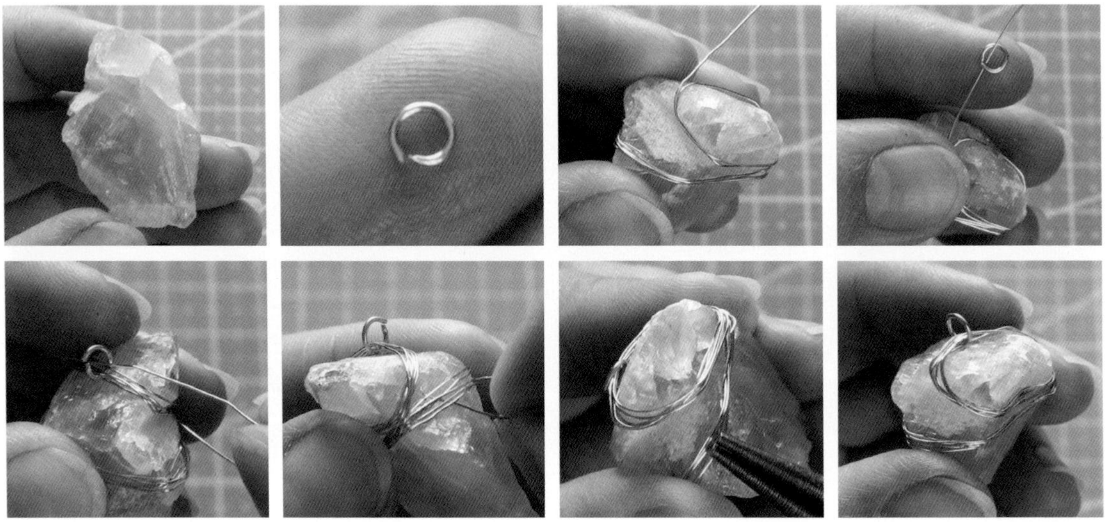

20　拿出紫水晶原石和开口圈，把金属线穿入开口圈并将其绑在原石上，接着用圆嘴钳按压金属线，使其能与原石的形状贴合。

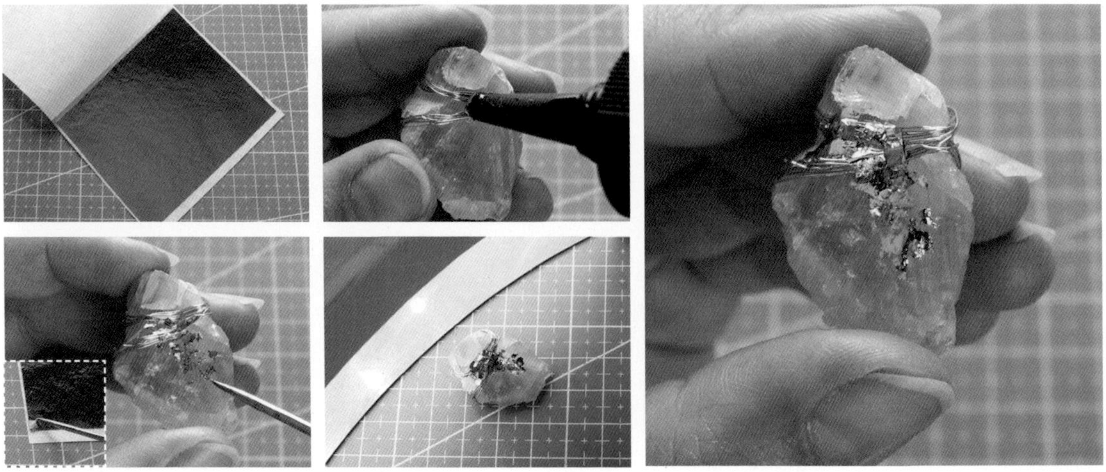

21　拿出仿金箔，接着在原石上涂抹 UV 胶并将仿金箔粘在原石上，随后把原石放在紫外线灯下烤干，让仿金箔固定在原石上。

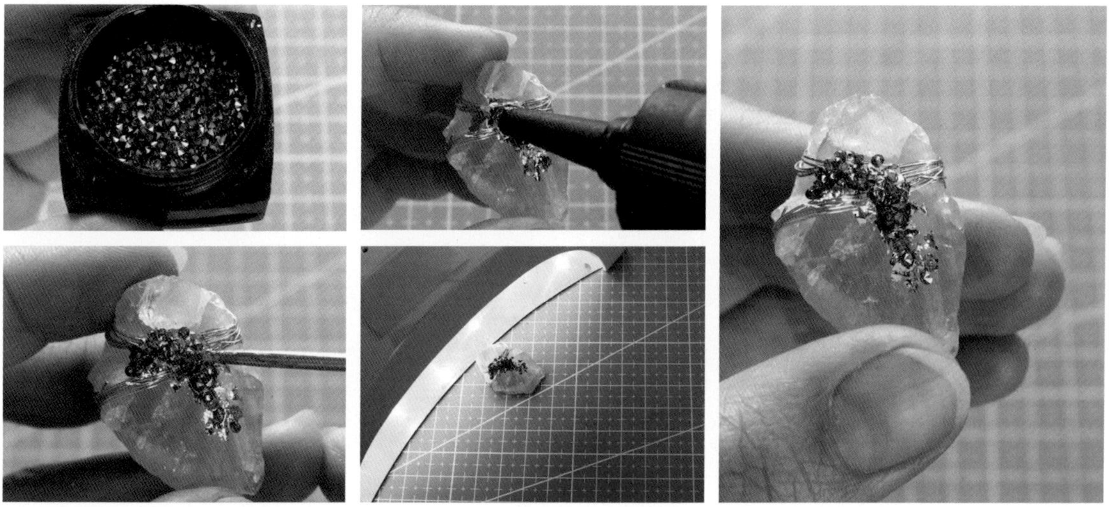

22　拿出黑色金属钻，然后在仿金箔上涂抹 UV 胶，用锥子把黑色金属钻粘在仿金箔上并放在紫外线灯下烤干固定。

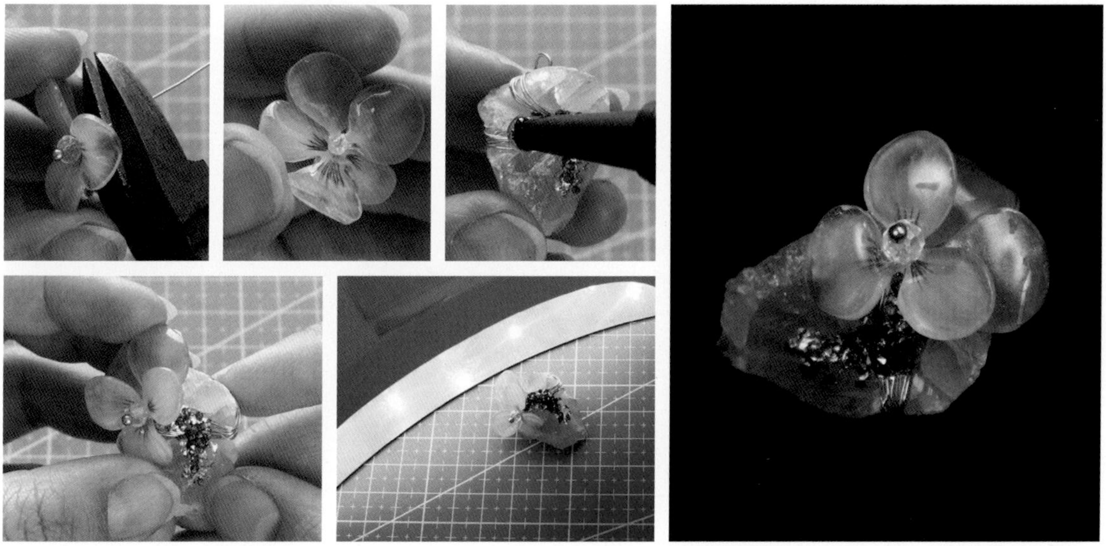

23　用剪线钳沿花朵底部剪去花杆，并将其粘在涂了 UV 胶的紫水晶原石上，再放在紫外线灯下烤干固定即可。至此，角堇水晶原石吊坠制作完成。

第5章 制作不同系列的唯美古风饰品

古风饰品的配色与造型分析

蓝星花系列头饰制作

紫藤花系列饰品制作

无尽夏绣球花系列饰品制作

昙花系列头饰制作

虞美人、锦葵、金合欢组合饰品制作

虎耳草系列饰品制作

古风饰品的配色与造型分析

制作古风饰品，饰品整体的配色表现和造型呈现是最主要的部分。好的配色与造型能瞬间吸引人们的目光，这也是制作一件饰品的最终目的。

配色分析

古风饰品的配色，大多素净典雅、清新秀气，着重展现佩戴者的高雅气质。因而，一些颜色淡雅、清新的花卉，通常是饰品制作的装饰首选，如蓝星花、虞美人、绣球花、昙花、紫藤花等。下面以蓝星花为例，讲解制作饰品时在配色方面的一些思路。

蓝星花系列头饰

蓝星花的天蓝色本身就带有些许渐变效果，这组头饰以蓝星花作为主体，想要突出它本身清新秀气的特点，所以就不再添加其他色彩，只搭配了透明并带有一些彩虹光的珠子，以增加整体花色的清透感。同时银色小花片的加入给头饰整体增加了一些层次，让整体的颜色统一却又不单调。

古风饰品配色效果展示

紫藤饰品

绣球饰品

昙花饰品

虞美人饰品

造型分析

饰品的造型主要是依据制作的饰品类型来考量的，如果想制作发簪，则只需应用花卉本身的造型，如本章中制作的绣球花发簪；如果是制作步摇，就需要选择花型较大的花卉，将花卉作为主体再配以珠链，比如本章中制作的昙花步摇，就是以一朵昙花为主体再配合珠链，打造步摇的效果；如果是制作发钗、耳环、耳钉等小型饰品，可选取某一花材上的部分小花朵或局部元素去制作，比如本章中制作的紫藤花苞耳环用的是紫藤花瓣，而制作的绣球花耳钉则用的是绣球花的一朵小花。

因此，对于系列古风饰品的造型设计，主体部分只要明确了制作的饰品类型，再去选取适合的花卉即可，而作为配套的小饰品就只需要造型简单、稍加点缀，这样成系列的古风饰品才有主次之分。

蓝星花系列头饰制作

蓝星花，学名天蓝尖瓣木，单朵花共5片花瓣，花色为淡蓝色，有很高的观赏价值，用来制作头饰再合适不过。

所用工具与材料

- 半透明热缩片
- 彩铅
- 剪刀
- 马克笔
- 纸巾
- 3mm 打孔器
- 色粉
- 棉团
- 热风枪
- 锥子
- 十齿发梳
- U型钗
- UV胶
- 紫外线灯
- 金属线
- 紫色小米珠
- 透明切面珠
- 银色花瓣型花片
- 剪线钳
- 圆嘴钳
- 浅绿色绒线
- 手工垫板

蓝星花发梳

制作

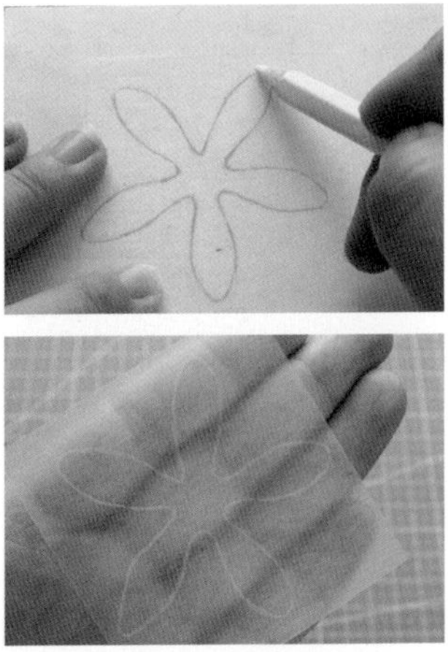

1 用白色彩铅在半透明热缩片上描出蓝星花的花型图样。

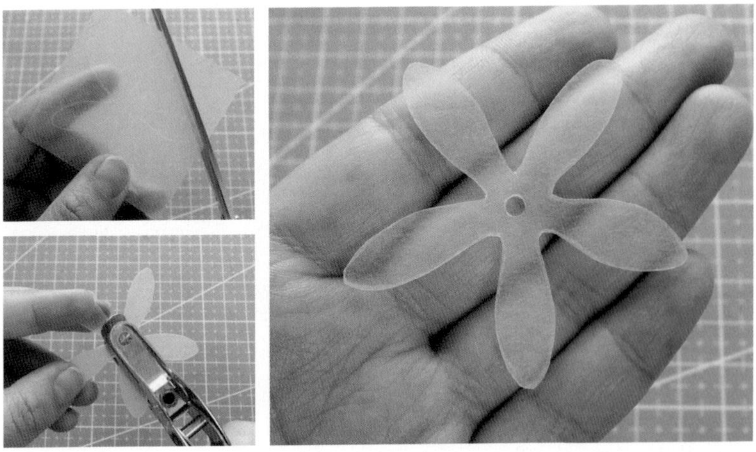

2 用剪刀剪下半透明热缩片上的蓝星花花型图样，然后用 3mm 打孔器在花片中心打孔。

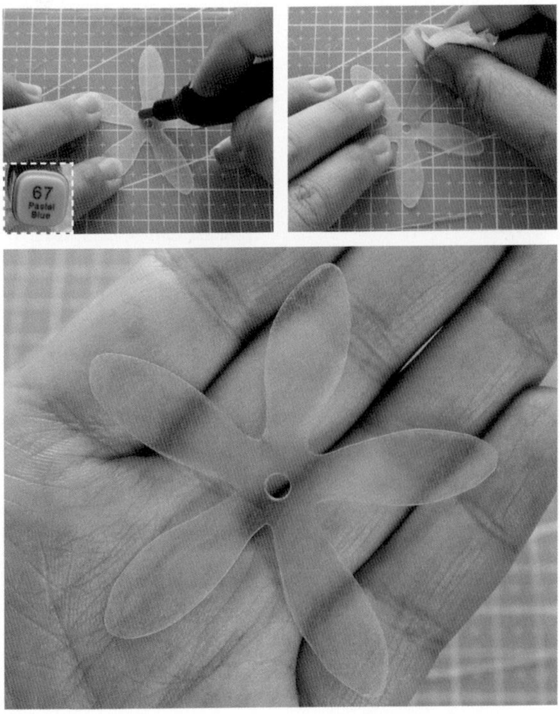

3 选用蓝色马克笔，由花片中心开始向外缘涂色，并趁花片上的颜料未干时用纸巾向花片外缘擦拭晕染，做出从花片中心到外缘颜色由深到浅的渐变色效果。

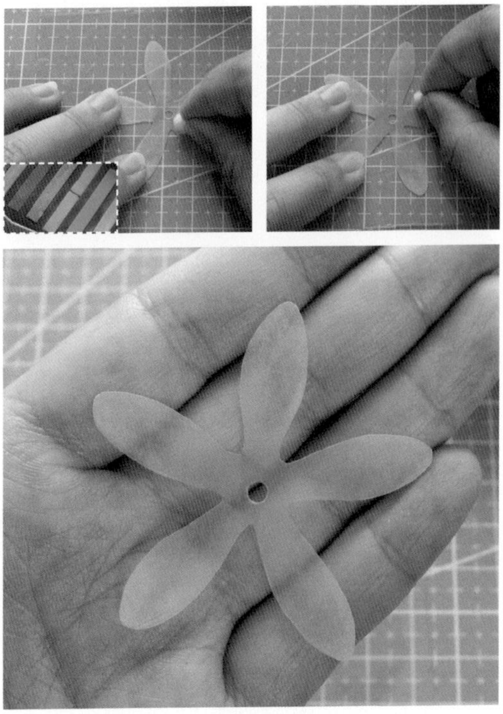

4 用棉团蘸取少量蓝色色粉晕染花片，加深并丰富花片的颜色。

5　用锥子把花片固定在手工垫板上，然后用热风枪加热，使花片热缩成蓝星花花瓣的造型，并在花片冷却变硬前用手调整花瓣形状。

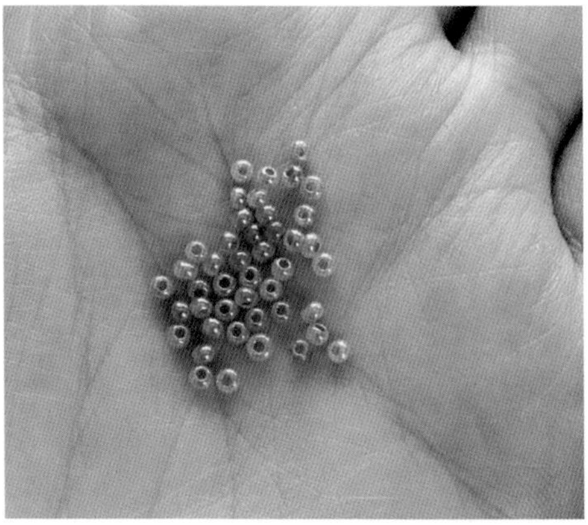

6　拿出紫色小米珠，备用。

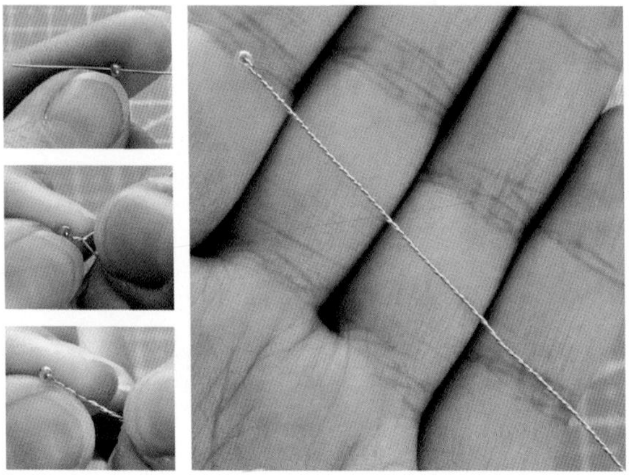

7　用金属线穿过一颗紫色小米珠，按照拧麻花的方式做出花蕊配件。

8　把做好的花蕊穿入花片，在结合处涂上少量 UV 胶，然后放在紫外线灯下烤干固定。

9　按照同样的做法再做出 4 朵蓝星花。

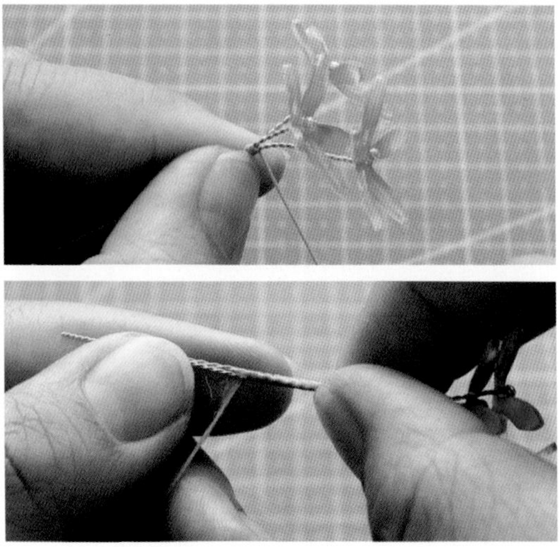

10　用浅绿色绒线把其中 3 朵蓝星花捆绑成一束蓝星花花枝。

11　在绒线收尾处涂上 UV 胶，并用紫外线灯烤干，使胶凝固。用剪刀剪去多余的绒线。

12　把另外两朵蓝星花组合成一束花枝。

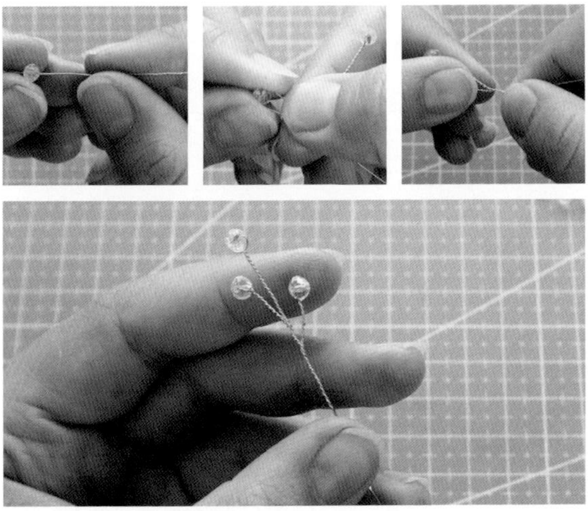

13　拿出稍大一些透明切面珠穿入金属线做出花苞。

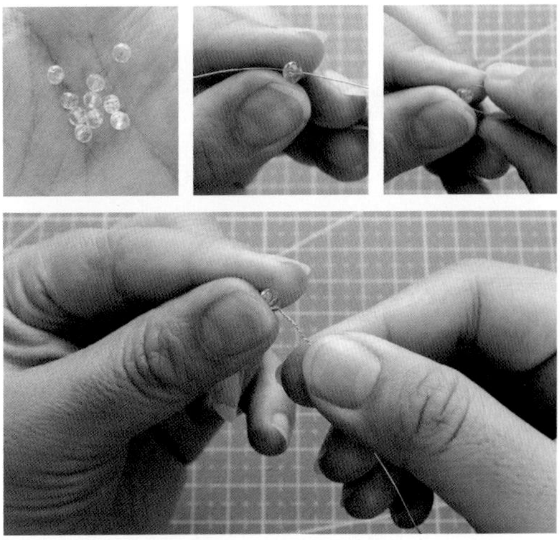

14　在花苞上继续穿入透明切面珠，做出上下交错、完整的花苞配件。

15　拿出若干银色花瓣型花片，用金属线穿过一个银色花瓣型花片，按图中所示的方法做出花枝。

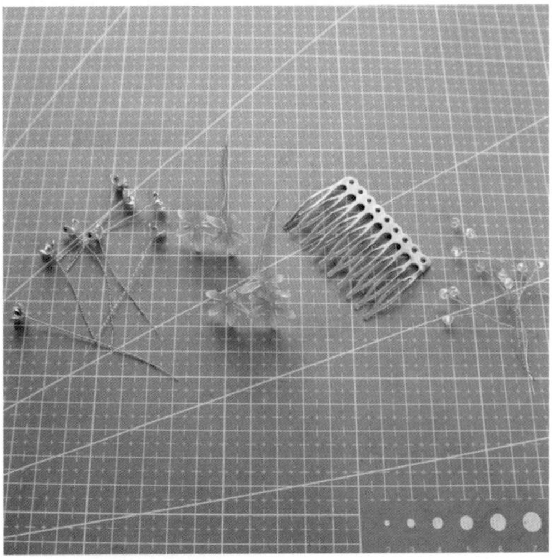

16　准备 8 根金属花枝、2 枝蓝星花花束、一个十齿发梳、若干花苞配件，用来制作蓝星花发梳。

17 组合各配件，制作发梳。把 2 根蓝星花花枝分别固定在发梳的两端。

18 固定花苞配件，让花苞穿插在蓝星花的花朵之间。

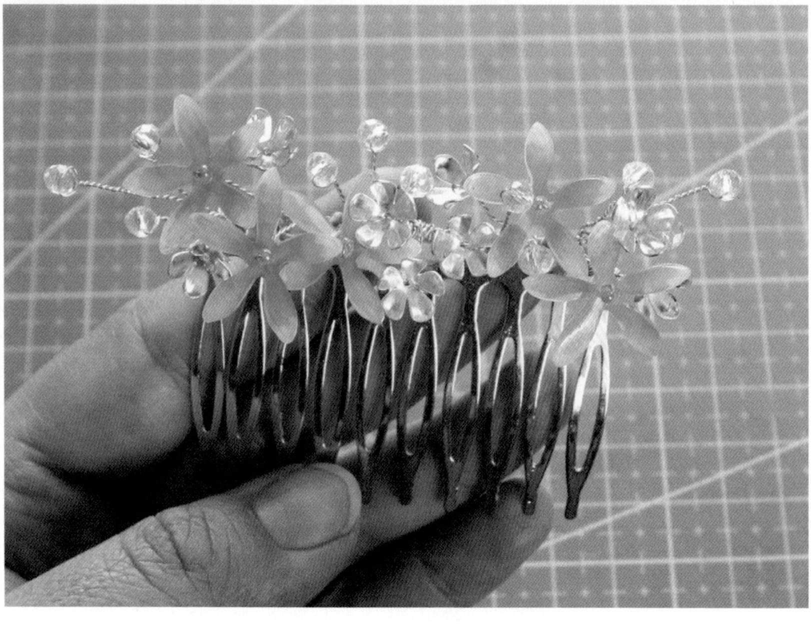

19 固定金属花枝，并调整各花枝、花苞的形态及其分布位置，确保发梳上装饰配件的分布有疏有密，且高低错落有致，不同材质之间搭配均衡。造型调整完后用剪线钳剪去多余的金属线，防止佩戴时受伤。注意：各装饰配件的组合方式不用和教程一模一样，大家可以根据自己的喜好进行组合，说不定会有更好的效果哦！

◈ 蓝星花小发钗

制作

1　下面制作蓝星花系列头饰中的蓝星花小发钗。参照发梳装饰配件的制作方法，准备 3 朵蓝星花、1 个花苞配件、2 根金属花枝和一个 U 形钗。

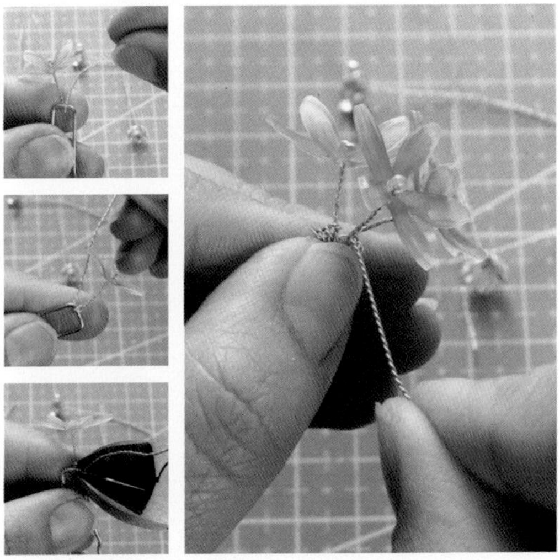

2　将蓝星花绑在 U 形钗上，用剪线钳剪去多余的金属线。

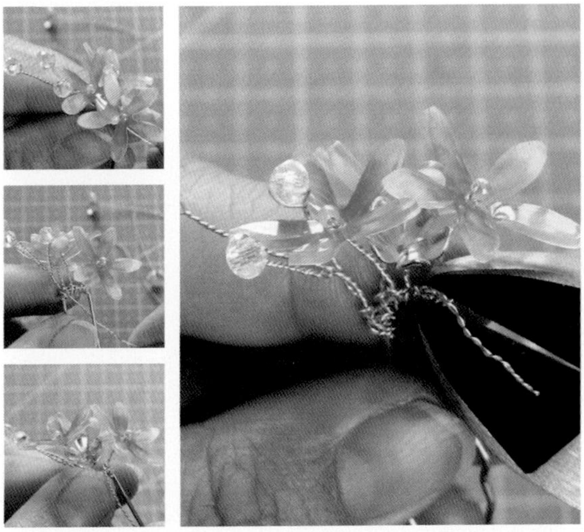

3　把花苞和金属花枝一一绑在 U 形钗上（也可以搭配别的饰品配件），调整小发钗的造型，制作出蓝星花小发钗饰品。

4　用相同的材料再制作出另一支小发钗。

5　蓝星花系列头饰成品如右图所示，本案例制作的蓝星花系列头饰包括一件发梳、一对小发钗。

紫藤花系列饰品制作

紫藤花，大型缠绕性藤本植物，花瓣呈下垂状，花色为紫色或深紫色。暮春时节，紫藤花开之时。只见一串串硕大的花穗垂挂枝头，灿若云霞。紫藤花不仅是画家钟爱的花鸟画题材，也是制作饰品的常用元素。

所用工具与材料

- 半透明热缩片
- 彩铅
- 剪刀
- 马克笔
- 3mm 打孔器
- 刻刀
- 珠光粉
- 棉团
- 塑料片
- 热风枪
- 锥子
- UV 胶
- 紫外线灯
- 金属线
- 发夹配件
- 耳钩配件
- 开口圈
- O形链
- 水滴珠
- 剪线钳
- 圆嘴钳
- 浅绿色绒线
- 手工垫板

紫藤花发夹

制作

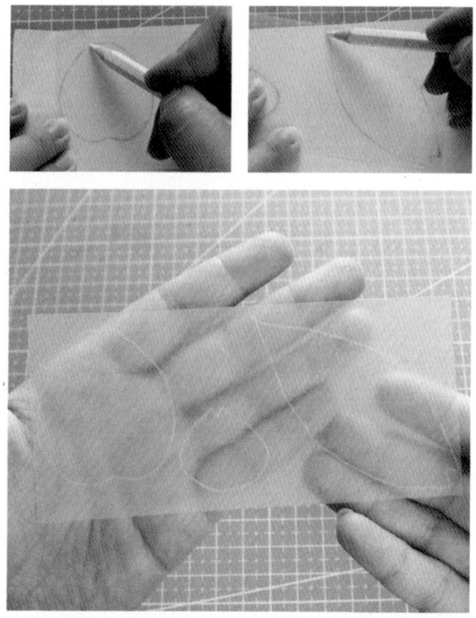

1　用白色彩铅在半透明热缩片上分别描出紫藤花花瓣、花苞的花型图样以及叶型图样。

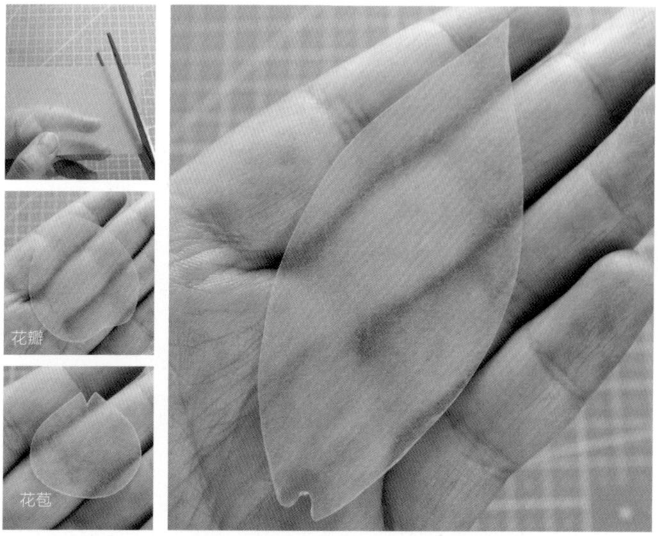

2　用剪刀剪下半透明热缩片上花瓣、花苞的花型图样和叶型图样。

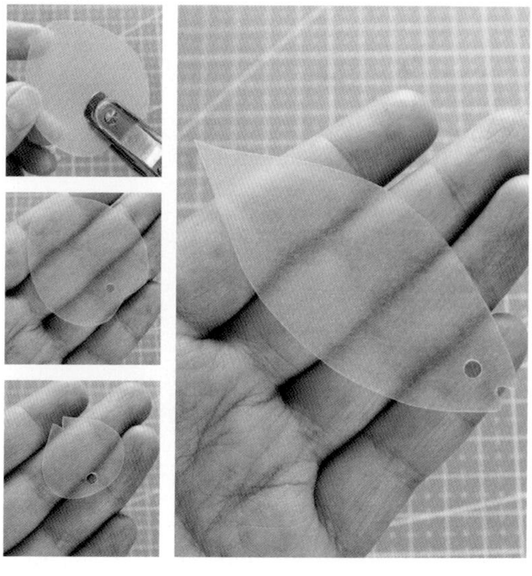

3　用 3mm 打孔器分别在花片和叶片的底部中心打孔。

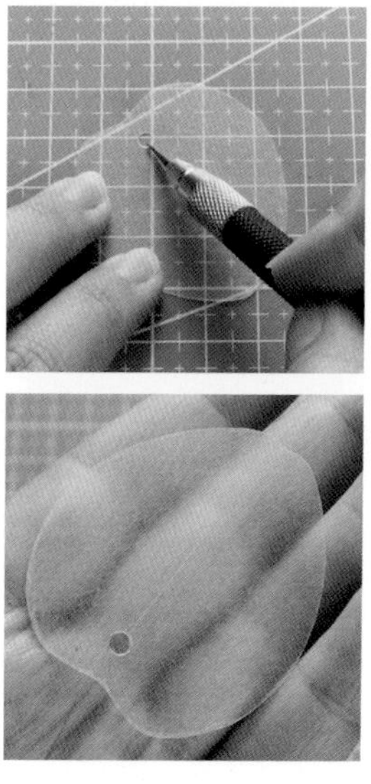

4　用刻刀在花瓣花片上划出中心线。

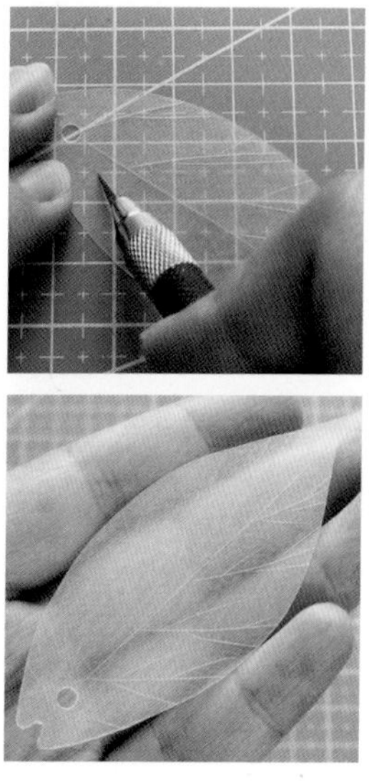

5　用刻刀划出叶片上的叶脉纹路。

6　拿出白色、紫色、玫红色、黄色、灰绿色等颜色的珠光粉。

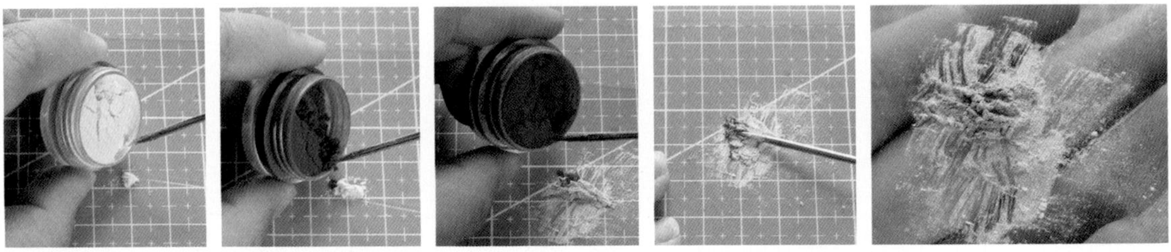

7　在塑料片上用锥子分别拨出适量的白色、紫色、玫红色珠光粉，混合调出浅紫色珠光粉。

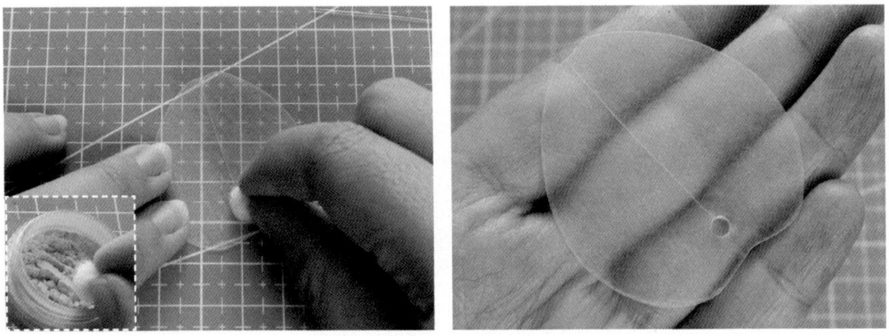

8　用棉团蘸取黄色珠光粉，在花瓣花片上靠近孔的位置晕染上色。

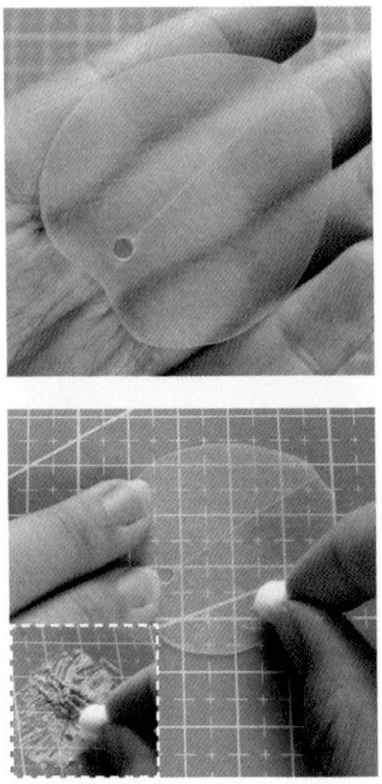

9　用棉团蘸取调出的浅紫色珠光粉，在花瓣花片上除黄色区域以外的位置晕染。

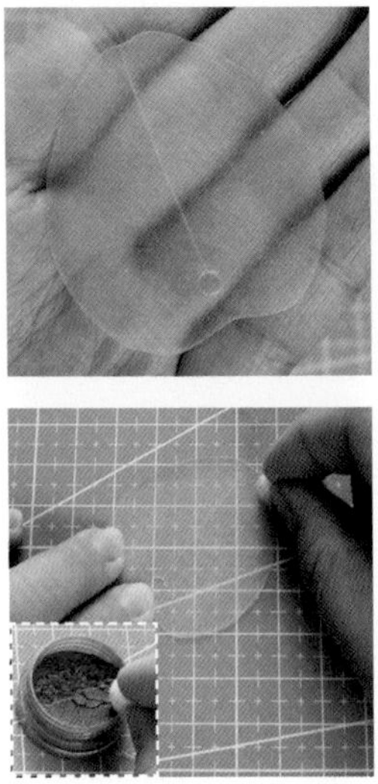

10　用棉团蘸取紫色珠光粉加深花瓣尖的颜色。至此，花瓣花片由底部到花瓣尖的上色就完成了。

11　用棉团蘸取紫色珠光粉在花苞花片上晕染上色。

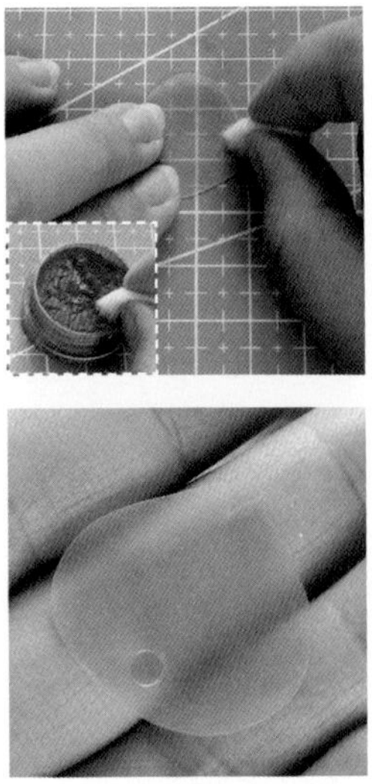

12　用棉团蘸取玫红色珠光粉在花苞花片的顶部晕染，加深其颜色。

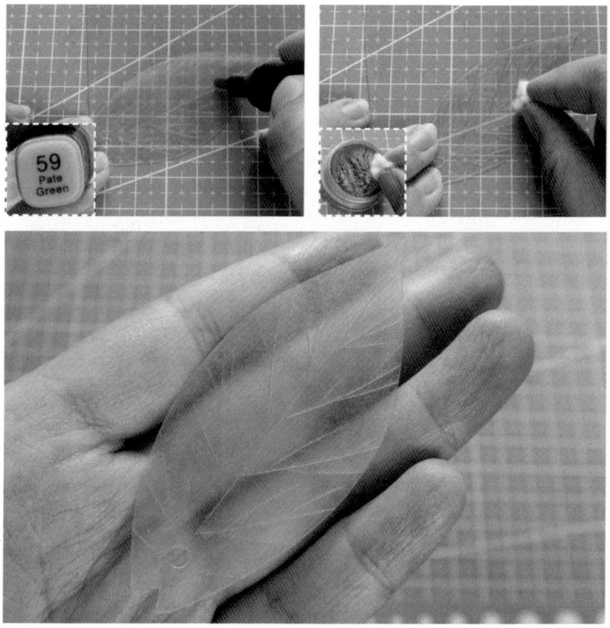

13　依次用绿色马克笔和灰绿色珠光粉给叶片均匀涂色。

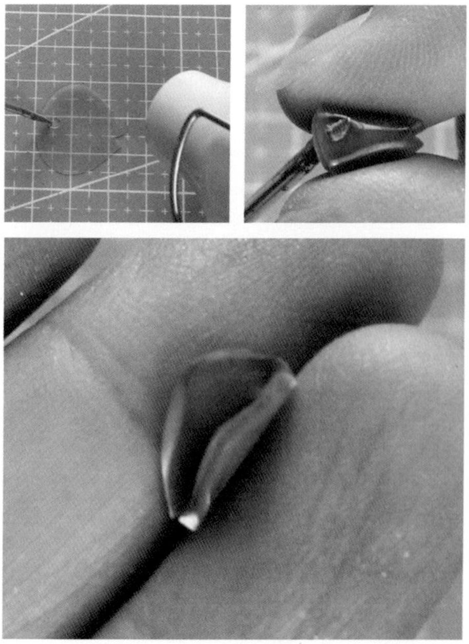

14　用锥子将花苞花片固定在手工垫板上，然后用热风枪加热，并趁热用手给花片塑形，做出紫藤花上新长出的花苞。

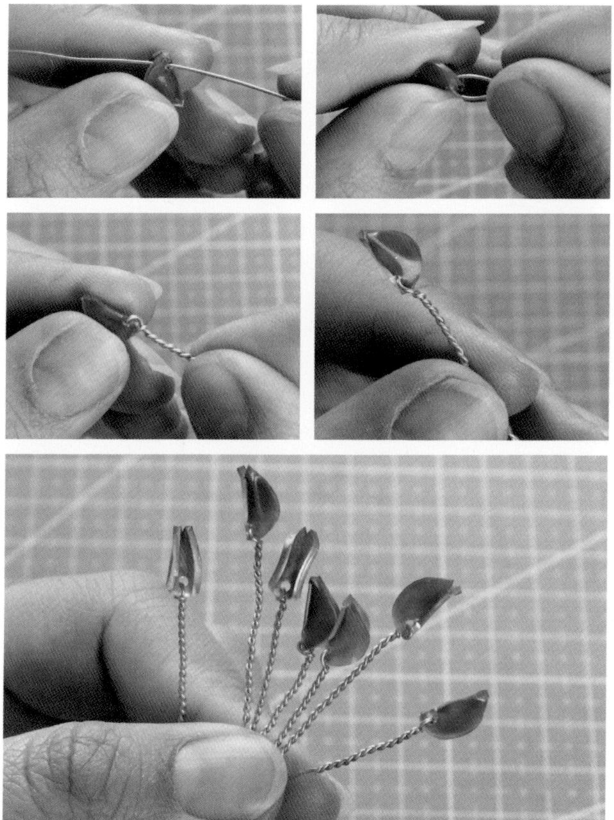

15　在花苞花片上穿入金属线，并将金属线扭成麻花状。用同样的方法再做出另外几枝花苞。

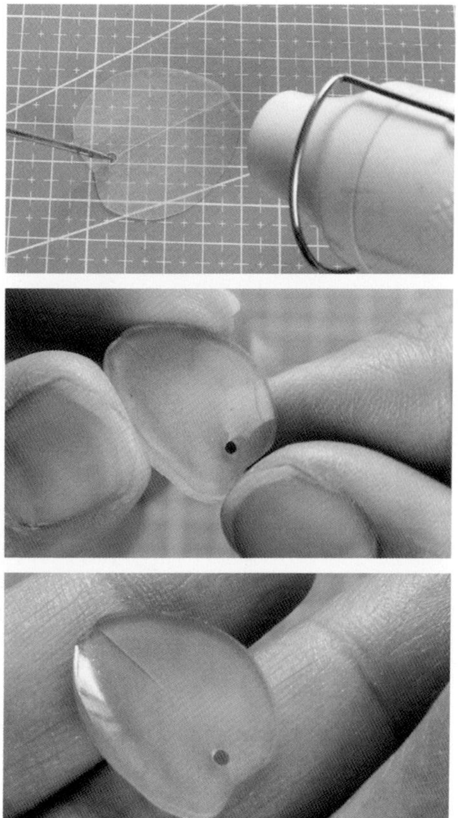

16　用相同的方法加热花瓣花片，然后给花瓣塑形。

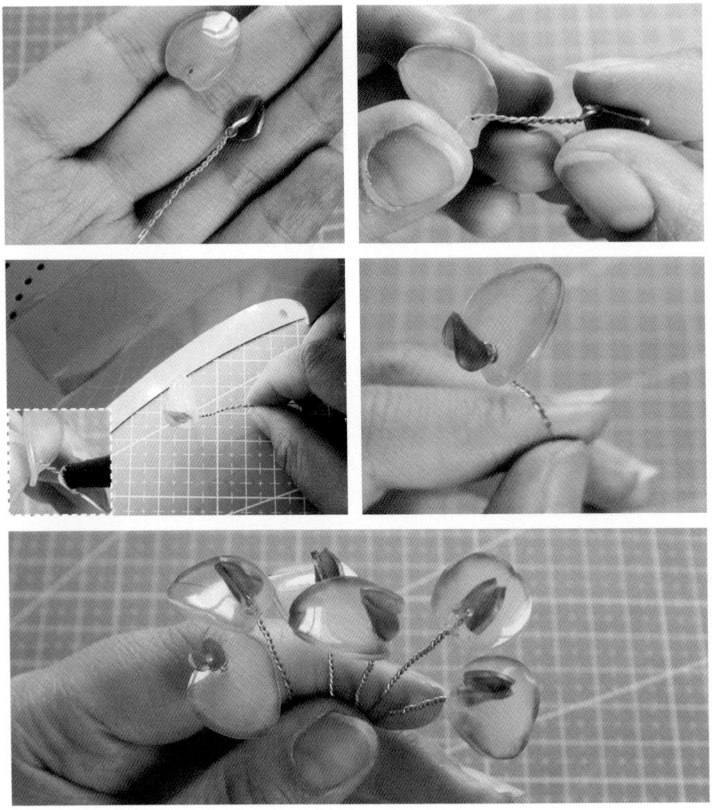

17　把花苞穿入花瓣内，用 UV 胶黏合花苞和花瓣，做出一根紫藤花枝。用同样的方法再做出多根紫藤花枝。

18　用与热缩花瓣花片一样的方法加热叶片，让叶片热缩成紫藤花叶子的形状并用手调整其造型。

19　用金属线穿过叶片并扭紧金属线，做出叶子枝条。用同样的方法再做出多根叶子枝条。

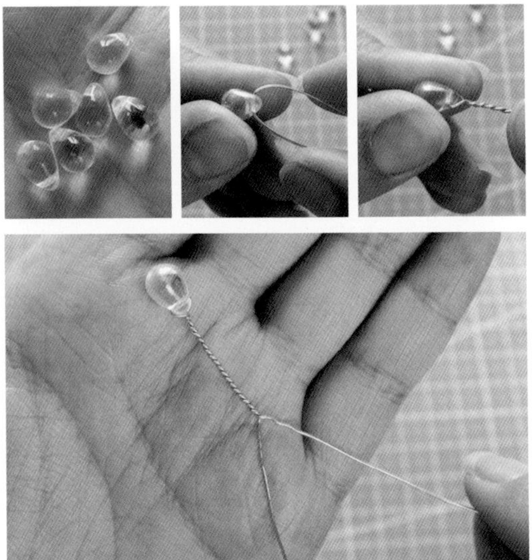

20　准备水滴珠。在一颗水滴珠上穿入金属线，并把金属线拧成麻花状，拧出合适的长度后分开金属线。

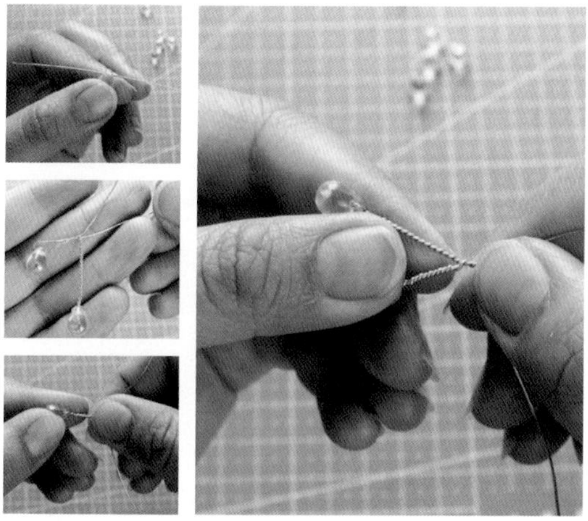

21　在已穿入水滴珠的金属线上再穿一颗水滴珠，扭成一个新的分支。

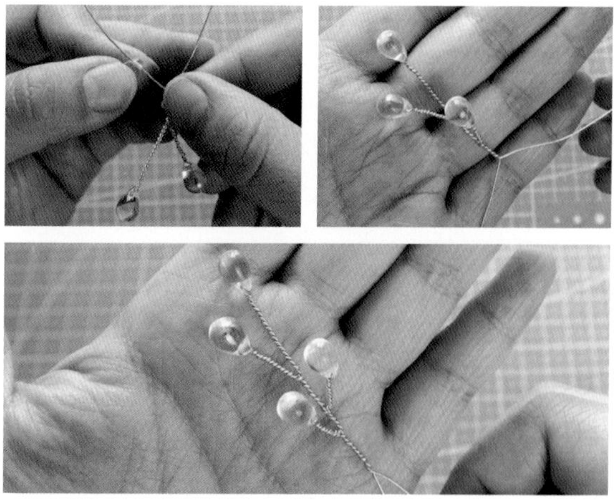

22　继续在金属线上穿入水滴珠，扭成错落的花串。

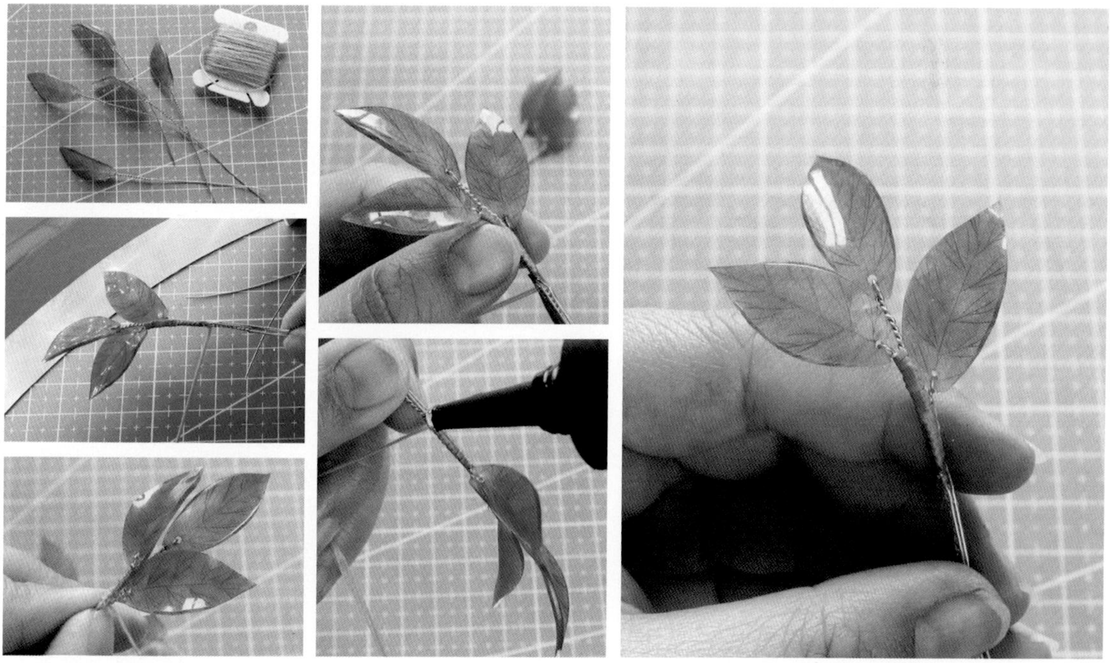

23　用浅绿色绒线采用上下错位的方式把制作的叶片组合起来，再在绒线收尾处涂上 UV 胶并放在紫外线灯下烤干固定，做出叶枝。

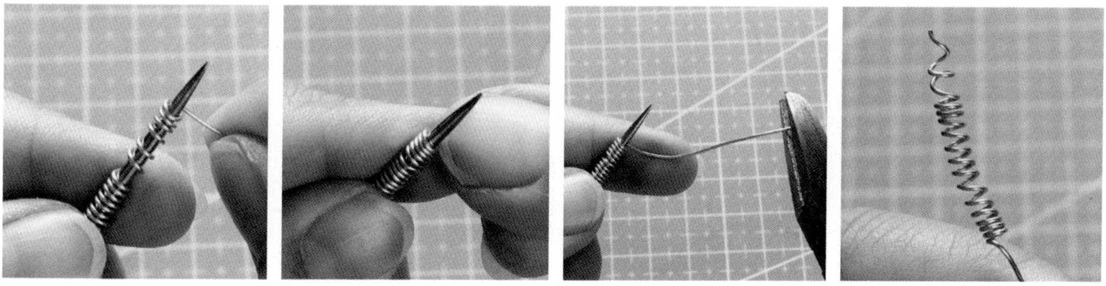

24　将 0.6mm 的金属线绕在锥子上做出弹簧状嫩枝。

25　用浅绿色绒线把叶枝与弹簧状嫩枝组合在一起，再用 UV 胶粘牢固定。

26　往下继续给叶枝缠上浅绿色绒线，用 UV 胶固定绒线收尾处后剪去多余的绒线，随后用圆嘴钳把有嫩枝的那根叶枝弯折成 90° 。

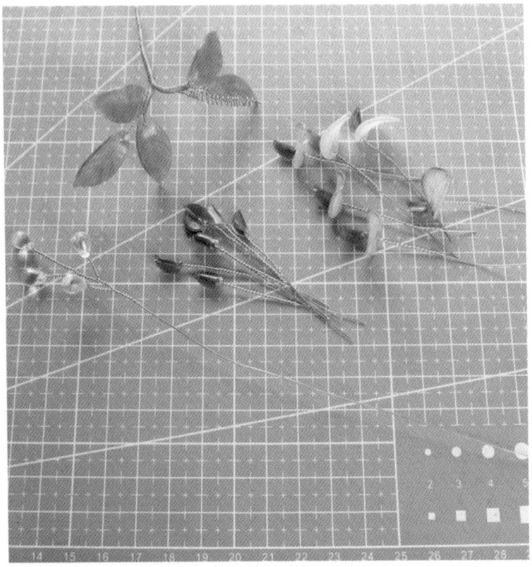

27　准备紫藤花的花枝、花苞、叶枝与水滴珠花串等部件。注意：各部件的数量越多，制作出来的紫藤花就越大。

28　用浅绿色绒线先把水滴珠花串与花苞捆绑组合起来。

29　加入花枝，注意花瓣的方向和疏密。

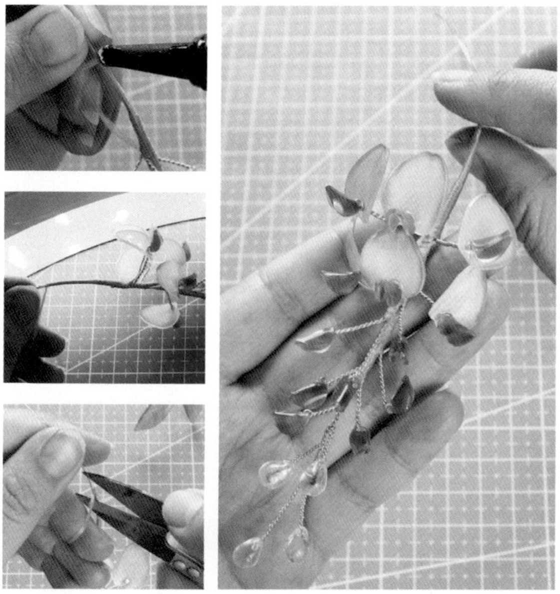

30 在绒线收尾处涂上 UV 胶，然后放在紫外线灯下烤干固定，再剪掉绒线。

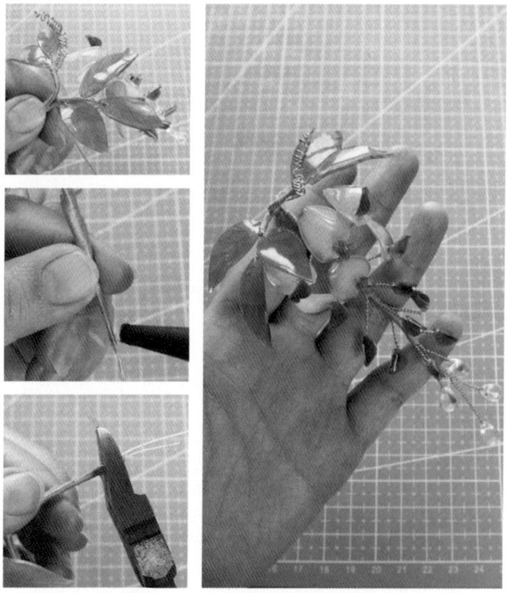

31 加入叶枝，用 UV 胶固定后剪去紫藤花束底部多余的金属线。至此，紫藤花束制作完成。

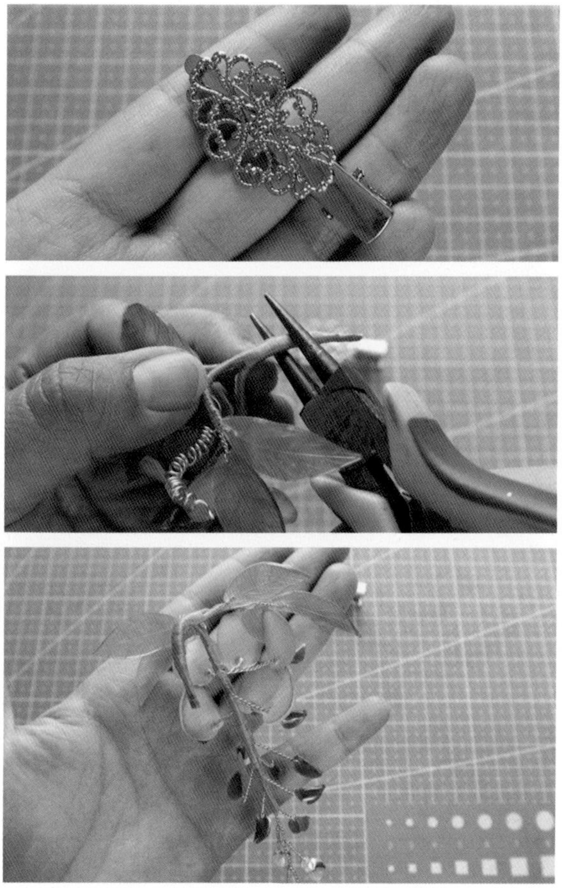

32 拿出发夹配件，并用圆嘴钳把紫藤花束下方的藤条弯成 U 形。

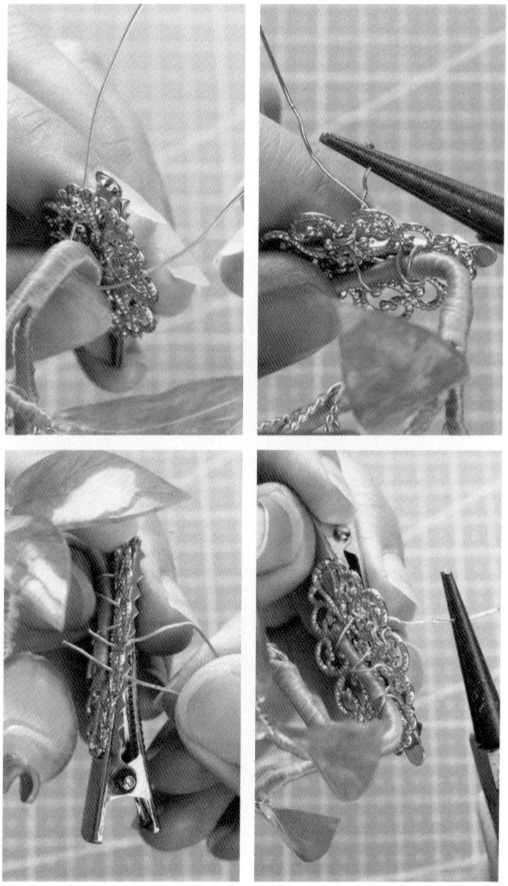

33 在圆嘴钳的辅助下用金属线把紫藤花束固定在发夹配件上。

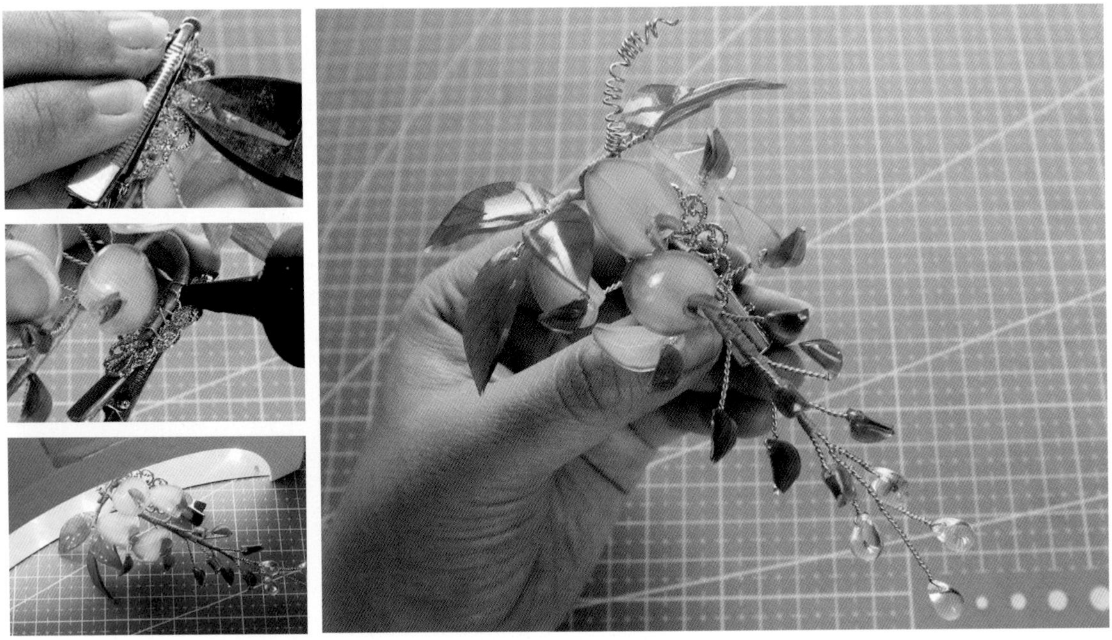

34　用剪线钳剪去多余的金属线，再在金属线收尾处涂上 UV 胶，并放在紫外线灯下烤干，以增强整体的牢固性。至此，紫藤花发夹制作完成。

◆ 紫藤花苞耳环

制作

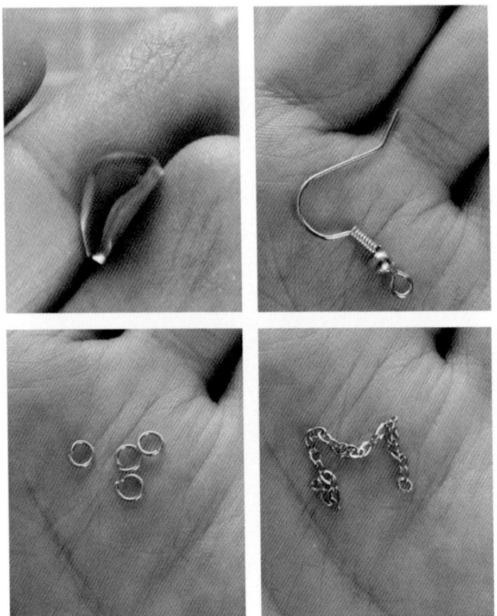

1　分别准备紫藤花苞、耳钩配件、开口圈、O 形链。

2　用开口圈把花苞固定在 O 形链上。

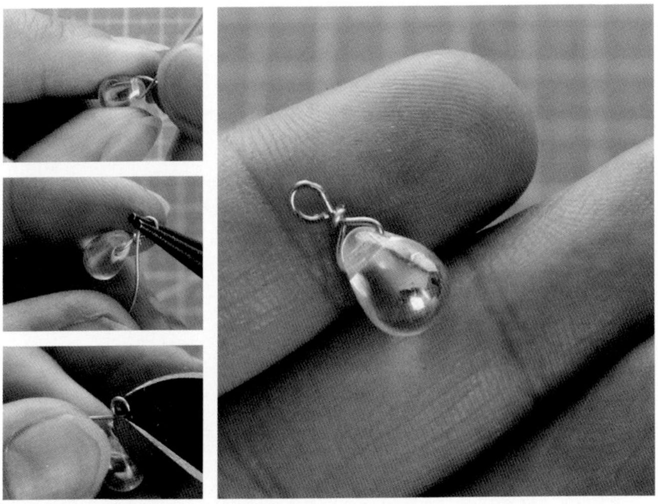

3　用 0.6mm 金属线穿过水滴珠，再用圆嘴钳将金属线拧紧固定，随后用圆嘴钳把金属线拧成一个圆环，用剪线钳剪去多余线头，做出水滴珠吊坠。

4　将水滴珠吊坠挂在紫藤花苞 O 形链的底端。

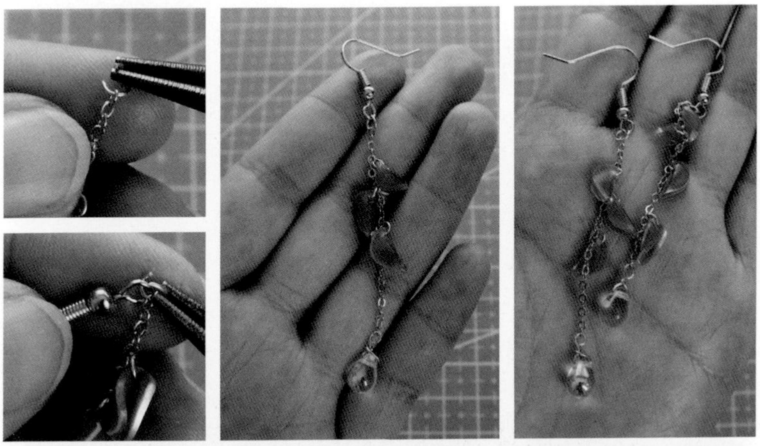

5　把紫藤花苞 O 形链固定在耳钩配件上，做出紫藤花苞耳环。用相同的方法做出另一只紫藤花苞耳环。

6　右图为紫藤花系列饰品，包括一个紫藤花发夹和一对紫藤花苞耳环。

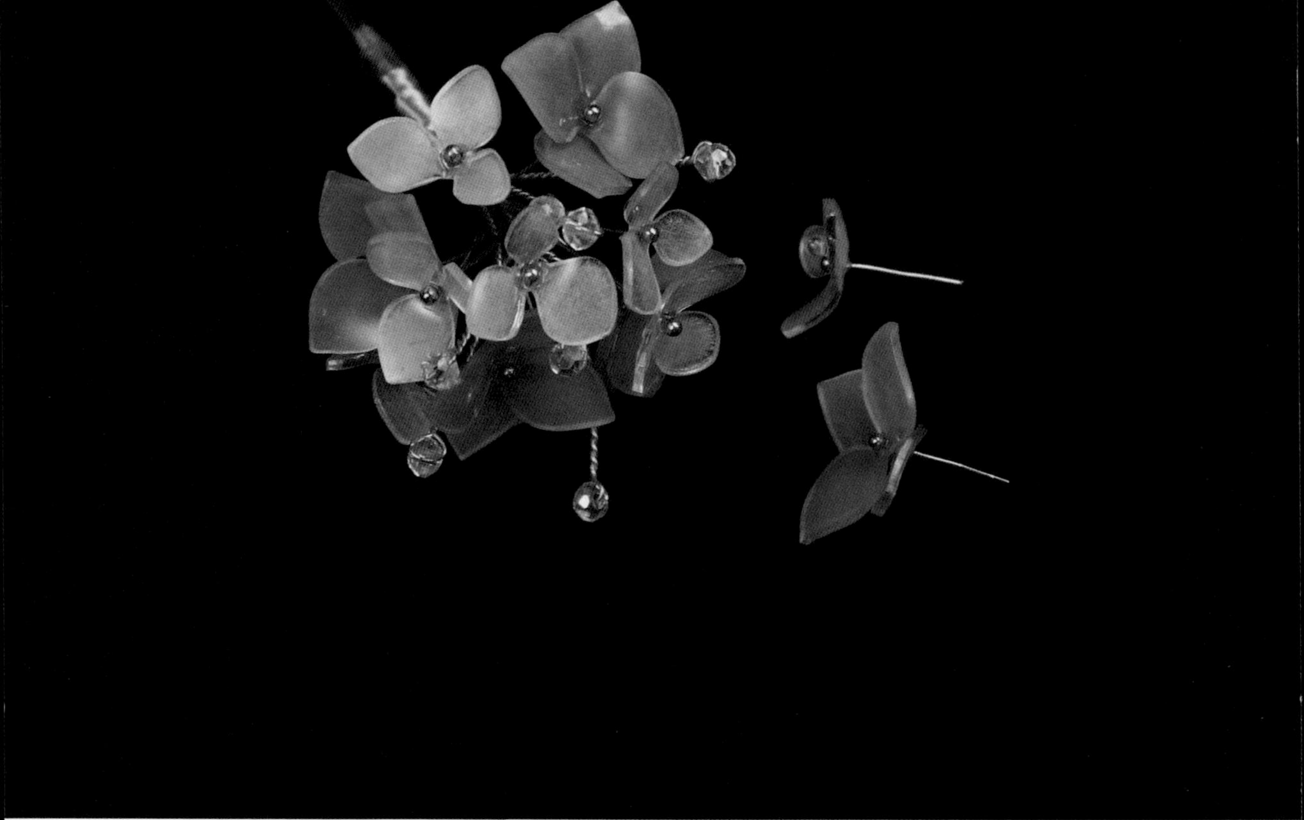

无尽夏绣球花系列饰品制作

无尽夏，为绣球花的一个变异品种，能同时在一株花上见到蓝色和粉色两种花色，花期长。绣球花是由大量单朵小花组合形成的球形花，单花花瓣数量不等，一般为4～5片。

绣球花香气清新怡人，花型饱满，将其用饰品，既美观又符合人们对圆满的渴望。

所用工具与材料

半透明热缩片　透明切面珠
彩铅　金属线
剪刀　球针
3mm打孔器　簪棍
塑料片　剪线钳
珠光粉　圆嘴钳
热风枪　金色绒线
锥子　手工垫板
UV胶
紫外线灯
气泡珠
镊子

◈ 绣球花耳钉

制作

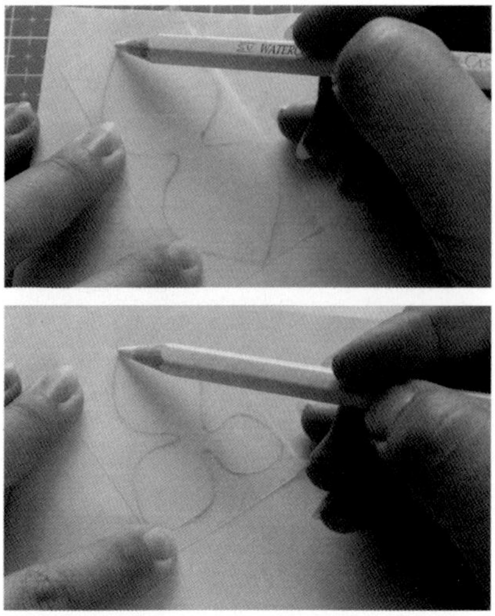

1　用白色彩铅在半透明热缩片上描出绣球花的花型图样。

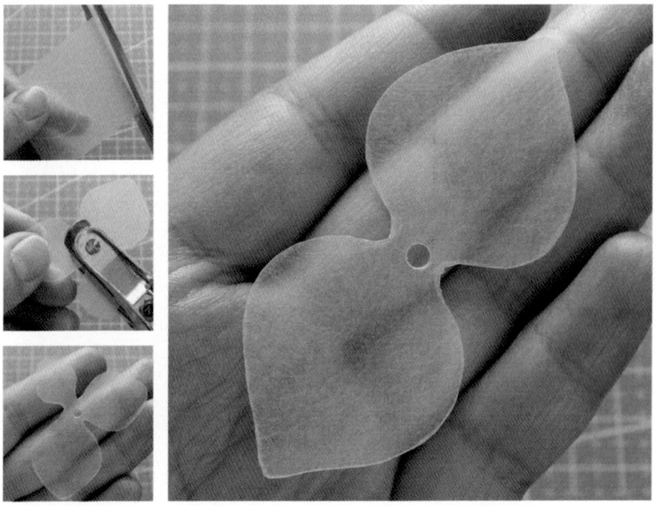

2　用剪刀剪下半透明热缩片上的绣球花花型图样，再用 3mm 打孔器在花片中心打孔。

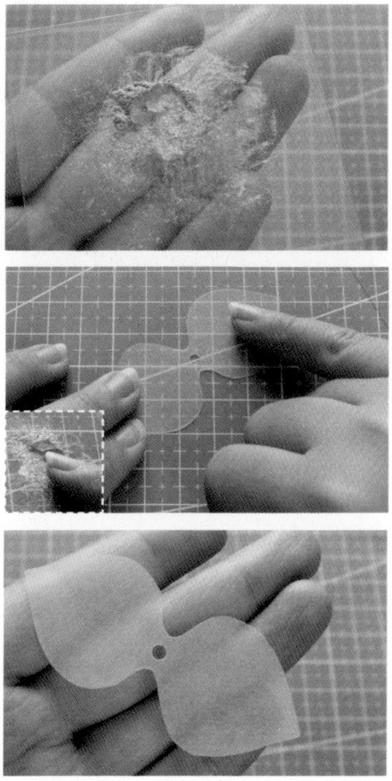

3　用 5.3 节介绍的方法调出浅紫色珠光粉，用小指蘸取珠光粉后均匀地涂在有两片花瓣的花片上，给花片上色。

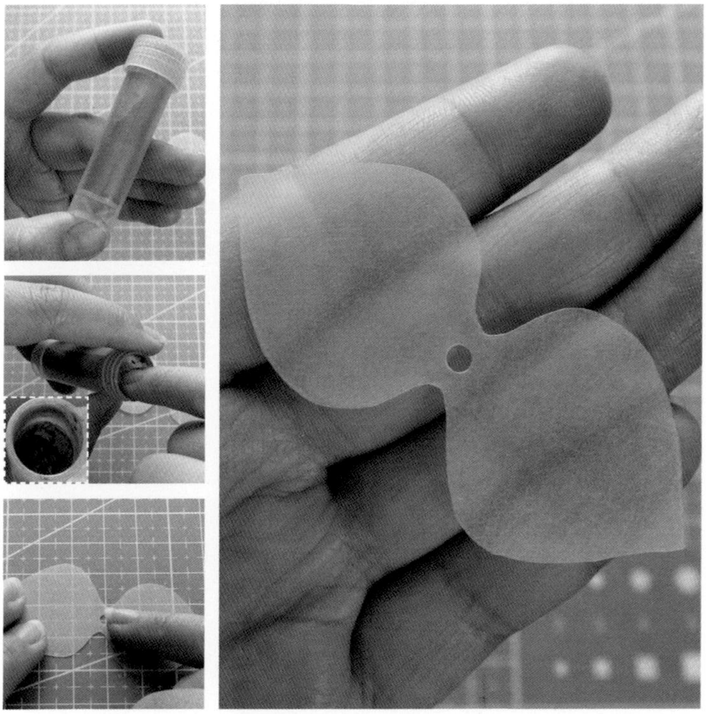

4　拿出粉质更细腻的紫色珠光粉，同样用小指蘸取珠光粉继续在有两片花瓣的花片晕染，增加花片的颜色层次。

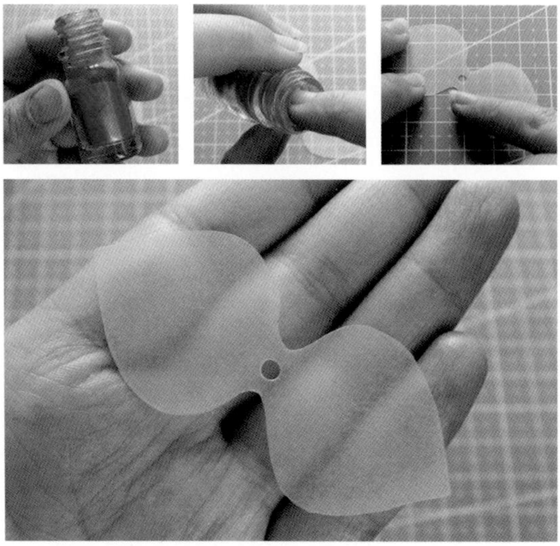

5 拿出粉质更细腻的蓝色珠光粉，用小指蘸取珠光粉从有两片花瓣的花片中间稍微往边缘晕染一点颜色。

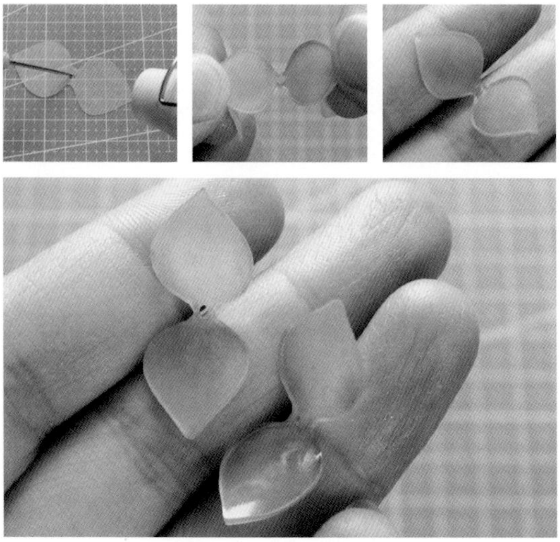

6 用锥子将有两片花瓣的花片固定在手工垫板上，然后用热风枪加热，同时趁热用手给花片塑形，做出绣球花的一组花瓣。用相同的方法做出绣球花的一组花瓣。

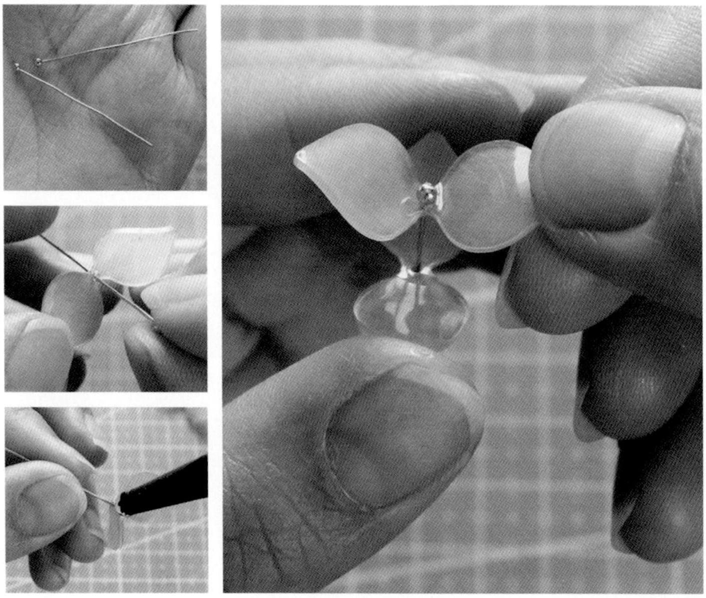

7 准备两枚球针，用其中一枚球针穿过一组花瓣，涂上 UV 胶后穿入另一组花瓣，并调整两组花瓣的造型。

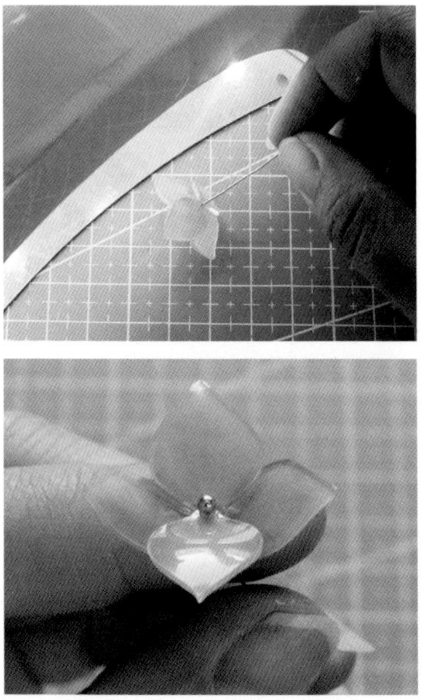

8 调整好绣球花的造型后将其放在紫外线灯下烤使 UV 胶固化，从而固定住花瓣。

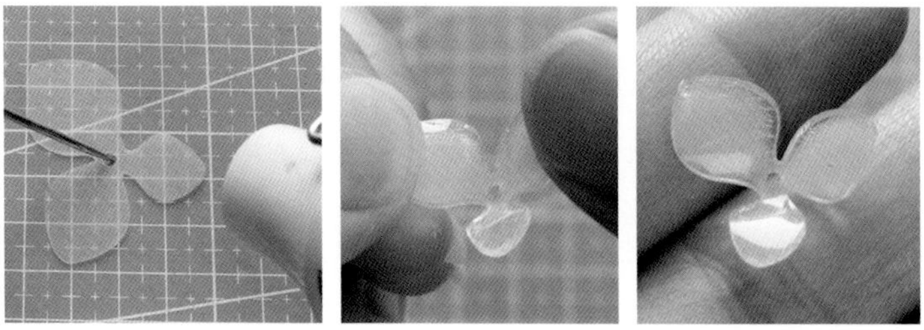

9 制作有 3 片花瓣的绣球花。花朵为白色，因此花片不用上色，可直接用热风枪加热热缩，并趁热用手调整花型。

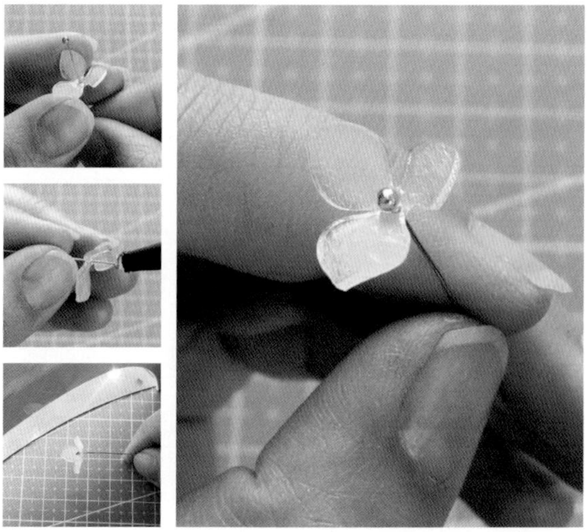

10　将之前准备的另一枚球针穿入白色绣球花，在结合处涂上 UV 胶并用紫外线灯照射，将球针粘在花瓣上。

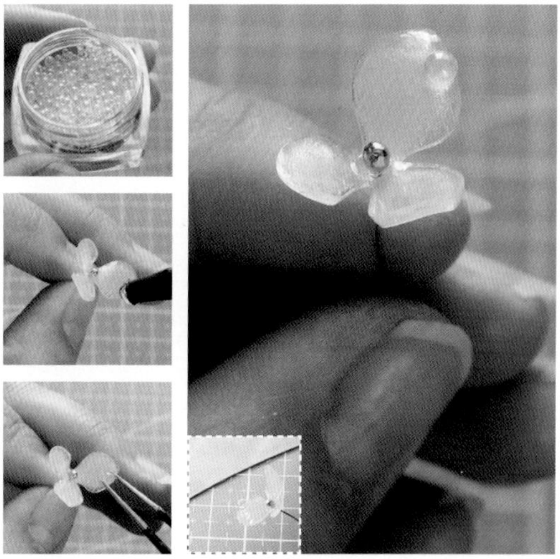

11　拿出气泡珠，在白色花瓣上滴上 UV 胶，再用镊子将气泡珠粘在花瓣上并用紫外线灯烤干，做出露珠装饰。

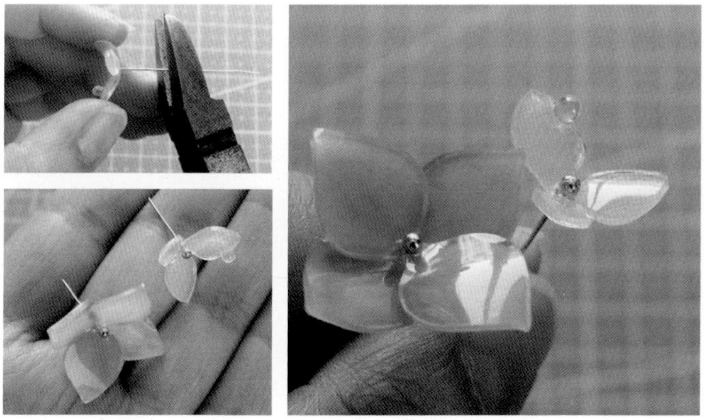

12　用剪线钳把球针修剪至合适的长度，即可完成绣球花耳钉的制作。

◆ 绣球花发簪

制作

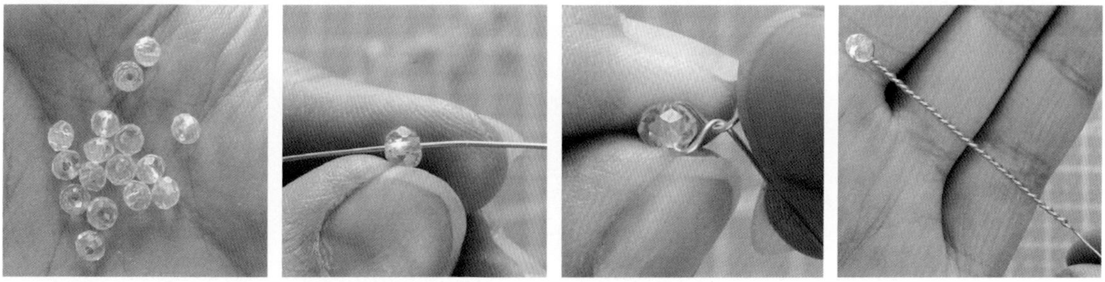

1　准备透明切面珠，用金属线穿过透明切面珠并以扭麻花的方式固定，做出花苞。

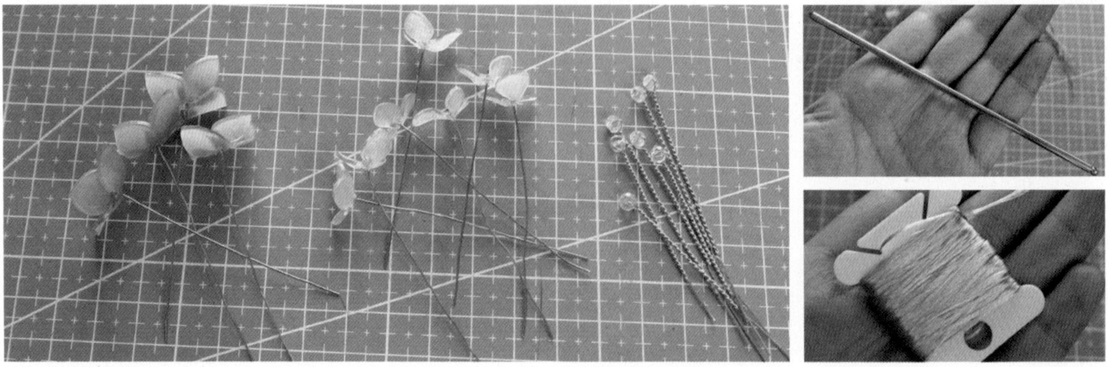

2 参考前面的制作方法，做出 4 根有 4 片花瓣的蓝紫色绣球花枝、7 根有 3 片花瓣的白色绣球花枝、8 枝用透明切面珠制作的花苞，再拿出簪棍和金色绒线。

3 用金色绒线把准备好的不同花色的绣球花与花苞缠绕组合起来做成绣球花花束，接着用剪线钳把花束上过长的金属线剪至合适的长度。

4 用金色绒线把花束缠绕在簪根上，在绒线收尾处涂上 UV 胶，放在紫外线灯下烤干后剪去线头并调整花朵形状。至此，绣球花发簪就制作完成啦！

5 绣球花系列饰品如左图所示。本案例制作的是 1 对绣球花耳钉和 1 根绣球花发簪。

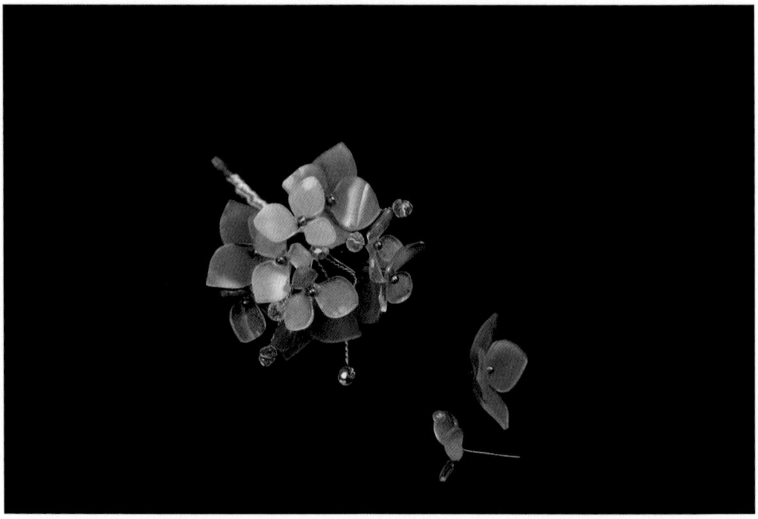

昙花系列头饰制作

昙花在夜间开放，花朵非常美丽且伴有芳香，因其美丽而优雅的姿态，而被称为『月下美人』。

所用工具与材料

半透明热缩片
彩铅
剪刀
3mm 打孔器
珠光粉
棉团
热风枪
锥子
UV 胶
紫外线灯
金属线
球针
金属花蕊配件
金属流苏配件
透明切面珠
水滴珠
蛋白石珠
簪棍
U 形钗
O 形链
开口圈
金属花托配件
剪线钳
圆嘴钳
手工垫板

昙花步摇

制作

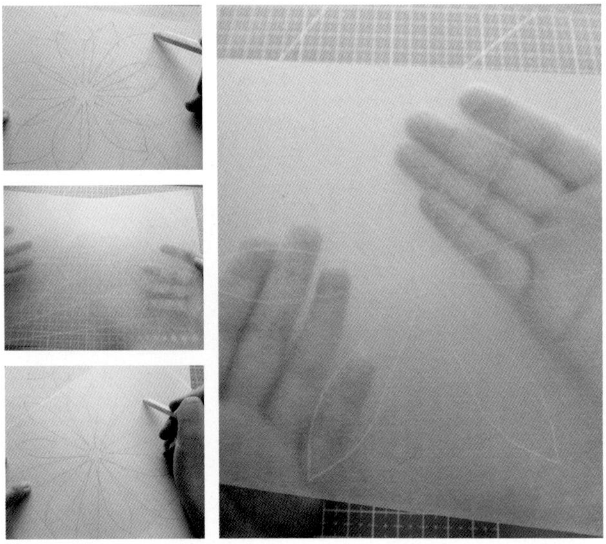

1　用白色彩铅在半透明热缩片上描出 2 种造型、4 个不同大小的昙花花型图样。

2　用剪刀将半透明热缩片上的花型图样一一剪下。

3　用 3mm 打孔器分别在 4 个花片中心打孔。

4　拿出白色、蓝色、紫色等颜色的珠光粉。

5　给花瓣粗短的昙花花片上色。先用棉团蘸取白色珠光粉在大号粗短花瓣尖进行晕染，接着再蘸取蓝色珠光粉继续在花瓣尖晕染出较深的蓝色。

6　用锥子将花瓣粗短的大号昙花花片固定在手工垫板上，然后用热风枪加热，同时用手调整花型（花片冷却变硬后可以重复加热以调整花型哦）。用相同的方法把花瓣粗短的小号昙花花片做成一个花瓣尖为浅蓝色的花片。

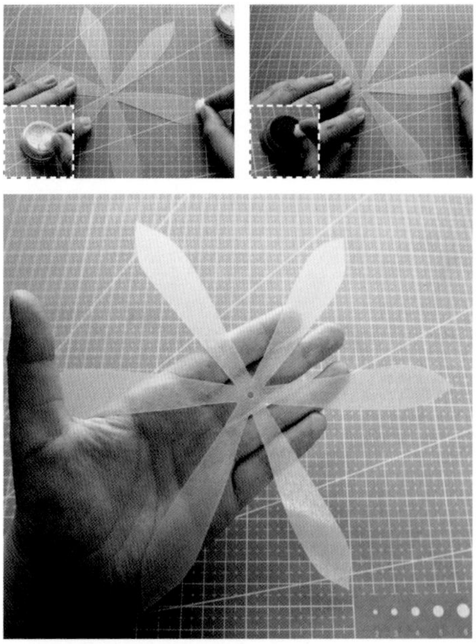

7　给花瓣细长的昙花花片上色。先用棉团蘸取白色珠光粉在大号细长花瓣尖进行晕染，接着再蘸取紫色珠光粉继续在花瓣尖晕染出较深的紫色。

8　用锥子将花瓣细长的大号昙花花片固定在手工垫板上，然后用热风枪加热，并用手调整花型。用相同的方法把花瓣细长的小号昙花花片做成一个花瓣尖为浅紫色的花片。

tips：昙花花色分析

昙花的种类很多，颜色也是多种多样，这里我们制作的是颜色为浅蓝紫色的一种昙花，以供大家参考。一般来说，昙花花瓣上的颜色越靠近边缘越深，因此上色时只需从花瓣尖向内晕染，进行大面积留白，这样加热热缩后的花瓣就会显得比较晶莹剔透。

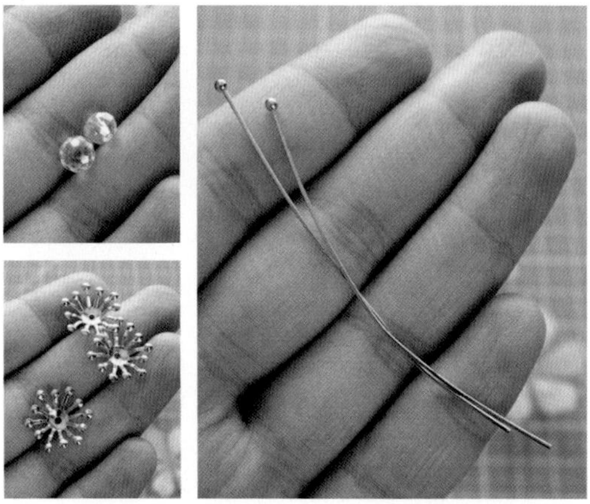

9 准备透明切面珠、金属花蕊配件和球针等材料。

10 将球针穿入透明切面珠，涂上 UV 胶后穿入金属花蕊配件，然后放在紫外线灯下烤干固定，做出昙花的花蕊。

11 将昙花花片由小到大用 UV 胶依次粘在花蕊上，粘贴时记得使花瓣错开。

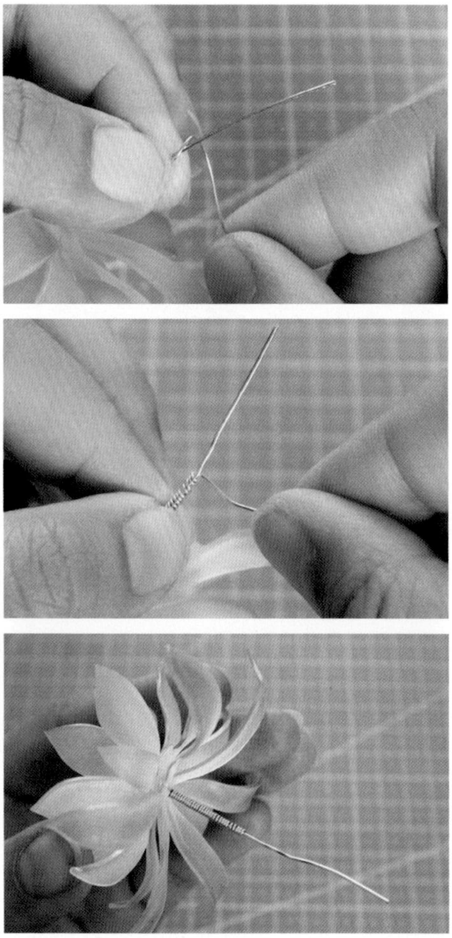

12 在昙花花杆上端缠绕一段金属线，以提升质感。

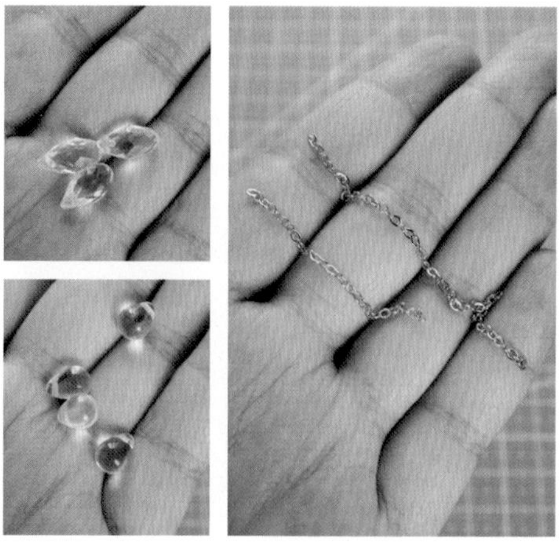

13 准备两种样式的水滴珠和两段 O 形链，待用。

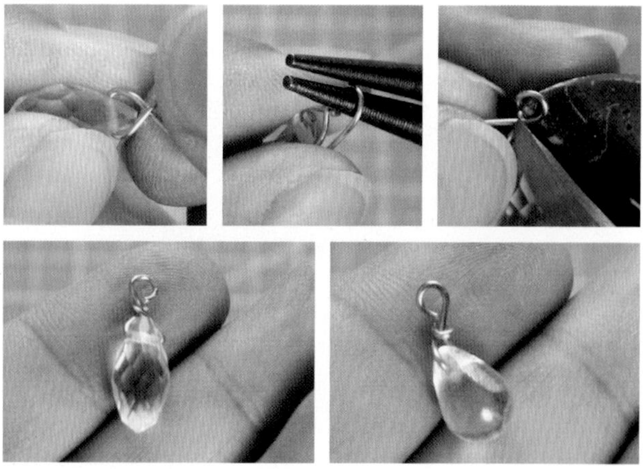

14 将两段金属线分别穿过两种水滴珠上的孔，然后用圆嘴钳把金属线拧成圆环，做出吊坠。

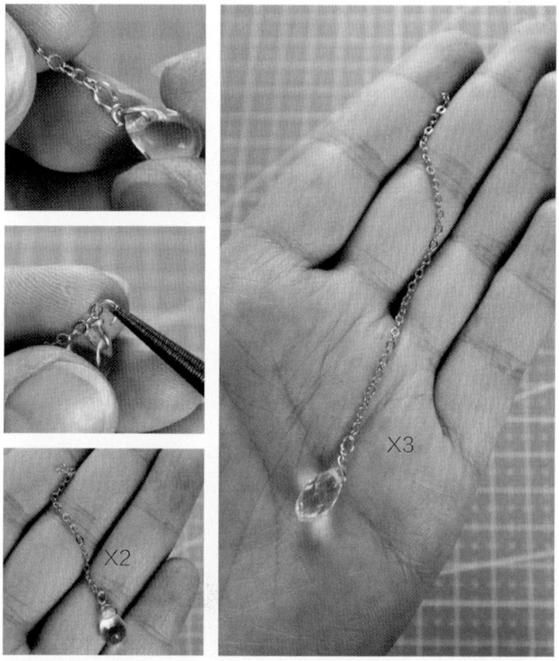

15 把小一点的水滴珠固定在短 O 形链上，把大一点的水滴珠固定在长 O 形链上，做出两短三长共 5 条珠链。

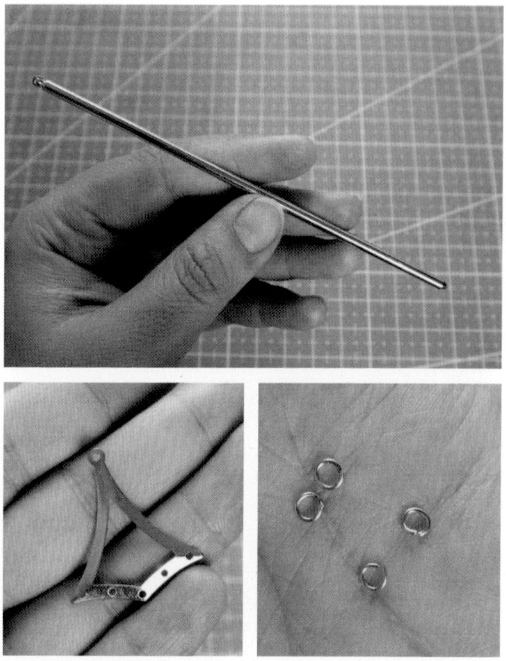

16 拿出准备好的簪棍、金属流苏配件和开口圈。

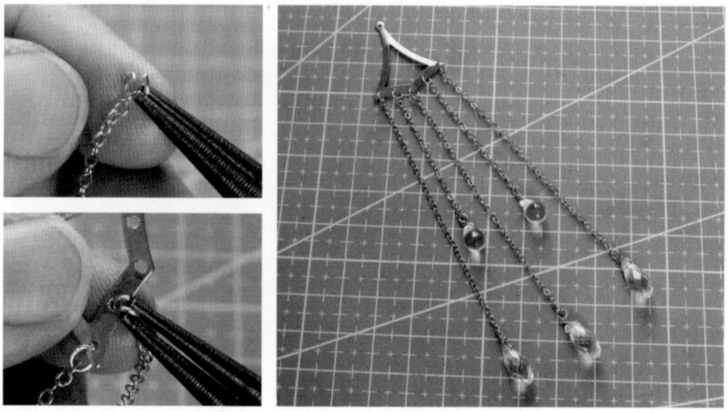

17 用开口圈把珠链一一固定在金属流苏配件上。

18 用开口圈将流苏吊坠固定在簪棍上。

19 把昙花花杆缠绕固定在簪棍上，并用 UV 胶加固。至此，昙花步摇就制作完成了。

◆ 昙花小发钗

制作

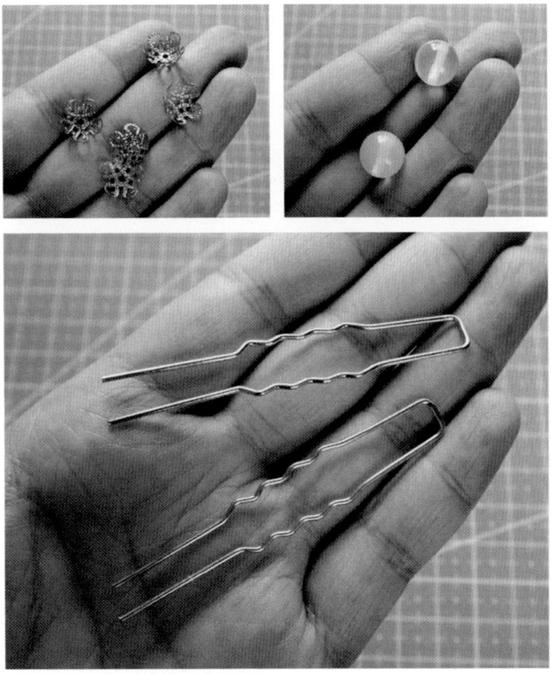

1 准备金属花托配件、蛋白石珠以及 U 型钗等材料。

2 用手调整花托形状，做成类似花朵的造型。

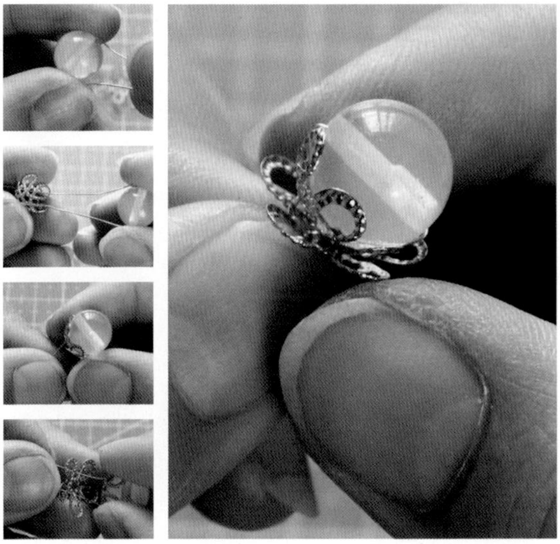

3　用金属线穿过蛋白石珠，并将其固定在金属花托上。

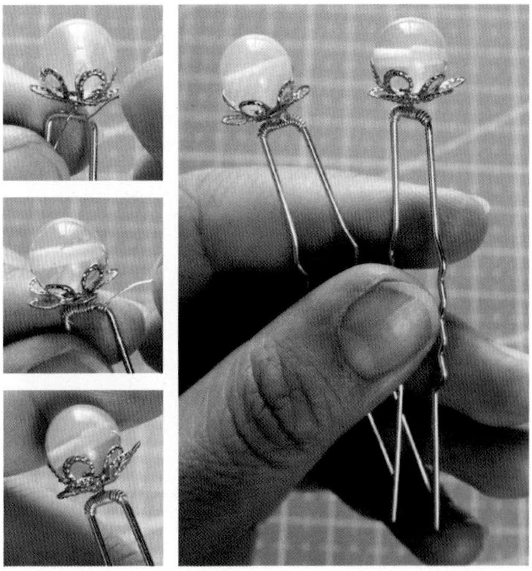

4　把余下的金属线缠绕在 U 形钗上。用同样的方法再制作一支小发钗，完成一对小发钗的制作。

5　右图为昙花系列头饰成品，本案例制作的是一对昙花小发钗和一支昙花步摇。

虞美人、锦葵、金合欢组合饰品制作

所用工具与材料

- 半透明热缩片
- 彩铅
- 剪刀
- 3mm 打孔器
- 刻刀
- 色粉
- 棉团
- 热风枪
- 锥子
- UV 胶
- 紫外线灯
- 金属线

- 四齿发梳
- 耳钩配件
- 金属花片
- 米珠
- 浅粉色管珠
- 木珠
- 剪线钳
- 圆嘴钳
- 手工垫板
- 单朵虞美人成品
- 金合欢与小米果
- 成品配饰

虞美人锦葵发梳

制作

1　用白色彩铅在半透明热缩片上描出锦葵花的花型图样。

2　用剪刀剪下半透明热缩片上的花型图样，再用 3mm 打孔器在花片中心打孔，接着用刻刀划出锦葵花瓣上的线状纹路。

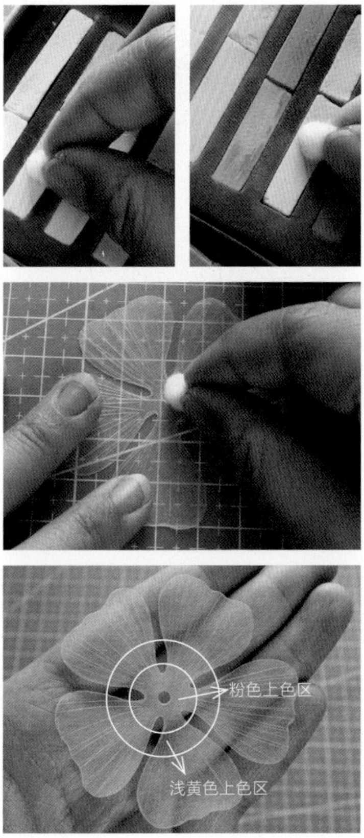

3　用棉团依次蘸取浅黄色和粉色色粉，分别涂在花片上。

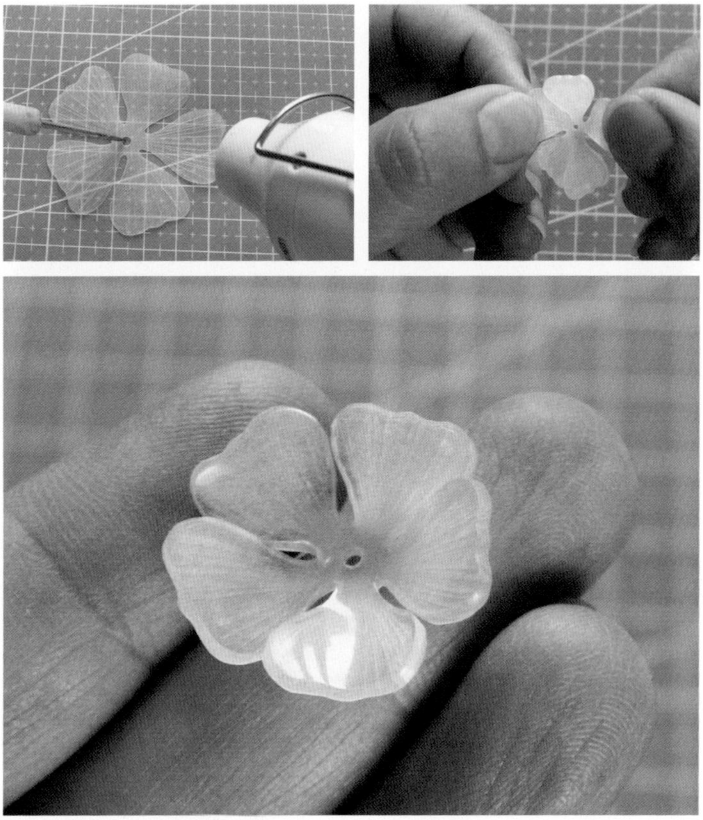

4　用锥子把花片固定在手工垫板上，然后用热风枪加热花片使其热缩，并用手把花型调整成锦葵花的形状。

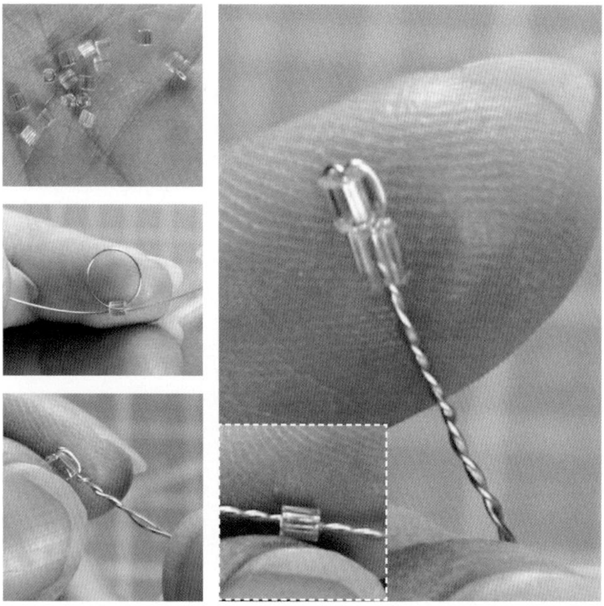

5 用金属线固定浅粉色管珠，做成花蕊。

6 把制作的花蕊用 UV 胶粘在花片中间。用相同的制作方法再做出另外 3 根锦葵花枝。

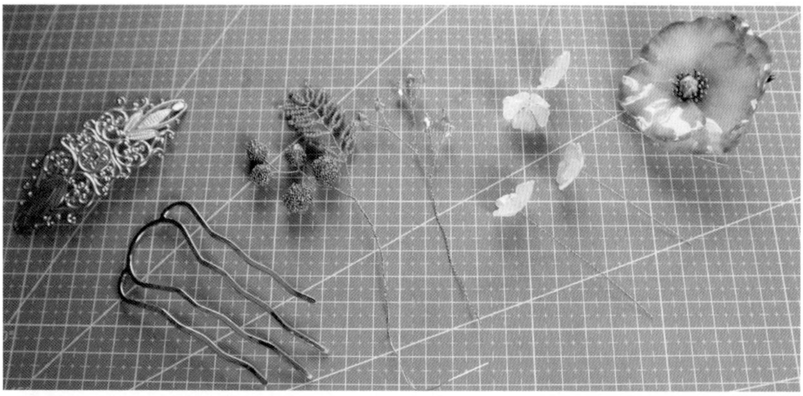

7 准备一个金属花片、一个四齿发梳、4 根锦葵花枝、第 3 章里制作的金合欢、小米果等配饰，以及 2.4.4 小节里制作的虞美人。

8 用金属线将金属花片固定在四齿发梳上，注意一定要用金属线多缠绕几圈，以使其更牢固。

9　把金合欢配饰固定在金属花片的左侧位置上，再剪去过长的金属线。

10　把小米果配饰也固定在金属花片的左侧位置上。

11　把虞美人固定在金属花片的中心位置上。

12　把制作的锦葵花固定在金属花片的右侧位置上，让多种装饰配件在金属花片上均匀分布，保持和谐。至此，完成虞美人锦葵发梳的制作。

金合欢耳环

制作

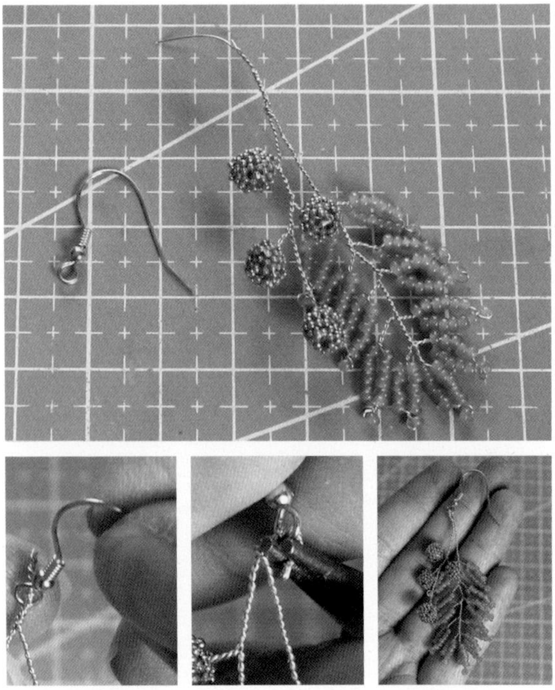

1 准备耳钩配件和金合欢配饰。把金合欢配饰的枝干缠绕固定在耳钩配件上，做出金合欢耳环。

2 准备同样的材料，做出另一只金合欢耳环。

3 左图为虞美人锦葵金合欢系列饰品，本案例制作的是一对金合欢耳环和一个虞美人锦葵发梳。

虎耳草系列饰品制作

虎耳草也叫石荷叶，叶子与荷叶外形相近，其叶形接近心形、肾形或者扁圆形，叶子上有掌状脉络纹路直至叶缘。此外，虎耳草单朵花有5片花瓣，花瓣厚实，花色为橘黄色。虎耳草的绿叶与橘黄色花朵搭配白色澳梅，有很好的装饰效果，可以让整个饰品花色更丰富。

所用工具与材料

- 半透明热缩片
- 彩铅
- 剪刀
- 马克笔
- 3mm 打孔器
- 刻刀
- 珠光粉
- 热风枪
- 锥子
- UV胶
- 紫外线灯
- 金属线
- 耳钩配件
- 浅绿色米珠
- 管珠
- 锆石
- 金属隔片
- 花型亮片
- 剪线钳
- 圆嘴钳
- 浅绿色绒线
- 手工垫板
- 丝带

虎耳草软簪

制作

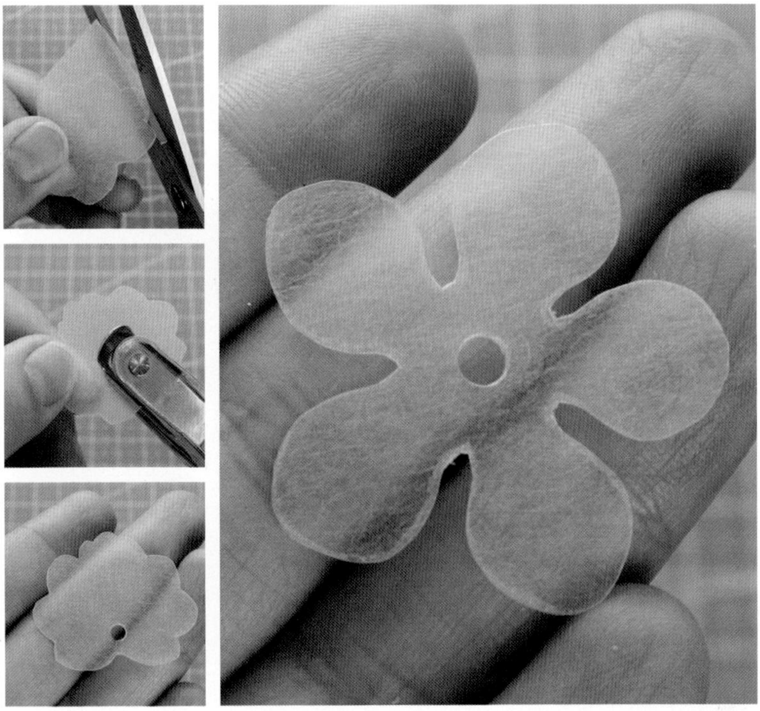

1 用白色彩铅在半透明热缩片上描出虎耳草叶子和花朵的图样。

2 用剪刀剪下半透明热缩片上的图样，再用 3mm 打孔器在花片中心和叶片底端打孔。

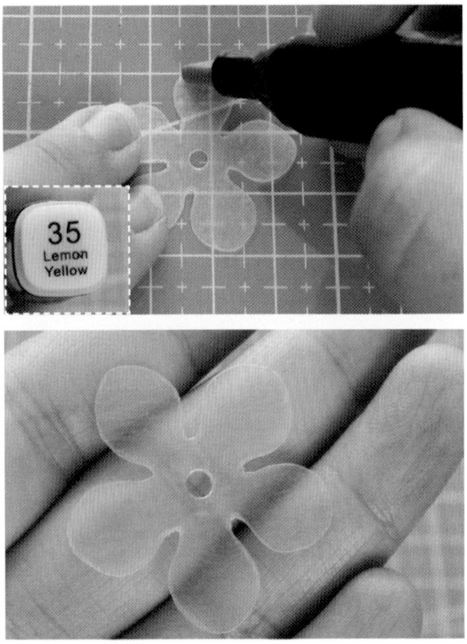

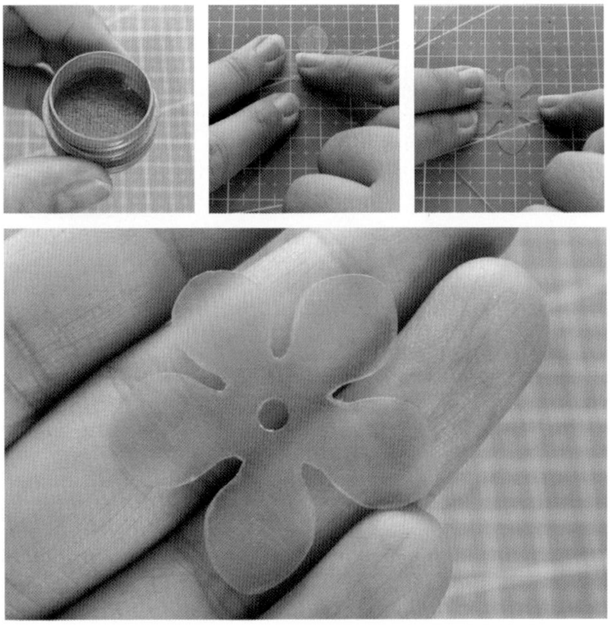

3 用黄色马克笔给花片上色。

4 拿出红色珠光粉，用小指将其涂在花片的中心和边缘等位置。

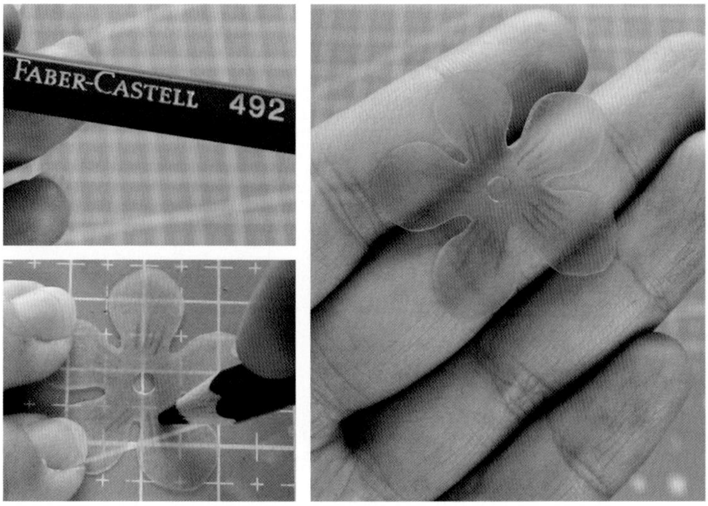

5 用深红色彩铅勾画花片中心区域的线状纹路。

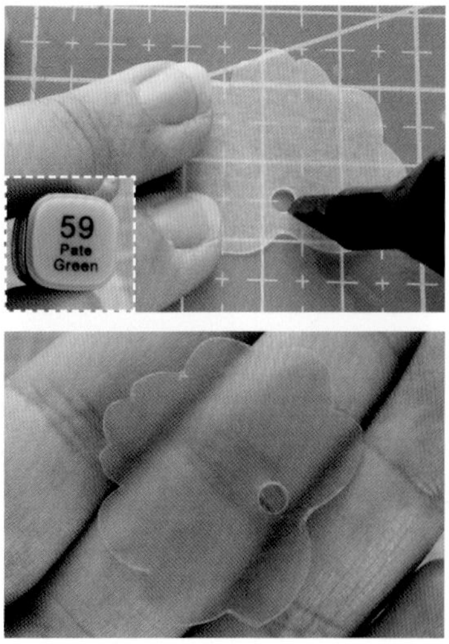

6 用绿色马克笔给叶片上色。

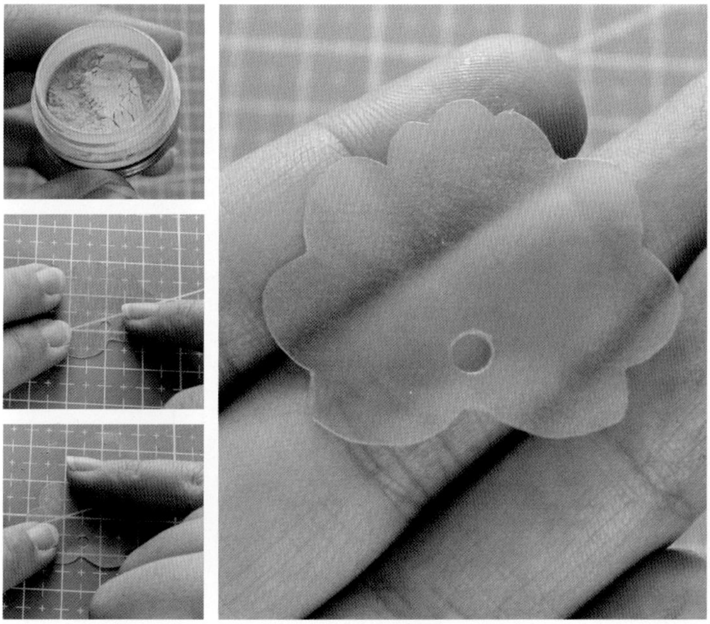

7 用小指蘸取黄色珠光粉在叶片上进行局部晕染。

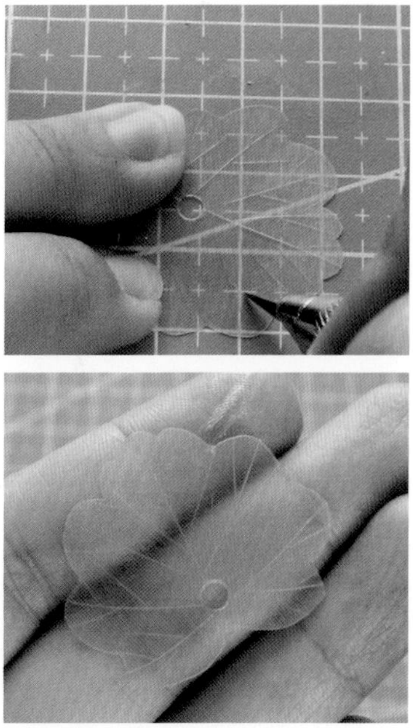

8 用刻刀划出叶脉。

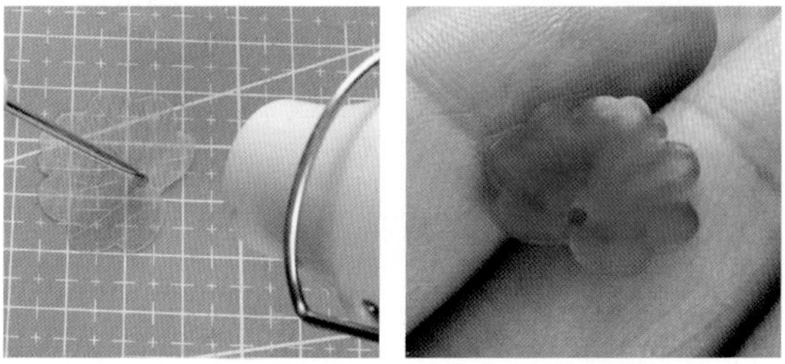

9 用锥子把叶片固定在手工垫板上，然后用热风枪加热叶片使其热缩，做出虎耳草叶子的造型。

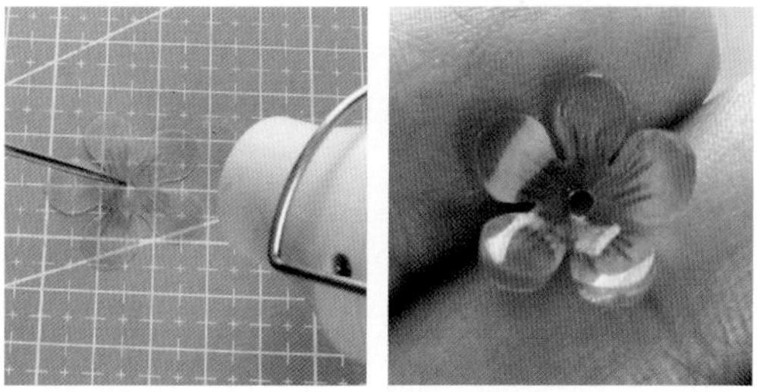

10 同理，把花片热缩成虎耳草花瓣的造型。

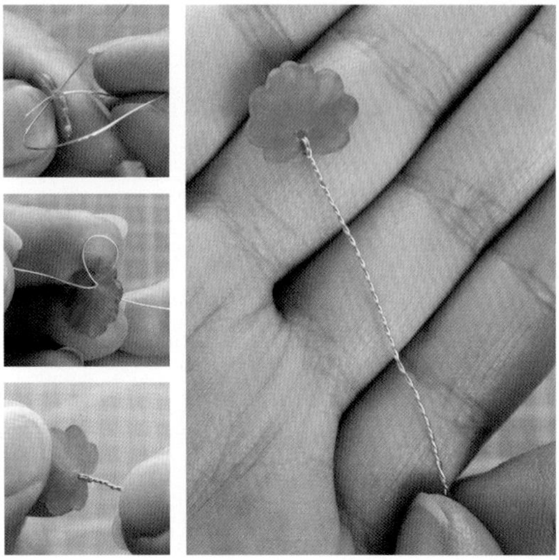

11　用金属线从孔穿过叶片，并把金属线拧成麻花状。再用相同的方法多做几个。

12　准备金属隔片与浅绿色米珠。

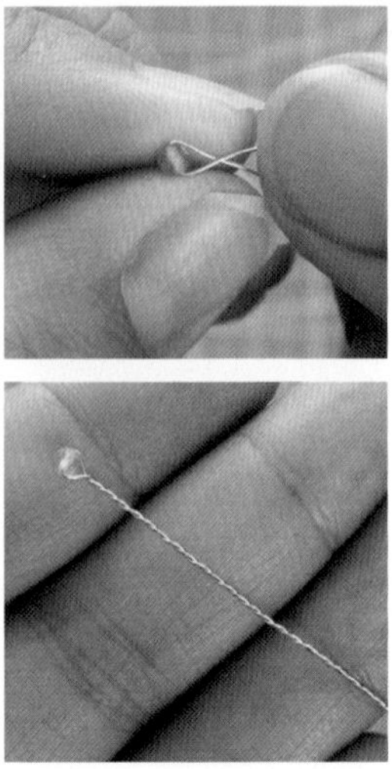

13　用金属线穿一颗浅绿色米珠，再把金属线拧成麻花状以固定米珠，做出葡萄籽花蕊。

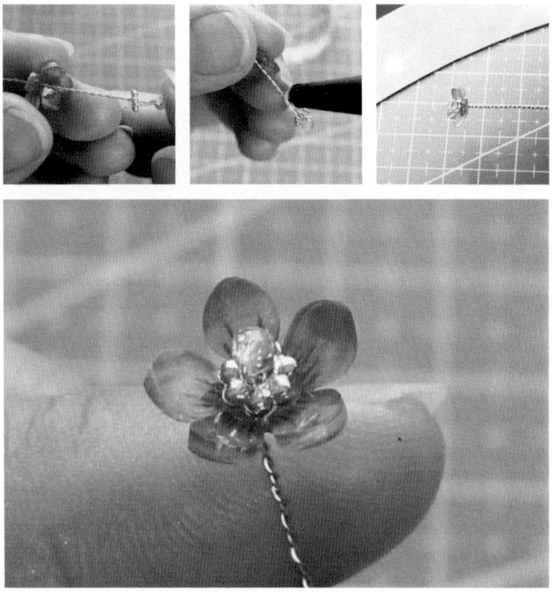

14　把葡萄籽花蕊与金属隔片、花片组合起来，再涂上UV 胶，然后放在紫外线灯下烤干固定。

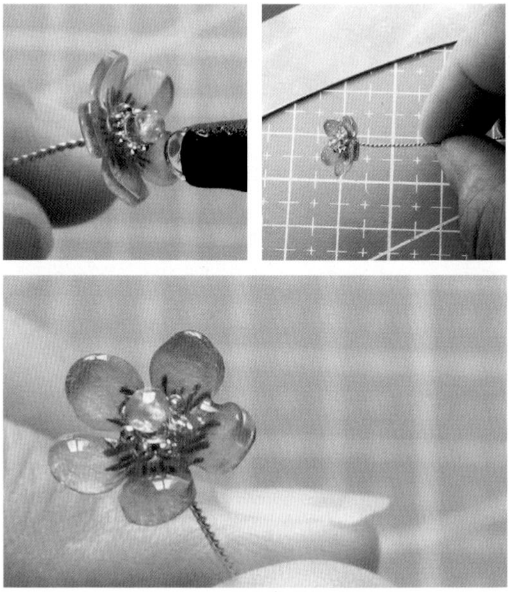

15　在花瓣上厚涂 UV 胶，随后放在紫外线灯下烤干，让花瓣变得饱满、厚实。再用相同的方法多做几个。

16　如图所示，准备若干花朵和叶片、6 串在 3.1.3 小节里制作的澳梅配饰，以及一根长 22cm、0.8mm 粗的金属线。

17　用圆嘴钳把 0.8mm 的金属线两端弯成圈。

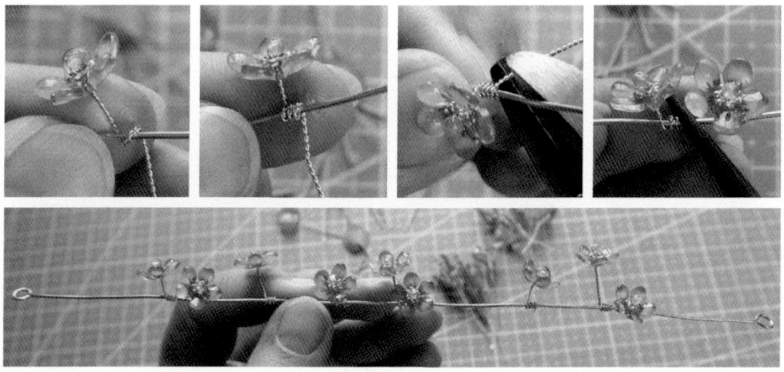

18　把花朵缠绕固定在金属线上适当的位置，并用剪线钳剪去多余的金属线，然后用圆嘴钳调整金属线，使缠绕得更牢固。

19　围绕花朵，把澳梅配饰固定在金属线上。

20　固定叶子，注意叶子的分布与朝向。

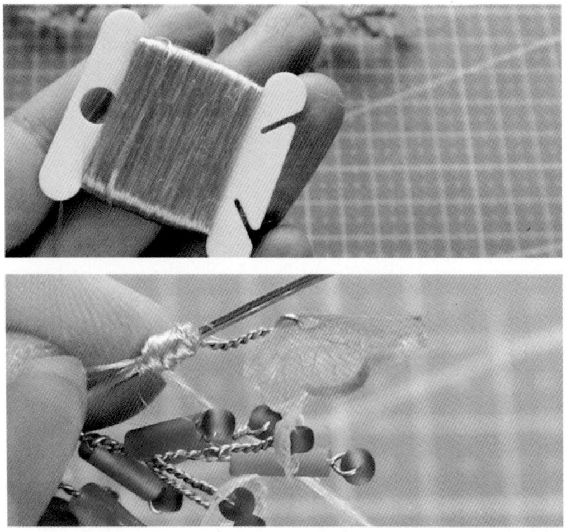

21 在金属线上均匀地缠绕一层浅绿色绒线，避免佩戴时被金属线划伤。

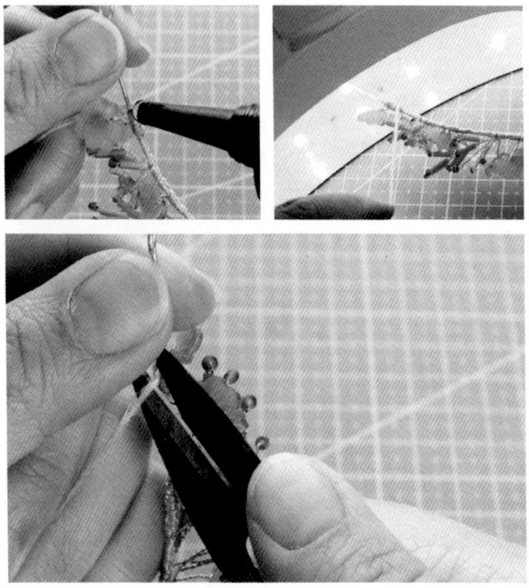

22 在金属线两端绒线的收尾处涂上 UV 胶，然后放在紫外线灯下烤干固定，再剪掉线头。

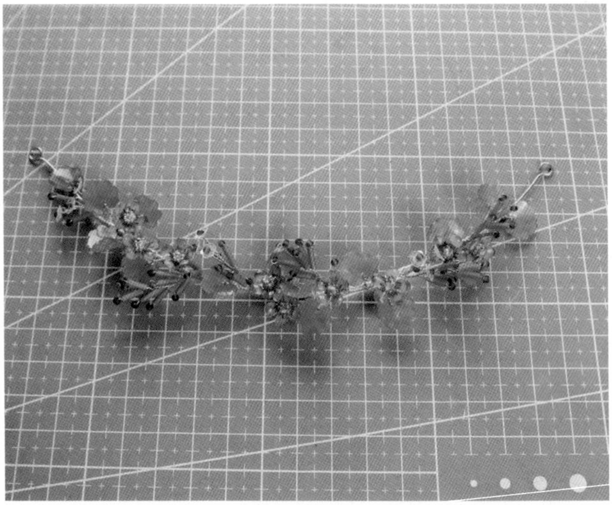

23 此样式可直接作为软簪使用，将其弯成任何幅度并用别针或者 U 形钗固定在发包上。

◆ 虎耳草项链

在金属线两端的圈中穿上丝带，就直接变成项链了，项链的长短可以根据需要自行调节。

◆ 虎耳草手环

将制作的虎耳草软簪直接缠绕在手腕上，就立刻变成手镯或者臂环了。还有更多使用方式等你去发现哦！